工业和信息化普通高等教育"十三五"规划教材

普通高等学校计算机教育"十三五"规划教材

计算机导论

Computer Concepts

■ 杜俊俐 韩玉民 主编

U0220190

人民邮电出版社

北 京

图书在版编目（CIP）数据

计算机导论 / 杜俊俐，韩玉民　主编. -- 北京：
人民邮电出版社，2019.9（2023.8重印）
普通高等学校计算机教育"十三五"规划教材
ISBN 978-7-115-49598-3

Ⅰ．①计… Ⅱ．①杜… ②韩… Ⅲ．①电子计算机－
高等学校－教材 Ⅳ．①TP3

中国版本图书馆CIP数据核字(2018)第228772号

内 容 提 要

本书是计算机类专业的入门教材，充分体现"导引"的作用，力求使学生对计算机学科有一个整体的认识，对专业知识有比较全面的认知，对专业的学习、择业及职业道德有所了解。本书的主要内容包括：计算机科学与技术学科的概念及知识体系、计算机的基础知识、计算机的硬件系统、计算机的软件系统、计算机技术及应用、计算机专业的学习与择业等。每章后面都附有小结和习题，供学生复习及上机练习使用。

本书语言通俗易懂、结构清晰、内容全面、注重应用，在核心内容的组织上注重与后续课程的分工与衔接。

本书可作为普通高等院校计算机类各专业及相关专业的入门教材。

◆ 主　编　杜俊俐　韩玉民
　　责任编辑　张　斌
　　责任印制　陈　犇
◆ 人民邮电出版社出版发行　　北京市丰台区成寿寺路 11 号
　　邮编　100164　电子邮件　315@ptpress.com.cn
　　网址　https://www.ptpress.com.cn
　　涿州市京南印刷厂印刷
◆ 开本：787×1092　1/16
　　印张：15　　　　　　　　　　2019 年 9 月第 1 版
　　字数：401 千字　　　　　　　2023 年 8 月河北第 7 次印刷

定价：49.80 元

读者服务热线：(010)81055256　印装质量热线：(010)81055316
反盗版热线：(010)81055315
广告经营许可证：京东市监广登字 20170147 号

党的二十大报告中提到，培养造就大批德才兼备的高素质人才，是国家和民族长远发展大计。功以才成，业由才广。每一位刚踏入大学校门的计算机类专业的大学生对专业都有着无限的向往，怀着强烈的好奇心，迫切地想要尽快了解自己将开始学习的专业，在未来的专业学习中有哪些专业知识要掌握？如何学好、学精？毕业后可以从事哪些工作？本书将对以上问题进行全面的阐述。

计算机导论作为计算机类专业的入门课程，关键在于"导"，也就是如何引导大一新生对计算机学科有整体的认识，包括本学科涉及的领域、知识要点、知识现状、发展现状与未来趋势等。当然，在导引的过程中内容不能涉及太深，一是因为学生缺少专业基础，对专业知识的理解能力有限；二是要与后续课程分工明确。后续课程对专业知识会有系统且深入的讲解，本课程旨在让学生快速建立起学科整体轮廓和学科知识的基本认知，对知识重在让学生"知其然"而非"知其所以然"，即明确要解决什么问题，怎么解决问题则是后续课程的职责。

本书本着"通俗易懂，全面导引"的原则进行编写，目的是使刚踏入计算机类专业的学生尽快了解专业，为学好专业做好准备。

本书具有以下特色。

（1）轮廓清晰。将主体知识组织成计算机的基础知识、硬件系统、软件系统和技术及应用四大模块，粗线条、大轮廓，结构简洁清晰，知识多而不散，有助于新生对计算机繁多的知识内容树立整体架构。

（2）全面导引。以"学什么、如何学、学后做什么"为主线组织全书。每章尽可能多地网罗学科知识，如多媒体部分，除常规多媒体技术外，还引入计算机图形、图像等。第6章对计算机专业的学习进行全面指导，并介绍了就业情况和职业道德问题，这些都是学生非常关心的事，并有助于其日后的学习和成长。本书的内容遵循认知规律，能够提高学生学习的兴趣，再结合计算机学科的典型实例，更能激发学生探索学科问题的求知欲望。书中穿插有精心安排的计算机学科杰出人物介绍，为学生树立了光辉的学习榜样，有助于培养学生远大的专业理想。

（3）注重应用。大学新生往往对深奥的理论知识理解困难，所以本书在进行理论讲解的同时尽可能结合相关应用，以降低知识理解的难度。

（4）内容新颖。本书每章都从基础开始延伸到最新技术，第 5 章"计算机技术及应用"还专设一节"计算机热点技术及应用"，介绍当前热门的云计算、大数据、虚拟现实、人工智能等，这些都是当前的技术热点和发展方向。

全书共分 6 章。第 1 章介绍计算机的基本概念、计算机科学与技术学科的概念，以及计算机科学与技术学科的知识体系。让学生初步了解计算机科学与技术学科的基本内涵，以便对学科有一个的整体认识。第 2 章介绍计算机的基础知识，包括计算机的运算基础、算法基础、数据结构基础、程序设计基础、软件工程基础。第 3 章介绍计算机的硬件系统，包括计算机的基本结构与工作过程、微型计算机硬件系统、输入/输出系统。第 4 章介绍计算机的软件系统，包括操作系统、程序设计语言翻译系统、常用应用软件、常用工具软件。第 5 章介绍计算机技术及应用，包括计算机在典型行业中的应用、数据库系统及应用、多媒体技术及应用、计算机网络及应用、计算机网络安全技术。第 6 章介绍计算机专业的学习与择业，包括专业的学习、考研、专业资格证书及终身学习；与计算机有关的工作领域和工作岗位、用人单位对求职者的要求；信息产业的法律法规及道德准则。

本书由中原工学院的杜俊俐、韩玉民、刘凤华、许峰、薛滨和陈海蕊共同编写。具体编写分工如下：第 1 章由刘凤华编写，第 2 章、第 4 章、第 6 章由杜俊俐编写，5.1 节、5.2 节、5.3 节由韩玉民编写，第 3 章、5.4 节、5.5 节由许峰和薛滨编写，5.6 节由陈海蕊编写，全书由杜俊俐和韩玉民审阅并统稿。

本书在编写的过程中参考了很多文献资料，在此对相关作者谨表谢意！虽然本书经过了反复修改，我们也希望能把它写得更好，但由于计算机科学技术发展迅速，加上编者水平有限，书中仍难免有疏漏和不足之处，敬请读者批评指正。

目 录 CONTENTS

01

第1章　绪论

　　20 世纪 40 年代诞生的电子数字计算机（简称计算机）是 20 世纪最重大的发明之一，是人类科学技术发展史上的一个里程碑。半个多世纪以来，计算机科学技术有了飞速发展，到今天计算机已无处不在，计算机科学技术的发展水平和应用程度已经成为衡量一个国家现代化水平的重要标志。

　　本章将介绍计算机的基本概念和计算机科学与技术学科的相关问题，使读者对计算机和计算机科学与技术学科有一个整体的认识。

　　本章知识要点：
- 计算机的基本概念
- 计算机科学与技术学科的定义与研究范畴
- 计算机科学与技术学科知识体系

1.1　计算机概述

　　电子计算机是一种不需要人工直接干预，就能够快速对各种数字信息进行算术和逻辑运算的电子设备，它的出现和发展是 20 世纪最为重要的科学技术成就之一。计算机已经渗透到国民经济和社会的各个领域，极大地改变着人们的生活方式和工作方式，带动了全球范围的技术进步，并成为推动社会发展的巨大生产力，由此引发了深刻的社会变革。

1.1.1　计算机的定义

　　计算机曾被称为"智力工具"，在其诞生的初期主要是用来进行科学计算，完成需要由脑力劳动来执行的任务，因此被称为"计算机"。

　　现在，计算机同汽车一样是一种工具，计算机的处理对象已经远远超过了"计算"这个范畴，它可以对数字、文字、声音以及图形图像等各种形式的数据进行处理。

　　实际上，计算机是一种能够按照事先存储的程序，自动、高速地对数据进行输入、处理、存储和输出的系统。

一个完整的计算机系统包括硬件和软件两大部分：硬件是由电子的、磁性的、机械的器件组成的物理实体，它由运算器、存储器、控制器、输入设备和输出设备 5 个基本部分组成；软件由系统软件和应用软件组成。

1.1.2 计算机的分类

人们平常所说的计算机一般指的是一套微型计算机系统。在计算机刚出现的时候，它是一台有几个房间大的巨大机器，这种机器可以由很多人同时使用，用来帮助科学家完成复杂的科学计算。经过几十年的发展，如今到处可见的个人计算机已变得非常小巧了。

传统上，计算机根据其技术、功能、体积大小、价格和性能分为巨型机、大型机、中型机、小型机和微型机五大类，但是这些分类随着技术的发展而变化，不同种类计算机之间的分界线已变得模糊。随着更多高性能计算机的出现，它们之间相互渗透，所以很难将一台具体的计算机归为某一类。

下面介绍一种将计算机按硬件进行分类的方法，可将计算机分为服务器、工作站、台式机、笔记本电脑、手持设备五大类。

1. 服务器

从广义上讲，服务器（Server）是指网络中能对其他机器提供某些服务的计算机系统（如果一台个人计算机对外提供 FTP 服务，也可以叫作服务器）。从狭义上讲，服务器是专指某些高性能计算机，能通过网络为客户端计算机提供各种服务。服务器的构成与普通计算机类似，也有处理器、硬盘、内存、系统总线等，但因为它是针对具体的网络应用特别定制的，因而服务器与微机在处理能力、稳定性、可靠性、安全性、可扩展性、可管理性等方面差异很大，相对普通个人计算机来说，服务器在稳定性、安全性、性能等方面都要求更高。

服务器作为网络的节点，存储、处理网络上 80%的数据、信息，因此也被称为网络的"灵魂"。做一个形象的比喻：服务器就像是通信运营商的交换机，而台式机、笔记本电脑、PDA、手机等固定或移动的网络终端，就像分布在家庭、办公场所、公共场所等处的电话机。我们与外界日常的生活、工作中的电话交流、沟通，必须经过交换机，才能到达目标电话。同样如此，网络终端设备获取信息，与外界沟通、娱乐等，也必须经过服务器，因此也可以说是服务器在"组织"和"领导"这些设备。

服务器分类的标准有很多，例如，按照应用级别来分，可以分为入门级、工作组级、部门级和企业级服务器；按照处理器数量来分，可以分为单路、双路和多路服务器；按照服务器的处理器架构来分，可以分为复杂指令集计算机（Complex Instruction Set Computer，CISC）架构服务器、精简指令集计算机（Reduced Instruction Set Computer，RISC）架构服务器和超长指令集（Very Long Instruction Word，VLIW）架构服务器；按照服务器的机箱结构来分，可以分为塔式（台式）服务器、机架式服务器、机柜式服务器和刀片式服务器。最常见、也最直观的分类方式是通过服务器的机箱结构来进行分类。图 1-1 所示为戴尔 PowerEdge 塔式服务器与华为 FusionServer 机架式服务器。

2. 工作站

工作站（Workstation）是一种以个人计算机和分布式网络计算为基础，具备强大的数据运算与图形图像处理能力，为满足工程设计、动画制作、科学研究、软件开发、金融管理、信息服务、模拟仿真等专业领域而设计开发的高性能计算机。它一般拥有较大屏幕的显示器和大容量的内存及硬盘，也拥有较强的信息处理功能和高性能的图形图像处理功能以及联网功能。

（a）戴尔 PowerEdge 塔式服务器　　　　　　　（b）华为 FusionServer 机架式服务器

图 1-1　服务器

图 1-2 所示为联想和戴尔品牌的工作站。

（a）联想 ThinkStation E30 工作站　　　　　　　（b）戴尔 Precision T7500 工作站

图 1-2　工作站

3. 台式机

台式机（Desktop）也叫桌面机，是现今非常流行的微型计算机，如图 1-3 所示。多数家庭、政府机构和公司用的机器都是台式机，一般来说，台式机的性能较相同配置的笔记本电脑要强。

图 1-3　台式机

4. 笔记本电脑

笔记本电脑（NoteBook Computer 或 Laptop）又称手提电脑或膝上型电脑，其体积小、重量轻，与台式机架构类似，但是具备更好的便携性，可以使用电池或接通外部电源运行。笔记本电脑除了键盘外，还提供了触控板（TouchPad）或触控点（Pointing Stick），有更好的定位和输入功能。

图 1-4 所示为苹果和联想品牌的笔记本电脑。

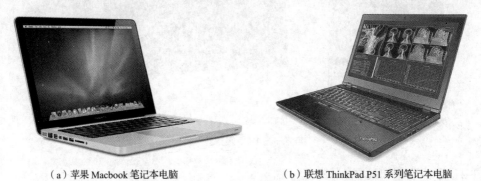

（a）苹果 Macbook 笔记本电脑　　　　　　　　　（b）联想 ThinkPad P51 系列笔记本电脑

图 1-4　笔记本电脑

5. 手持设备

目前常见的手持设备（Handheld）有平板电脑、智能手机等，其特点是体积小、重量轻、易携带。图 1-5 所示为部分手持设备。

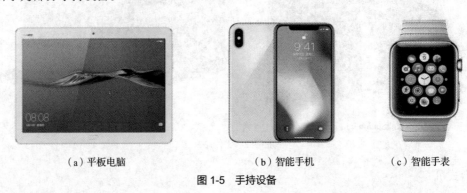

（a）平板电脑　　　　　　　　（b）智能手机　　　　　　　（c）智能手表

图 1-5　手持设备

1.1.3　计算机的特点

计算机作为一种通用的信息处理工具，具有极快的处理速度、极强的存储能力、精确的计算和逻辑判断能力。各种类型的计算机虽然在规模、用途、性能、结构等方面略有不同，但它们都具有以下特点。

1. 运算速度快

目前超级计算机的运算速度已达到每秒数亿亿次，微机也可达每秒百亿次以上，从而使大量复杂的科学计算问题得以解决。例如，卫星轨道的计算、大型水坝的相关计算、24 小时天气预报的计算等，过去人工完成这些计算需要几年甚至几十年，而现在用计算机只需几天甚至几分钟就可完成。

2. 运算精确度高

科学技术的发展特别是尖端科学技术的发展，需要高度精确的计算。由于计算机内部采用浮点数表示方法，而且计算机的字长从 8 位、16 位增加到 32 位、64 位甚至更长，从而使处理的结果具有很高的精确度，这是任何其他计算工具都望尘莫及的。

3. 具有记忆和逻辑判断能力

随着计算机存储容量的不断增大，可存储的信息越来越多。计算机不仅能进行计算，而且能把参与运算的数据、程序以及中间结果和最后结果保存起来，供用户随时调用；还能通过编码技术对各种信息（如语言、文字、图形、图像、音乐等）进行算术运算和逻辑运算，甚至进行推理和证明。

4. 具有自动控制能力

由于在计算机内可以存储程序，所以计算机可以根据人们事先编好的程序自动控制完成各种操作。用户根据解题需要，事先设计好运行步骤与程序，计算机将十分严格地按程序规定的步骤操作，整个过程不需要人工干预。

1.1.4 计算机的发展

自古以来，人类就在不断地发明和改进计算工具，从古老的"结绳计算"、算盘，到计算尺、手摇计算机，直到 1946 年第一台电子计算机诞生，经历了漫长的岁月（见图 1-6）。计算机科学与技术已成为目前发展最快的学科之一，尤其是微型计算机的出现和计算机网络的发展，使计算机的应用渗透到社会的各个领域，有力地推动了信息社会的发展。多年来，人们以计算机物理器件的变革作为标志，把电子计算机的发展划分为 5 代。

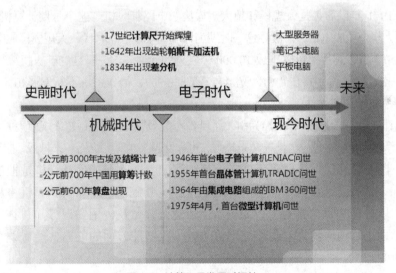

图 1-6 计算工具发展时间轴

电子计算机发展中的"代"通常以其使用的主要器件（如电子管、晶体管、集成电路、大规模集成电路和超大规模集成电路）来划分。此外，在电子计算机发展的各个阶段，所配置的软件和使用方式也有不同的特点，成为划分"代"的标志之一。

第一代（1946—1958 年）是电子管计算机，计算机使用的主要逻辑器件是电子管，用穿孔卡片机作为数据和指令的输入设备，用磁鼓或磁带作为外存储器，使用机器语言编程。虽然第一代计算机的体积大、速度慢、能耗高、使用不便且经常发生故障，但是它从一开始就显示了强大的生命力。这个时期的计算机主要用于科学计算，特别是用于军事和科学研究方面的工作。其代表机型有 ENIAC、IBM 650（小型机）、IBM 709（大型机）等。

第二代（1959—1964 年）是晶体管计算机，这个时期的计算机用晶体管代替了电子管，内存储器采用了磁心体，引入了变址寄存器和浮点运算硬件，利用 I/O 处理器提高了输出能力，在软件方面配置了子程序库和批处理管理程序，并且推出了 FORTRAN、COBOL、ALGOL 等高级程序设计语言及相应的编译程序。

这个时期计算机的应用扩展到数据处理、自动控制等方面。计算机的运行速度已提高到每秒几十万次，体积已大大减小，可靠性和内存容量也有较大的提高。这个时期的代表机型有 IBM7090、IBM7094、控制数据公司（Control Data Corporation，CDC）7600 等。

第三代（1965—1970 年）是集成电路（Integrated Circuit，IC）计算机，所谓集成电路是将大量的晶体管和电子线路组合在一块硅晶片上，故又称其为芯片。小规模集成电路每个芯片上的元件数为 100 以下，中规模集成电路每个芯片上则可以集成 100~10 000 个元件。

这个时期的计算机用中小规模集成电路代替了分立元件，用半导体存储器代替了磁芯存储器，外存储器使用磁盘。在软件方面，操作系统进一步完善，高级语言数量增多，出现了并行处理、多处理器、虚拟存储系统以及面向用户的应用软件。计算机的运行速度也提高到每秒几百万次，可靠性和存储容量进一步提高，外部设备种类繁多。计算机和通信密切结合起来，广泛地应用到科学计算、数据处理、事务管理、工业控制等领域。这个时期的代表机型有 IBM360 系列、富士通 F230 系列、DEC 的 PDP-X 系列等。

第四代（1971 年以后）是大规模和超大规模集成电路计算机。这个时期计算机的主要逻辑元件是大规模和超大规模集成电路，一般称这一时期为大规模集成电路时代。大规模集成电路（Large Scale Integration，LSI）每个芯片上可以集成 10 000 个以上的元件。这一时期的计算机采用半导体存储器，具有大容量的软、硬磁盘，并开始引入光盘。在软件方面，操作系统不断发展和完善，同时还出现了数据库管理系统、通信软件等。

在第四代计算机中，微型计算机最为引人注目。微型计算机的诞生是超大规模集成电路应用的结果。现在的微型计算机体积越来越小，性能越来越强，可靠性越来越高，价格越来越低，应用范围越来越广。

目前新一代（第五代）计算机正处在设想和研制阶段。新一代计算机是把信息采集、存储处理、通信和人工智能结合在一起的计算机系统。也就是说，新一代计算机将从以处理数据信息为主，转向以处理知识信息为主，如获取、表达、存储及应用知识等，并具备推理、联想和学习（如理解能力、适应能力、思维能力等）等人工智能方面的能力，能帮助人类开拓未知的领域和获取新的知识。

这里必须要提到"摩尔定律"。摩尔定律是由英特尔（Intel）公司创始人之一戈登·摩尔（Gordon Moore）提出来的，其内容为：当价格不变时，集成电路上可容纳的元器件的数目，每隔 18~24 个月便会增加一倍，性能也将提升一倍。换言之，每一美元所能买到的计算机性能，将每隔 18~24 个月翻一番。这一定律揭示了信息技术进步的速度。这种趋势已经持续了半个世纪以上的时间，然而，国际半导体技术发展路线图的更新增长在 2013 年年底已经放缓，之后的时间里，晶体管数量密度预计只会每 3 年翻一番。

计算工具和计算机技术发展的历史和重要事件可扫描二维码查看。

1.1.5　计算机的应用

计算机在国民经济和社会生活中有着非常广泛的应用，其主要的应用领域如图 1-7 所示。

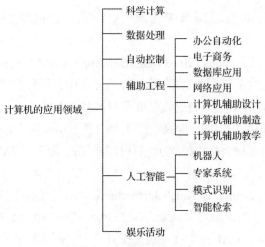

图1-7 计算机的应用领域

1. 科学计算

科学计算是指利用计算机来完成科学研究和工程技术中提出的数学问题的计算。利用计算机的高速计算、大存储容量和连续运算的能力，我们可以实现人工无法解决的各种科学计算问题，如人造卫星轨迹的计算、导弹发射各项参数的计算、房屋抗震强度的计算、天气预报中数据的计算等。

2. 数据处理

数据处理是对各种数据进行收集、存储、整理、分类、统计、加工、利用、传播等一系列活动的统称。数据处理与科学计算相比，它的主要特点是原始数据多、处理量大、时间性强，但计算公式并不复杂。例如，用计算机实现对工厂的生产管理、计划调度、统计报表、质量分析和控制等；在财务部门，用计算机实现账目登记、分类、汇总、统计、制表等。此外，计算机还可以用于办公自动化。用计算机进行文字录入、排版、制版和打印，比传统打印速度快、效率高，并且使用更加方便。用计算机通信即通过局域网或广域网进行数据交换，可以方便地发送与接收数据报表和图文传真。

3. 自动控制

自动控制是利用计算机实时采集检测数据，按最优值迅速对控制对象进行自动调节或自动控制。采用计算机进行自动控制，不仅可以大大提高控制的自动化水平，而且可以提高控制的及时性和准确性，从而改善劳动条件，提高产品质量及合格率。因此，计算机自动控制已在机械、冶金、石油、化工、纺织、水电、航天等领域得到广泛的应用。例如，在汽车工业方面，利用计算机控制机床、控制整个装配流水线，不仅可以实现精度要求高、形状复杂的零件加工自动化，而且可以使整个车间或工厂实现自动化。

4. 辅助工程

辅助工程包括很多内容，这里选择其中几项简介如下。

（1）计算机辅助设计（Computer Aided Design，CAD）是利用计算机系统辅助设计人员进行工程或产品设计，以实现最佳设计效果的一种技术。它已广泛应用于飞机、汽车、机械、电子、建筑和轻工等领域。例如，在电子计算机的设计过程中，利用CAD技术进行体系结构模拟、逻辑模拟、插件划分、自动布线等，大大提高了设计工作的自动化程度。又如，在建筑设计过程中，可以利用CAD

技术进行力学计算、结构计算、绘制建筑图纸等，这样不仅可以提高设计速度，而且可以提高设计质量。

（2）计算机辅助制造（Computer Aided Manufacturing，CAM）是利用计算机系统进行生产设备的管理、控制和操作的过程。例如，在产品的制造过程中，用计算机控制机器的运行，处理生产过程中所需的数据，控制和处理材料的流动以及对产品进行检测等。使用 CAM 技术可以提高产品质量，降低成本，缩短生产周期，提高生产率和改善劳动条件。人们将 CAD 和 CAM 技术集成，实现设计生产自动化，这种技术被称为计算机集成制造系统（CIMS）。它的实现将真正做到无人化车间或工厂。

（3）计算机辅助教学（Computer Aided Instruction，CAI）是利用计算机对学生进行教学。课件可以用 PPT 等制作工具或高级语言来开发。CAI 能引导学生循序渐进地学习，使学生轻松自如地从课件中学到所需的知识。CAI 的主要特色是交互教育、因人施教和个性化教育等。第一个计算机辅助教学的大型系统是 20 世纪 60 年代开发的 PLATO。现在世界上各种类型的教学软件层出不穷，计算机辅助教学也得到广泛应用。计算机在教育中的典型应用还有远程教育、计算机教学管理等。

（4）电子商务是指在商业贸易活动中的一种新型的商业运营模式，在因特网开放的网络环境下，基于浏览器/服务器应用方式，买卖双方不谋面地进行各种商贸活动，实现消费者的网上购物、商户之间的网上交易和在线电子支付，以及各种商务活动、交易活动、金融活动和相关的综合服务活动。电子商务分为 ABC、B2B、B2C、C2C、B2M、M2C、B2A、C2A、O2O 等模式。目前，我国电子商务的发展已走在世界前列。

5. 人工智能

人工智能（Artificial Intelligence，AI）是计算机模拟人类的智能活动，诸如感知、判断、理解、学习、问题求解和图像识别等。计算机有记忆能力，又擅长进行逻辑推理运算，因此计算机可以模拟人的思维，从而具有一定的学习和推理功能，能够自己积累知识，并且独立解决问题。例如，计算机可以对计算机高级语言进行编译和解释，实现不同自然语言之间的机器翻译；在很多场合下，装上计算机的机器人可以代替人们进行繁重、危险的体力劳动和部分简单、重复的脑力劳动。

6. 娱乐活动

现今的计算机游戏已经不再像以前的下棋游戏那样简单，而更多的是一些多媒体网络游戏，通过虚拟现实技术和一些特殊装备为玩家营造身临其境的感受。特殊设计的运动平台可以让玩家体验高速运动时抖动、颠簸、倾斜等感觉。

计算机在电影中的主要应用是电影特技，通过巧妙的计算机合成和剪辑可以制作出在现实世界无法拍摄的场景，营造出令人震撼的视觉效果。

计算机在音乐领域不仅可以录制、编辑、保存和播放音乐，而且可以改善音乐的视听效果。

 杰出人物

世界上第一台存储式计算机电子延迟存储自动计算机（Electronic Delay Storage Automatic Calculator，EDSAC）的研制者，英国皇家科学院院士，计算技术的先驱——莫里斯·文森特·威尔克斯（Maurice Vincent Wilkes）。

　　威尔克斯 1913 年出生于英国。1946 年 5 月，他获得了冯·诺依曼起草的离散变量自动电子计算机（Electronic Discrete variable Automatic Computer，EDVAC）的设计方案，便以 EDVAC 为蓝本设计自己的计算机并组织实施，起名为 EDSAC。1949 年 5 月，EDSAC 首试成功，Lyons 公司取得了 EDSAC 的批量生产权，这就是于 1951 年正式投入市场的 LEO（Lyons Electronic Office）计算机，它通常被认为是世界上第一个商品化的计算机型号。EDSAC 和 LEO 计算机的成功奠定了威尔克斯作为计算机大师和先驱在学术界的地位。因此，第二届图灵奖便授予威尔克斯，以表彰他在设计与制造出世界上第一台存储程序式电子计算机 EDSAC 以及其他方面的杰出贡献。

　　贡献涉及计算机设计的部分图灵奖获得者还包括詹姆斯·威尔金森——数值分析专家和研制 ACE 计算机的功臣、弗雷德里克·布鲁克斯——IBM 360 系列计算机的总设计师和总指挥等。

1.2　计算机科学与技术学科的概念

　　1985 年春，国际计算机学会（Association for Computing Machinery，ACM）与电气和电子工程师协会计算机学会（Institute of Electrical and Electronics Engineers-Computer Society，IEEE-CS）联手组成攻关组，开始了对"计算作为一门学科"的存在性的证明。经过近 4 年的工作，攻关组提交了一篇名为《计算作为一门学科》（Computing as a Discipline）的报告。该报告的主要内容刊登在 1989 年 1 月的《ACM 通讯》（*Communications of the ACM*）杂志上，这标志着计算作为一门学科诞生了。计算科学是对描述和变换信息的算法过程（包括其理论、分析、设计、效率分析、实现和应用）的系统的研究。本学科源自对数理逻辑、计算模型、算法理论、自动计算机器的研究，形成于 20 世纪 30 年代后期。现在，计算已成为继理论、实验之后的第 3 种科学形态。

1.2.1　计算机科学与技术学科的定义

　　计算机科学与技术学科包含计算学科的大部分基本内容，既可以看成计算学科的一种全面体现，又可以看成计算学科的基本学科，所以，计算机科学与技术学科可以与计算学科相对应。

　　计算机科学与技术学科可简称为计算机学科，是研究计算机的设计、制造和利用计算机进行信息获取、表示、存储、处理、控制等的理论、原则、方法和技术的学科。计算机科学与技术学科包括科学与技术两个方面。科学侧重于研究现象、揭示规律；技术则侧重于研制计算机和研究使用计算机进行信息处理的方法与技术。科学是技术的依据，技术是科学的体现；科学与技术相辅相成、互相影响，二者高度融合是计算机科学与技术学科的突出特点。

　　计算机学科虽然只有短短几十年的历史，但它已经具有了相当丰富的内容，并且正在成长为一个基础技术学科。计算机学科主要包括计算机科学（Computer Science，CS）、计算机工程（Computer Engineering，CE）、软件工程（Software Engineering，SE）、信息系统（Information System，IS）等分支学科。

1.2.2　计算机科学与技术学科的根本问题

　　计算机科学与技术学科来源于对数理逻辑、计算模型、算法理论、自动计算机器的研究，早期学科研究与发展的主要目标是围绕大量科学计算问题研制自动计算机器，然后开展各种以科学计算为主的应用研究工作，研究对象大多集中在寻求解决问题的各种算法上，因此，许多人认为计算机科学与技术是算法的学问。

但 20 世纪 30 年代之后，"能行性"取代了算法的地位，成为学科定义性描述中占有突出重要地位的名词。简单地讲，计算机科学与技术学科的根本问题是，什么能被有效地自动化，即对象的能行性问题。一个问题在判定为可计算后，从具体解决这个问题着眼，必须按照能行可构造的特点与要求，给出实际解决该问题的具体操作步骤，同时还必须确保这种过程的成本是能够承受的。围绕这一问题，计算学科发展了大量与之相关的研究内容与分支学科方向。例如，数值与非数值计算方法、算法设计与分析、结构化程序设计技术与效率分析、以计算机部件为背景的集成电路技术、密码学与快速算法、演化计算、数字系统逻辑设计、程序设计方法学（主要指程序设计技术）、自动布线、RISC 技术、人工智能的逻辑基础等分支学科的内容都是围绕这一基本问题展开和发展形成的。

计算学科所有分支领域的根本任务是进行计算，那么什么是计算呢？数学家图灵（A. M. Turning）1936 年在其论文"On Computable numbers，with an Application to the Entschidungsproblem"（《论可计算数及其在判定性问题上的应用》）中揭示了"计算的本质"。图灵通过构造理论的图灵机（见图 1-8），形象化地阐述了计算的本质：所谓计算就是计算者（人或机器）对一条两端可无限延长的纸带上的一串 0 和 1 执行指令，一步一步地改变纸带上的 0 或 1，经过有限步骤，最后得到一个满足预先规定的符号串的变换过程。

图 1-8　图灵机

计算机科学与技术学科除了具有较强的科学性外，还具有较强的工程性，因此，它是一门科学性与工程性并重的学科，表现为其理论性和实践性紧密结合。计算学科包含了计算机科学、计算机工程、软件工程、信息工程等领域。计算机科学技术的迅猛发展，除了源于微电子学等相关学科的发展外，主要源于其应用的广泛性与巨大的需求，已经渗透到人类社会的各个领域，成为经济发展的助推器。

1.2.3　计算机科学与技术学科的研究范畴

计算机科学与技术学科的研究范畴包括计算机理论、硬件、软件、网络及应用等，按照研究的内容，也可以划分为基础理论、专业基础和应用 3 个层面。在这些研究领域中，有些方面已经研究得比较透彻，取得了许多成果；有些方面还不够成熟和完备，需要进一步研究、发展和完善。

（1）计算机理论的研究内容：离散数学、算法分析理论、形式语言与自动机理论、程序设计语言理论、程序设计方法学。

（2）计算机硬件的研究内容：元器件与存储介质、微电子技术、计算机组成原理、微型计算机技术、计算机体系结构。

（3）计算机软件的研究内容：程序设计语言的设计、数据结构与算法、程序设计语言翻译系统、操作系统、数据库系统、算法设计与分析、软件工程学、可视化技术。

（4）计算机网络的研究内容：网络结构、数据通信与网络协议、网络服务、网络安全。

（5）计算机应用的研究内容：软件开发工具，完善既有的应用系统、开拓新的应用领域。

1.2.4　计算机科学与技术学科的方法论

在教育部发布的《高等学校计算机科学与技术专业发展战略研究报告暨专业规范（试行）》中，根据对学科发展和社会需求的认识，鼓励不同院校培养 3 种不同类型的学生：科学型（CS）、工程型（CE 和 SE）和应用型（IT 和 IE），这 3 种人才类型之间的关系如图 1-9 所示。

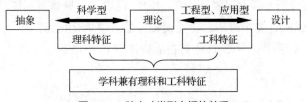

图 1-9　3 种人才类型之间的关系

其中，科学型的人才以计算机技术基础理论、应用基础理论和新技术的研究开发为基本使命，致力于发现规律；工程型的人才关注计算机基本理论和原理在硬件系统、软件系统的设计与制造方面的综合应用，致力于构建系统；应用型的人才建立针对特定应用环境的信息系统以及提供信息化服务，注重计算机软、硬件系统的功能与性能，系统的集成与配置，系统的维护与管理等方面，致力于实现服务。

图 1-9 中的抽象、理论、设计是计算机科学与技术学科方法论的 3 种形态。学科方法论的内容在计算机科学与技术学科的体系中占有非常重要的地位，是研究该领域认识和实践过程中使用的一般方法。它主要包括 3 个方面：学科的 3 种形态（又称学科方法论的 3 个过程）、重复出现的 12 个基本概念、典型的学科方法。前者描述了认识和实践的过程，后两者分别描述了贯穿于认识和实践过程中问题求解的基本方面和方法。

1. 学科的 3 种形态——抽象、理论、设计

（1）抽象（模型化）。源于实验科学，主要要素为数据采集方法和假设的形式说明、模型的构造与预测、实验分析、结果分析，抽象的结果为概念、符号和模型，可用来为算法、数据结构和系统结构等构造模型，对所建立的模型进行实验。

（2）理论。与数学所有方法类似，主要要素为定义和公理、定理、证明、结果的解释，可用来建立和理解计算机科学与技术学科所依据的数学原理。

（3）设计。源于工程学，主要要素为需求说明、规格说明、设计和实验方法、测试与分析，可用来开发求解给定问题的系统和设备。

2. 重复出现的 12 个基本概念

计算机科学与技术学科中重复出现的 12 个基本概念包括绑定、大问题的复杂性、概念和形式模型、一致性和完备性、效率、演化、抽象层次、按空间排序、重用、安全性、折中与结论。这 12 个概念是在研究和处理学科领域问题的认识和实践中使用方法论的具体提示和概括。在进入学科领域的初期了解这些概念，并且用于指导学习和研究是很有益处的。

3. 典型的学科方法

典型的学科方法包括数学方法和系统科学方法。在学科的抽象和理论两个形态的研究中，偏重于数学方法；在设计形态的研究实践中，偏重于系统科学（工程）方法。

（1）数学方法是以数学为工具进行科学研究的方法，用数学语言表达事物的状态、关系和过程，经推导形成解释和判断。具体有：公理化方法、构造性方法（以递归、归纳和迭代为代表）、内涵与外延方法、模型化和具体化方法等。数学方法的基本特征是高度抽象、精确、具有普遍意义。它是科学技术研究简洁、精确的形式化语言，数量分析和计算的方法，逻辑推理的工具。

（2）系统科学方法主要分为系统分析和系统设计两部分。一般遵循的原则是：整体性、动态、最优化、模型化。系统分析一般是从所研究的对象问题着手，具体有系统分析法（如结构化方法、原型法、面向对象方法等）、黑箱方法、功能模拟方法、整体优化方法、信息分析方法等。系统设计一般是从所构造的目标系统着手，具体有自底向上、自顶向下、分治法、模块化、逐步求精等方法。

1.2.5　学科方法论的典型应用实例

在计算学科的发展过程中，为了便于理解计算学科中的有关问题和概念的本质，人们给出了许多反映该学科某一方面本质特征的典型实例。计算学科典型实例的提出及研究，不仅有助于我们深刻理解计算学科，而且对学科的发展有十分重要的推动作用。本节将介绍部分典型实例，以便读者提前认识一些重要的概念和方法。

1. 哥尼斯堡七桥问题

17 世纪的东普鲁士有一座哥尼斯堡（Konigsberg）城，城中有一座奈佛夫（Kneiphof）岛，普雷格尔（Pregol）河的两条支流环绕其旁，并将整个城市分成北区、东区、南区和岛区 4 个区域，全城共有 7 座桥将 4 个城区连接起来，如图 1-10 所示。

人们常通过这 7 座桥到各城区游玩，于是产生了一个有趣的数学难题：寻找走遍这 7 座桥且只许走过每座桥一次，最后又回到原出发点的路径。该问题就是著名的"哥尼斯堡七桥问题"。

这个问题看起来似乎不难，但人们始终没能找到答案。

1736 年，著名数学家列昂纳德·欧拉（L. Euler）发表了关于"哥尼斯堡七桥问题"的论文——《与位置几何有关的一个问题的解》，他在文中指出，从一点出发不重复地走遍七桥，最后又回到原出发点是不可能的。

欧拉是这样解决问题的：欧拉用 4 个字母 A、B、C、D 代表 4 个城区，并用 7 条线表示 7 座桥，如图 1-11 所示。图中只有 4 个点和 7 条线，这样做是基于该问题本质考虑的，它抽象出问题最本质的东西，忽视问题非本质的东西（如桥的长度等），从而将哥尼斯堡七桥问题抽象为一个数学问题，即经过图中每边一次且仅一次的回路问题。欧拉在论文中论证了这样的回路是不存在的，后来，人们把有这样回路的图称为欧拉图，称这个问题为欧拉七桥问题。

欧拉还证明了：如果每个点连接的边数为偶数，则可以找到这样的回路，否则无法找到。

欧拉的论文为图论的形成奠定了基础。今天，图论已广泛应用于计算学科、运筹学、信息论、控制论等学科之中，并已成为对现实问题进行抽象的一个强有力的数学工具。随着计算学科的发展，图论在计算学科中的作用越来越大，同时，图论本身也得到了充分发展。

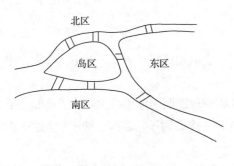

图 1-10　哥尼斯堡地图

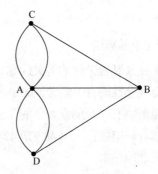

图 1-11　哥尼斯堡抽象图

2. 梵天塔问题

相传印度教的天神梵天建了一座神庙，神庙里竖有三根宝石柱子，柱子由一个铜座支撑。梵天将 64 个直径大小不一的金盘子，按照从大到小的顺序依次套放在第一根柱子上，形成一座金塔（见图 1-12），即所谓的梵天塔（又称汉诺塔、Hanoi 塔）。

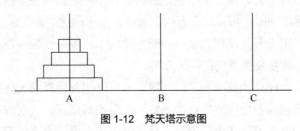

图 1-12　梵天塔示意图

庙里的僧侣们将第一根柱子上的 64 个盘子借助第二根柱子全部移到第三根柱子上，即将整个塔迁移，同时定下 3 条规则：

① 每次只能移动一个盘子；

② 盘子只能在三根柱子上来回移动，不能放在他处；

③ 在移动过程中，三根柱子上的盘子必须始终保持大盘在下，小盘在上。

梵天塔问题是一个典型的只有用递归方法（而不能用其他方法）来解决的问题。

递归是计算学科中的一个重要概念。所谓递归，就是将一个较大的问题归约为一个或多个子问题的求解方法。当然，要求这些子问题比原问题简单一些，且在结构上与原问题相同。

根据递归方法，可以将 64 个盘子的梵天塔问题转化为求解 63 个盘子的梵天塔问题，如果 63 个盘子的梵天塔问题能够解决，则可以先将 63 个盘子移动到第二根柱子上，再将最后一个盘子直接移动到第三根柱子上，最后又一次将 63 个盘子从第二根柱子移动到第三根柱子上，这样就可以解决 64 个盘子的梵天塔问题。依此类推，63 个盘子的梵天塔求解问题可以转化为 62 个盘子的梵天塔求解问题，62 个盘子的梵天塔求解问题又可以转化为 61 个盘子的梵天塔求解问题，直到 1 个盘子的梵天塔求解问题。再由 1 个盘子的梵天塔的求解求出 2 个盘子的梵天塔，直到解出 64 个盘子的梵天塔问题。

根据上面的分析，我们可以轻松地写出解决梵天塔问题的递归程序，但问题并没有想象的那么简单。假设让僧人们每秒移动一次盘子，则僧侣们一刻不停地来回搬动，需要花费大约 5 849 亿年的时间；假设以每秒 1 000 万个盘子的速度搬动，也需要花费大约 58 490 年的时间。

这就是算法复杂性要研究的典型问题，也是体现计算的本质"能行性问题"的典型实例。尽管能写出算法，但计算机无法在有效的时间内完成，这仍然是一个无法用计算来解决的问题，仍然是

"不能行的"。

3. 证比求易算法

关于算法及其复杂性的有关问题，我国计算机学者洪加威曾经讲了一个童话故事，用来帮助读者理解计算复杂性的有关概念，故事内容如下。

很久以前，有一个酷爱数学的艾述国王，向邻国一位聪明美丽的公主（秋碧贞楠公主）求婚。公主出了这样一道题：求出 48 770 428 433 377 171 的一个真因子。若国王能在一天之内求出答案，公主便接受他的求婚。

国王回去后立即开始逐个数地进行计算，他从早到晚，共算了 3 万多个数，最终还是没有结果。国王向公主求情，公主将答案相告：223 092 827 是它的一个真因子。国王很快就验证了这个数的确能除尽 48 770 428 433 377 171。公主说："我再给你一次机会，如果还求不出，将来你只好做我的证婚人了。"国王立即回国，并向时任宰相的大数学家孔唤石求教，大数学家在仔细地思考后认为这个数为 17 位，则最小的一个真因子不会超过 9 位，于是他给国王出了一个主意：按自然数的顺序给全国的老百姓每人编一个号发下去，等公主给出数目后，立即将它们通报全国，让每个老百姓用自己的编号去除这个数，除尽了立即上报，赏金万两。最后，国王用这个办法求婚成功。

在这个童话故事中，国王最先使用的是一种顺序算法，其复杂性表现在时间方面，后面由宰相提出的是一种并行算法，其复杂性表现在空间方面。

从直觉上我们认为，顺序算法解决不了的问题完全可以用并行算法来解决，甚至会以为并行计算机系统求解问题的速度将随着处理器数目的不断增加而不断提高，从而解决难解性问题，其实这是一种误解。当将一个问题分解到多个处理器上解决时，由于算法中不可避免地存在必须串行执行的操作，从而大大限制了并行计算机系统的加速能力。因此，对难解性问题而言，单纯提高计算机系统的速度是远远不够的，而降低算法复杂度的数量级才是最关键的问题。

4. 哲学家进餐问题

对哲学家进餐问题可以做这样的描述：5 个哲学家围坐在一张圆桌旁，每个人的面前摆有一碗面条，碗的两旁各摆有一根筷子，如图 1-13 所示。

图 1-13　哲学家进餐问题

假设哲学家的生活除了吃饭就是思考问题，而吃饭的时候需要左手拿一根筷子，右手拿一根筷子，然后开始进餐。吃完后又将筷子摆回原处，继续思考问题。那么，一个哲学家的生活进程可表示为：

①思考问题；

② 饿了停止思考，左手拿一根筷子（拿不到就等）；

③ 右手拿一根筷子（拿不到就等）；

④ 进餐；

⑤ 放下右手筷子；

⑥ 放下左手筷子；

⑦ 重新回到思考问题状态①。

问题：如何协调 5 个哲学家的生活进程，使每一个哲学家最终都可以进餐。

考虑下面的两种情况。

（1）按哲学家的生活进程，当所有的哲学家都同时拿起左手筷子时，所有的哲学家都将拿不到右手的筷子，并处于等待状态，那么哲学家都将无法进餐。

（2）将哲学家的生活进程修改一下，变为当右手的筷子拿不到时，就放下左手的筷子，这种情况是不是就没有问题？不一定，因为可能在一个瞬间，所有的哲学家都同时拿起左手的筷子，所以自然拿不到右手的筷子，于是都同时放下左手的筷子，等一会，又同时拿起左手的筷子，如此永远重复下去，所有的哲学家一样吃不到饭。

以上两个方面的问题，其实反映的是程序并发执行时进程同步的两个问题，一个是死锁（Deadlock），另一个是饥饿（Starvation）。采用并发程序语言、Petri 网、CSP 等工具，都能很容易地解决这个问题。

典型实例在计算机软硬件的开发中具有重要的应用价值。我们知道，一个系统开发出来后，面临着用户的确认和验收。对软硬件中的程序而言，测试程序只能发现程序有错，但不能证明程序无错。然而，采用形式化的方法证明程序的正确性又是一个很困难的问题，不仅成本高、周期长，而且对并发程序和并发程序的验证还有一些关键问题尚未解决，怎么办？

众所周知，带有程序的软硬件系统，特别是软件系统与其他产品的一个显著区别是允许产品在销售时带有一些尚未被发现的错误，它们可以在今后的使用过程中，经过开发商的售后服务和产品的更新换代加以完善。为此，要证明系统的性能和状态良好，许多带程序的软硬件系统的确认和验收常采用对典型实例的测试来进行。例如，美国国防部 Ada 语言的编译系统开发出来后，要通过一千多个典型实例的测试才能投入运行。由于典型实例是在长期的实践中不断积累，根据各类问题的特点经抽象、分类和总结得来的，因此，只要系统能够通过各种典型实例的测试，在很大程度上就有理由使人相信该系统的质量是有基本保证的。

除了上面讲述的典型实例以外，还有停机问题、饮料问题、最小费用流问题、可满足性问题、旅行商（货郎担）问题、生产者与消费者问题、八皇后问题、九宫排定问题、荷兰国旗问题等，读者可以在今后的学习中自己去发现、认识更多的典型实例。

5. 人工智能中的若干哲学问题

计算机能够思考吗？这是多年来计算机科学家和哲学家长期争论的问题。

在计算学科诞生后，为解决人工智能中一些有争议的问题，图灵和西尔勒又分别提出了能反映人工智能本质特征的两个著名的哲学问题，即"图灵测试"和西尔勒的"中文屋子"。根据图灵等人对"智能"的理解，人们在人工智能领域取得了长足的进展，其中 IBM 的"深蓝（Deep Blue）"战胜国际象棋大师卡斯帕罗夫（G.Kasparov）、谷歌的阿尔法狗（AlphaGo）战胜围棋世界冠军柯洁就是很好的例证。

（1）图灵测试

图灵于 1950 年在英国 *Mind* 杂志上发表了 "Computing Machinery and Intelligence" 一文，文中提出了 "机器能思维吗？" 这样一个问题，并给出了一个被后人称为图灵测试（Turing Test）的模仿游戏。

这个游戏需由 3 个人来完成：一个男人（A）、一个女人（B）和一个性别不限的提问者（C）。提问者（C）待在与其他两个游戏者相隔离的房间里。游戏的目标是让提问者通过对其他两人的提问来鉴别其中哪个是男人，哪个是女人。为了避免提问者通过他们的声音、语调轻易地做出判断，最好是在提问者与其他两个游戏者之间通过一台电传打字机来进行沟通。提问者只被告知两个人的代号为 X 和 Y，游戏的最后他要做出 "X 是 A，Y 是 B" 或 "X 是 B，Y 是 A" 的判断。

提问者可以提出下列问题："请 X 回答，你的头发的长度？"，如果 X 实际上是男人（A），那么他为了给提问者造成错觉，可能会这样回答："我的头发很长，大约有 9 英寸"。如果对女人（B）来说，游戏的目标是帮助提问者，那么她可能会做出真实的回答，并且在答案后面加上 "我是女人，不要相信那个人" 之类的提示。但也许这样也无济于事，因为男人（A）同样也可以加上类似的提示。

现在，把上面这个游戏中的男人（A）换成一部机器来扮演，如果提问者在与机器、女人的游戏中做出的错误判断次数与在男人、女人之间的游戏中做出的错误判断次数是相同的，那么，就可以判定这部机器是能够思维的。

图灵关于 "图灵测试" 的论文发表后引发了很多的争论，以后的学者在讨论机器思维时大多都要谈到这个游戏。

"图灵测试" 不要求接受测试的机器在内部构造上与人脑一样，它只是从功能的角度来判定机器是否有思维，也就是从行为主义这个角度来对 "机器思维" 进行定义。尽管图灵对 "机器思维" 的定义是不够严谨的，但他关于 "机器思维" 定义的开创性工作对后人的研究具有重要意义，因此，一些学者认为，图灵发表的关于 "图灵测试" 的论文标志着现代机器思维问题讨论的开始。

（2）西尔勒的 "中文屋子"

美国哲学家约翰·西尔勒（J.R.Searle）于 1980 年在 *Behavioral and Brain Sciences* 杂志上发表了 "Minds、Brains and Programs" 一文，在文中，他以自己为主角设计了一个 "中文屋子（Chinese Room）" 的假想试验来反驳图灵测试。

假设西尔勒被单独关在一个屋子里，屋子里有序地堆放着足量的汉语字符，而他对中文可谓是一窍不通。这时屋外的人递进来一串汉语字符，同时还附上一本用英文书写的处理汉语字符的规则，这些规则将递进来的字符和屋子里的字符之间的处理做了纯形式化的规定，西尔勒按规则指令对这些字符进行一番处理之后，将一串新组成的字符送出屋外。事实上他根本不知道送进来的字符串就是屋外人提出的 "问题"，也不知道送出去的就是所谓 "问题的答案"。又假设西尔勒很擅长按照指令娴熟地处理一些汉字符号，而程序设计师（即制定规则的人）又擅长编写程序（即规则），那么，西尔勒的答案将会与一个地道的中国人做出的答案没什么不同。但是，我们能说西尔勒真的懂中文吗？

西尔勒借用语言学的术语非常形象地揭示了 "中文屋子" 的深刻寓意：形式化的计算机仅有语法，没有语义。因此，他认为，机器永远也不可能代替人脑。作为以研究语言哲学问题而著称的哲学家西尔勒来自语言学的思考，的确给人工智能涉及的哲学和心理学问题提供了不少启示。

尽管多年来人们始终在争论，但 "计算机能够思考吗？" 这个问题尚未得到确切答案，不过这些争论促进了对人工智能的研究，并且已经研究出能够提高生活质量的技术。

 杰出人物

　　计算机科学的奠基人——阿兰·图灵（Alan Mathison Turing）

　　图灵有两个杰出贡献：一是建立了图灵机模型，奠定了可计算理论的基础；二是提出了图灵测试，阐述了机器智能的概念。他当之无愧地被誉为"计算机科学之父"。1966 年，ACM 为纪念电子计算机诞生 20 周年，也为纪念图灵的具有重大科学价值和历史意义的论文发表 30 周年，决定设立计算机界的第一个奖项，并把它命名为"图灵奖"，以纪念这位计算机科学理论的奠基人。图灵奖专门奖励那些在计算机科学研究中做出创造性贡献、推动计算机科学技术发展的杰出科学家。图灵奖对获奖者的要求极高，评奖程序极严，一般每年只奖励一名计算机科学家，只有极少数年度有两名在同一方向上做出贡献的科学家共享此奖。因此，尽管"图灵奖"的奖金数额不算高，但它却是计算机界最负盛名、最崇高的一个奖项，具有"计算机界诺贝尔奖"之称。

1.3　计算机科学与技术学科的知识体系

　　近年来，计算机学科发生了巨大的变化，从早期的以数学、逻辑、电子学、程序语言和程序设计为支撑学科发展的主要专业基础知识，到如今以并行与分布计算、网络技术、软件工程等为新的学科内容，这一变化对计算机专业的教育产生了深远的影响。

　　我国教育部"全国普通高等学校本科专业目录（2017）"中，计算机类的相关专业包括计算机科学与技术、软件工程、网络工程、信息安全、物联网工程、电子与计算机工程等，目前全国设置有计算机类相关专业的普通本科院校有 500 多所。

　　为了做好计算机学科本科生的教育工作，由中国计算机学会、全国高等计算机研究会、清华大学联合组建了"中国计算机科学与技术专业学科教程研究组"，在参考 IEEE-CS&ACM 制定的"Computing Curricula 2002"（简称 CC2002）的基础上，制定了符合我国国情的"中国计算机科学与技术学科教程 2002"（简称 CCC2002），对计算机专业教学计划的制定具有指导意义。随着学科的发展，2006 年 9 月，教育部高等学校计算机类专业教学指导委员会参照 IEEE-CS&ACM 的 CC2005 发布了《高等学校计算机科学与技术专业发展战略研究报告暨专业规范（试行）》（以下简称《规范》）。《规范》将计算机科学与技术学科划分成计算机科学、计算机工程、软件工程、信息技术 4 个专业方向，并对它们在人才培养目标、人才培养的内容、知识体系、课程体系等方面提出了参考性意见。尽管与传统的专业划分不同，但《规范》所列出的知识体系和课程体系对相关专业有一定的指导作用。同学们也可以对照自己的培养计划来认识培养目标。

1.3.1　计算机科学专业方向（CS）的知识体系

　　计算机科学是研究计算机和可计算系统的学科，包括其理论、设计、开发和应用技术，专业内容相对突出计算的理论和算法。计算机科学的学科范围跨度很大，从理论基础、算法基础到最前沿的学科发展，比如机器人学、计算机视觉、智能系统、仿生信息学等许多学科。典型的学科方法包括数学方法和系统科学方法。

计算机科学家的工作包括以下 3 个方面。

（1）设计和实现软件。计算机科学家往往承担具有挑战性的编程工作，同时他们也指导其他程序员，让程序员不断获取新的方法。

（2）发明应用计算机的新方法。计算机科学领域的网络、数据库、人机界面等方面的新进展，使万维网的发展成为可能。现在计算机科学研究人员正和其他领域的专家合作，使机器人变成实用的智能助手，使用数据库来生成新知识，以及用计算机帮助我们破译 DNA 的秘密等。

（3）发明高效的方法解决计算问题。例如，计算机科学家要开发出最好的方法用于在数据库中存储信息，通过网络传输数据以及显示复杂图像等。计算机科学的理论背景可以帮助计算机科学家确定方法的最优性能，在算法领域的研究可帮助他们开发出具有更优性能的新方法。

计算机科学专业方向人才的能力结构要求包括具备在计算机科学领域里分析问题、解决问题的能力；具备实践能力；具备良好的外语运用能力；具备团队精神与组织才能；具备沟通能力与良好的人际关系；具备表达能力和创新能力。

计算机科学专业方向知识体系划分为知识领域、知识单元、核心知识单元 3 个层次，共有 14 个知识领域，132 个知识单元，共计 560 个核心学时。

知识体系结构的最高层是知识领域（Area），表示特定的学科子领域。每个知识领域可用两个英文字母的缩写来表示，例如，OS 表示操作系统（Operating System），PL 表示程序设计语言（Programming Language）等。

知识体系结构的中间层是知识单元，表示知识领域中独立的主题（Thematic）模块。每一知识单元用知识领域名后加一个数字表示，例如，OS3 是操作系统中有关并发性的知识单元。知识体系结构的最底层是知识点（Topic）。

表 1-1 列出了计算机科学专业方向的知识领域和知识单元。表中 CS（Computer Science）表示计算机科学，括号中的数字为学时数。

表 1-1　　　　　　　　　　　　知识领域和知识单元

知识领域	核心知识单元（560 个核心学时）	知识单元（选修）
CS-AR 计算机体系结构与组织（82）	AR1 数字逻辑与数字系统（16） AR2 数据的机器级表示（6） AR3 汇编级机器组织（18） AR4 存储系统组织和结构（10） AR5 接口和通信（12） AR6 功能组织（14） AR7 多处理和其他系统结构（6）	AR8 性能提高技术 AR9 网络与分布式系统结构
CS-AL 算法与复杂度（54）	AL1 算法分析基础（6） AL2 算法策略（12） AL3 基本算法（24） AL4 分布式算法（4） AL5 可计算性理论基础（8）	AL6 P 类和 NP 类 AL7 自动机理论 AL8 高级算法分析 AL9 加密算法 AL10 几何算法 AL11 并行算法
CS-HC 人机交互（12）	HC1 人机交互基础（8） HC2 简单图形用户界面的创建（4）	HC3 以人为中心的软件评价 HC4 以人为中心的软件开发 HC5 图形用户界面的设计 HC6 图形用户界面的程序设计 HC7 多媒体系统的人机交互 HC8 协作和通信的人机交互

续表

知识领域	核心知识单元（560 个核心学时）	知识单元（选修）
CS-OS 操作系统（40）	OS1 操作系统概述（2） OS2 操作系统原理（4） OS3 并发性（12） OS4 调度和分派（6） OS5 内存管理（10） OS6 设备管理 （2） OS7 安全和保护 （2） OS8 文件系统 （3）	OS9 实时和嵌入式系统 OS10 容错 OS11 系统性能评价 OS12 脚本
CS-PF 程序设计基础（69）	PF1 程序设计基本结构（15） PF2 算法与问题求解（8） PF3 基本数据结构（30） PF4 递归（10） PF5 事件驱动程序设计（6）	
CS-SP 社会和职业问题（11）	SP0 信息技术史（1） SP1 信息技术的社会环境（2） SP3 分析方法和分析工具（2） SP4 职业责任和道德责任（1） SP5 基于计算机系统的风险与责任（1） SP6 知识产权（3） SP7 隐私与公民自由（1）	SP8 计算机犯罪 SP9 与信息技术相关的经济问题
CS-SE 软件工程（54）	SE1 软件设计（12） SE2 使用 APIs（8） SE3 软件工具与环境（4） SE4 软件工程（4） SE5 软件需求与规格说明（8） SE6 软件确认（8） SE7 软件进化（5） SE8 软件项目管理（5）	SE9 基于构件的计算 SE10 形式化方法 SE11 软件可靠性 SE12 特定系统开发
CS-DS 离散结构（72）	DS1 函数、关系与集合（12） DS2 基础逻辑（18） DS3 证明技巧（24） DS4 计数基础（12） DS5 图和树（6）	DS6 离散概率
CS-NC 以网络为中心的计算（48）	NC1 网络及其计算介绍（4） NC2 通信与网络（20） NC3 网络安全（8） NC4 客户/服务器计算举例（8） NC5 构建 Web 应用（4） NC6 网络管理（4）	NC7 压缩与解压缩 NC8 多媒体数据技术 NC9 无线和移动计算
CS-PL 程序设计语言（54）	PL1 程序设计语言概论（4） PL2 虚拟机（2） PL3 语言翻译简介（6） PL4 声明和类型（6） PL5 抽象机制（6） PL6 面向对象程序设计（30）	PL7 函数程序设计 PL8 语言翻译系统 PL9 类型系统 PL10 程序设计语言的语义 PL11 程序设计语言的设计

知识领域	核心知识单元（560 个核心学时）	知识单元（选修）
CS-GV 图形化与可视化计算（8）	GV1 图形学的基本技术（6） GV2 图形系统（2）	GV3 图形通信 GV4 几何建模 GV5 基本图形绘制方法 GV6 高级图形绘制方法 GV7 先进技术 GV8 计算机动画 GV9 可视化 GV10 虚拟现实 GV11 计算机视觉
CS-IS 智能系统（22）	IS1 智能系统基本问题（2） IS2 搜索和约束满足（8） IS3 知识表示与知识推理（12）	IS4 高级搜索 IS5 高级知识表示与知识推理 IS6 代理 IS7 自然语言代理技术 IS8 机器学习与神经系统 IS9 人工智能规划系统 IS10 机器人学
CS-IM 信息系统（34）	IM1 信息模型与信息系统（4） IM2 数据库系统（4） IM3 数据建模（6） IM4 关系数据库（3） IM5 数据库查询语言（6） IM6 关系数据库设计（6） IM7 事务处理（6）	IM8 分布式数据库 IM9 物理数据库设计 IM10 数据挖掘 IM11 信息存储与信息检索 IM12 超文本和超媒体 IM13 多媒体信息与多媒体系统 IM14 数字图书馆
CS-CN 计算科学与数值方法		CN1 数值分析 CN2 运筹学 CN3 建模与仿真 CN4 高性能计算

知识体系定义了计算机科学专业方向学生的知识结构，这些知识要通过课程教学来传授给学生。各方向课程体系由核心课程和选修课程组成，核心课程覆盖知识体系中的全部核心单元及部分选修知识单元。

根据知识单元的分布，选取其中部分知识单元，组成 15 门核心课程。这些课程主要涉及基础课程、专业课程两个层次，所列学时包括理论学时和实践学时两部分。

表 1-2 是《规范》中给出的计算机科学专业方向的核心课程。

表 1-2　　　　　　　　　　计算机科学专业方向的核心课程

序号	课程名称	理论学时	实践学时
1	计算机导论	24	8
2	程序设计基础	48	16
3	离散结构	72	0
4	算法与数据结构	48	16
5	计算机组成基础	48	16
6	计算机体系结构	32	8
7	操作系统	32	16
8	数据库系统原理	32	16

序号	课程名称	理论学时	实践学时
9	编译原理	40	16
10	软件工程	32	16
11	计算机图形学	24	8
12	计算机网络	32	16
13	人工智能	32	8
14	数字逻辑	32	16
15	社会与职业道德	24	8

1.3.2 计算机工程专业方向（CE）的知识体系

计算机工程学是现代计算系统、计算机控制设备的软硬件设计、制造、实施和维护的科学与技术，是计算机科学和电子工程的交叉学科，是一门关于设计和构造计算机及基于计算机的系统的学科。

它涉及的研究包括软件、硬件、通信以及它们之间的相互作用等方面。它的课程关注传统的电子工程及数学方面的理论、原理及实践，还包括如何应用它们解决在软硬件和网络的设计过程中面临的技术问题。

计算机工程的学生学习数字硬件系统的设计，包括通信系统、计算机以及其他包含计算机的设备。计算机工程的学习重视硬件多于软件，或要在两者间取平衡。当前，在计算机工程中的一个热门方向是嵌入式系统，旨在开发嵌入了软、硬件于其中的设备。例如，手机、数字音频播放器、数字视频录像机、警报系统、X 光机、激光外科用具等设备，它们全都需要硬件和嵌入式软件的综合知识，也都是计算机工程的研究成果。

计算机工程师的工作以工程型为主，兼顾硬件科学型和应用系统开发。设计和构建计算机系统和基于计算机的系统、强调的是硬件（嵌入式系统），擅长解决计算机系统的硬件问题。

计算机工程专业方向的学生的能力要求包括熟悉计算机系统原理、系统硬件和软件的设计、系统构造和分析过程；具有该学科宽广的知识面，同时在该学科的一个或多个领域中具有高级的知识；具备一个完整的设计经历，包括硬件和软件的内容；能够使用各种基于计算机的工具、实验室工具来分析和设计计算机系统，包括软件和硬件两个方面；理解其设计和制造的产品所工作的社会环境；能以恰当的形式（书面、口头、图形）来交流工作，并能以审视的观点对他人的工作做出评价。

计算机工程专业方向知识体系共有 18 个知识领域、186 个知识单元，共计 550 个核心学时。

表 1-3 列出了计算机工程专业方向的知识领域和知识单元，其中，计算机工程（Computer Engineering）用 CE 表示。

表 1-3　　　　　　　　　计算机工程专业方向的知识领域和知识单元

知识领域	核心知识单元（550 个核心学时）	选修知识单元
CE-ALG 算法与复杂度（35）	ALG0 历史与概述（1） ALG1 基本算法分析（9） ALG2 算法策略（8） ALG3 计算算法（12） ALG4 分布式算法（3） ALG5 算法复杂性（2）	ALG6 基本可计算性理论

知识领域	核心知识单元（550 个核心学时）	选修知识单元
CE-CAO 计算机体系结构和组织（63）	CAO0 历史与概述（1） CAO1 计算机体系结构基础（10） CAO2 计算机运算（3） CAO3 存储系统组织与体系结构（8） CAO4 接口和通信（10） CAO5 设备子系统（5） CAO6 处理器系统设计（10） CAO7 CPU 的组织（10） CAO8 性能（3） CAO9 分布式系统模型（3）	CAO10 性能改进
CE-CSE 计算机系统工程（18）	CSE0 历史与概述（1） CSE1 生命周期（2） CSE2 需求分析与获取（2） CSE3 规格说明（2） CSE4 体系结构设计（3） CSE5 测试（2） CSE6 维护（2） CSE7 项目管理（2） CSE8 软件硬件协同设计（2）	CSE9 实现 CSE10 专用系统 CSE11 可靠性和容错性
CE-CSG 电路和信号（43）	CSG0 历史与概述（1） CSG1 电量（3） CSG2 电阻性电路和网络（9） CSG3 电抗性电路和网络（12） CSG4 频率响应（9） CSG5 正弦波分析（6） CSG6 卷积（3）	CSG7 傅里叶分析 CSG8 滤波器 CSG9 拉普拉斯变换
CE-DBS 数据库系统（10）	DBS0 历史与概述（1） DBS1 数据库系统（2） DBS2 数据建模（2） DBS3 关系数据库（3） DBS4 数据库查询语言（2）	DBS5 关系数据库设计 DBS6 事务处理 DBS7 分布式数据库 DBS8 物理数据库设计
CE-DIG 数字逻辑（57）	DIG0 历史与概述（1） DIG1 开关理论（6） DIG2 组合逻辑电路（4） DIG3 组合电路的模块化设计（6） DIG4 存储元件（3） DIG5 时序逻辑电路（10） DIG6 数字系统设计（12） DIG7 建模和仿真（5） DIG8 形式化验证（5） DIG9 故障模型和测试（5）	DIG10 可测试性设计
CE-DSP 数字信号处理（21）	DSP0 历史与概述（1） DSP1 理论和概念（3） DSP2 数字频谱分析（2） DSP3 离散傅里叶变换（7） DSP4 采样（3） DSP5 变换（3） DSP6 数字滤波器（2）	DSP7 离散时间信号 DSP8 窗口函数 DSP9 卷积 DSP10 音频处理 DSP11 图像处理

知识领域	核心知识单元（550 个核心学时）	选修知识单元
CE-ELE 电子学（40）	ELE0 历史与概述（1） ELE1 材料的电子特性（3） ELE2 二极管和二极管电路（5） ELE3 MOS 晶体管和偏压（3） ELE4 MOS 逻辑（7） ELE5 双极性晶体管和逻辑（4） ELE6 设计参数及相关问题（4） ELE7 存储单元（3） ELE8 接口逻辑和标准总线（3） ELE9 运算放大器（4） ELE10 电路建模和仿真（3）	ELE11 数据转换电路 ELE12 电压源和电流源 ELE13 放大器设计 ELE14 集成电路构造单元
CE-ESY 嵌入式系统（20）	ESY0 历史与概述（1） ESY1 嵌入式微控制器（6） ESY2 嵌入式程序（3） ESY3 实时操作系统（3） ESY4 低功耗计算（2） ESY5 可靠系统设计（2） ESY6 设计方法（3）	ESY7 工具支持 ESY8 嵌入式多处理器 ESY9 网络嵌入式系统 ESY10 接口和混合信号系统
CE-HCI 人机交互（13）	HCI0 历史与概述（1） HCI1 人机交互基础（3） HCI2 图形用户界面（3） HCI3 I/O 技术（2） HCI4 智能系统（4）	HCI5 以人为中心的软件评价 HCI6 以人为中心的软件开发 HCI7 交互式图形用户界面设计 HCI8 图形用户界面编程 HCI9 图形和可视化 HCI10 多媒体系统
CE-NWK 计算机网络（31）	NWK0 历史与概述（1） NWK1 通信网络体系结构（5） NWK2 通信网络协议（5） NWK3 局域网和广域网（5） NWK4 客户/服务器计算（5） NWK5 数据安全性和完整性（6） NWK6 无线和移动计算（4）	NWK7 性能评价 NWK8 数据通信 NWK9 网络管理 NWK10 压缩和解压
CE-OPS 操作系统（30）	OPS0 历史与概述（1） OPS1 设计原则（5） OPS2 并发性（6） OPS3 调度和分派（3） OPS4 存储管理（5） OPS5 设备管理（3） OPS6 安全和保护（3） OPS7 文件系统（3） OPS8 系统性能评价（1）	
CE-PRF 程序设计基础（44）	PRF0 历史与概述（1） PRF1 程序设计范型（5） PRF2 程序设计结构（7） PRF3 算法和问题求解（8） PRF4 数据结构（13） PRF5 递归（5） PRF6 面向对象程序设计（5）	PRF7 事件驱动与并发程序设计 PRF8 使用 API

知识领域	核心知识单元（550 个核心学时）	选修知识单元
CE-SPR 社会和职业问题（16）	SPR0 历史与概述（1） SPR1 公共政策（2） SPR2 分析方法和分析工具（2） SPR3 职业责任和道德责任（2） SPR4 风险和责任（2） SPR5 知识产权（2） SPR6 隐私和公民自由（2） SPR7 计算机犯罪（1） SPR8 计算机中的经济问题（2）	SPR9 哲学框架
CE-SWE 软件工程（23）	SWE0 历史与概述（1） SWE1 软件过程（2） SWE2 软件需求和定义（4） SWE3 软件设计（4） SWE4 软件测试和验证（4） SWE5 软件进化（4） SWE6 软件工具和环境（4）	SWE7 语言翻译 SWE8 软件项目管理 SWE9 软件容错
CE-VLS VLSI 设计与构造（10）	VLS0 历史与概述（1） VLS1 材料的电子特性（2） VLS2 基本反相器的功能（3） VLS3 组合逻辑电路（1） VLS4 时序逻辑电路（1） VLS5 半导体存储器和阵列结构（2）	VLS6 芯片输入/输出电路 VLS7 工艺和布局 VLS8 电路特点和性能 VLS9 不同电路结构/低功耗设计 VLS10 半定制设计技术 VLS11 ASIC 设计方法
CE-DSC 离散结构（43）	DSC0 历史与概述（1） DSC1 函数、关系和集合（9） DSC2 基础逻辑（12） DSC3 证明技巧（8） DSC4 计数基础（5） DSC5 图和树（6） DSC6 递归（2）	
CE-PRS 概率和统计（33）	PRS0 历史与概述（1） PRS1 离散概率（6） PRS2 连续概率（6） PRS3 期望（4） PRS4 随机过程（6） PRS5 样本分布（4） PRS6 估计（4） PRS7 假设检验（2）	PRS8 相关性和回归

表 1-4 是《规范》中给出的计算机工程专业方向的核心课程。

表 1-4　　　　　　　　　　计算机工程专业方向的核心课程

序号	课程名称	理论学时	实践学时
1	计算机导论	24	8
2	程序设计基础	56	16
3	离散结构	56	8
4	算法与数据结构	56	8
5	电路与系统	48	8

序号	课程名称	理论学时	实践学时
6	模拟与数字电子技术	48	12
7	数字信号处理	32	8
8	数字逻辑	32	8
9	计算机组成基础	56	8
10	计算机体系结构	48	8
11	操作系统	48	8
12	计算机网络	48	8
13	嵌入式系统	48	12
14	软件工程	24	8
15	数据库系统原理	32	8
16	社会与职业道德	16	4

1.3.3 软件工程专业方向（CE）的知识体系

随着网络技术及面向对象技术的广泛应用，软件工程取得了突飞猛进的发展。2011 年，国务院学位委员会发布了《学位授予和人才培养学科目录（2011 年）》。文件确定软件工程学科增设为一级学科（080835），标志着软件工程脱离计算机科学与技术学科进入了一个规范发展的崭新阶段，这是软件工程学科发展的一个重要里程碑。

对软件工程知识体系的研究从 20 世纪 90 年代初就开始了，标志是美国 Embry-Riddle 航空大学的"软件工程知识体系指南"。1995 年 5 月，ISO/IEC/JTC1 启动了标准化项目——"软件工程知识体系指南"（Guide to the Software Engineering Body of Knowledge，SWEBOK 指南）。IEEE 与 ACM 联合建立的软件工程协调委员会（SECC）、加拿大魁北克大学以及美国 MITRE 公司等共同承担了"SWEBOK指南"项目。2005 年 9 月，SWEBOK 正式发布为国际标准，标志着 SWEBOK 项目的工作告一段落，软件工程作为一门学科，在取得对其核心的知识体系的共识方面已经达到了一个重要的里程碑。

在职业市场，"软件工程师"是一种职业标志。这个名词用于描述一种职业时，它并没有标准的定义。它的含义在招聘人员的眼里差异很大，它可能是相当于"计算机程序员"，或是一些从事管理大型的、复杂的且（或）安全性要求很高的软件项目的人员。而软件工程的学生会更多地学习软件的可靠性和软件的维护，更关注开发和维护软件的技术。

SWEBOK 指南的目的是确认软件工程学科的范围，并为支持该学科的本体知识提供指导。SWEBOK 指南将软件工程知识体系划分为 10 个知识域（Knowledge Area，KA），每个知识域还可进一步分解为若干子知识域。软件工程知识体系指南的内容如表 1-5 所示。

表 1-5　　　　　　　　　　　　软件工程知识体系指南的内容

知识域	子知识域
软件需求	软件需求基础、需求过程、需求获取、需求分析、需求规格说明、需求确认、实际考虑
软件设计	软件设计基础、软件设计关键问题、软件结构与体系结构、软件设计质量的分析与评价、软件设计符号、软件设计的策略与方法
软件构造	软件构造基础、管理构造、实际考虑
软件测试	软件测试基础、测试级别、测试技术、与测试相关的度量、测试过程

知识域	子知识域
软件维护	软件维护基础、软件维护关键问题、维护过程、维护技术
软件配置管理	软件配置过程管理、软件配置标识、软件配置控制、软件配置状态报告、软件配置审计、软件发行管理和交付
软件工程管理	项目启动和范围定义、软件项目计划、软件项目实施、评审与评价、项目收尾、软件工程度量
软件工程过程	过程定义、过程实施与变更、过程评估、过程和产品度量
软件工程工具和方法	软件工具（软件需求工具、软件设计工具、软件构造工具、软件测试工具、软件维护工具、软件配置管理工具、软件工程过程工具、软件质量工具和其他工具问题） 软件工程方法（启发式方法、形式化方法、原型方法）
软件质量	软件质量基础、软件质量过程、实际考虑

根据软件工程知识单元的分布，《规范》设计了 27 门课程的课程体系，如表 1-6 所示。

表 1-6   软件工程专业的课程体系

课程编号	课程名称	包含的知识单元	最少核心学时	授课学时	实验学时
S101	程序设计基础	计算机科学基础、构造工具、专业技能、需求基础、设计概念、评审、测试	39	48	16
CS102	面向对象方法学	计算机科学基础、构造技术、设计概念、人机界面设计、基本知识、进化过程	36	48	16
CS103	数据结构和算法	计算机科学基础、测试	31	48	16
CS105	离散结构Ⅰ	计算机科学基础、数学基础	24	48	
CS106	离散结构Ⅱ	计算机科学基础、数学基础、建模基础	27	48	
CS220	计算机体系结构	计算机科学基础	15	48	16
CS226	操作系统和网络	计算机科学基础	16	48	16
CS270	数据库	计算机科学基础、建模基础	13	48	16
NT272	工程经济学	软件的工程基础、软件的工程经济学、项目计划	13	32	
NT181	团队激励和沟通	团队激励/心理学、交流沟通技能、需求规约与文档	11	16	8
NT291	软件工程职业实践	专业技能、软件质量概念与文化	14	16	
SE101	软件工程与计算Ⅰ	计算机科学基础、构造技术、构造工具、软件工程基础、专业技能、模型分类、需求基础、需求获取、需求规约与文档、设计概念、设计策略、详细设计、测试	35	48	16
SE102	软件工程与计算Ⅱ	计算机科学基础、专业技能、建模基础、需求确认、设计策略、详细设计、设计支持工具与评价、基本知识、评审、测试、问题分析和报告、进化过程	36	48	16
SE200	软件工程与计算Ⅲ	计算机科学基础、构造技术、软件的工程基础、专业技能、建模基础、设计概念、设计策略、体系结构设计、人机界面设计、详细设计、基本知识、评审、过程实施、管理概念	38	48	16
SE201	软件工程导论	构造技术、软件的工程基础、专业技能、建模基础、建模分类、需求基础、需求获取、需求规约与文档、需求确认、设计概念、设计策略、体系结构设计、人机界面设计、详细设计、设计支持工具与评价、基本知识、评审、测试、问题分析和报告、过程实施、管理概念	34	48	16

续表

课程编号	课程名称	包含的知识单元	课程学时		
			最少核心学时	参考学时	
				授课学时	实验学时
SE211	软件代码开发技术	构造技术、构造工具、形式化开发方法、数学基础、建模基础	36	48	16
SE212	人机交互的软件工程方法	构造技术、软件的工程基础、团队激励/心理学、建模基础、模型分类、需求基础、人机界面设计、基本知识、评审、测试、人机用户界面测试和评价、产品保证	25	32	16
SE213	大型软件系统设计与软件体系结构	建模基础、模型分类、设计策略、体系结构设计、进化过程、进化活动、管理概念、项目计划、软件配置管理	28	32	16
SE221	软件测试	需求基础、基本知识、评审、测试、问题分析和报告、产品保证	23	32	8
SE311	软件设计与体系结构	构造技术、建模基础、模型分类、设计策略、体系结构设计、详细设计、设计支持工具与评价、进化过程、进化活动	33	32	16
SE312	软件详细设计	构造技术、构造工具、形式化开发方法、模型分类、详细设计、进化过程	26	32	16
SE313	软件工程的形式化方法	形式化开发方法、数学基础、建模基础、模型分类、需求规约与文档、需求确认、详细设计、设计支持工具与评价、进化活动	34	32	16
SE321	软件质量保证与测试	数学基础、基本知识、评审、测试、问题分析和报告、过程概念、软件质量标准、软件质量过程、过程保证、产品保证	37	32	16
SE322	软件需求分析	模型分类、需求基础、需求获取、需求规约与文档、需求确认	18	32	8
SE323	软件项目管理	建模基础、过程概念、过程实施、管理概念、项目计划、项目人员和组织、项目控制、软件配置管理	26	32	8
SE324	软件过程与管理	需求获取、需求基础、需求规约与文档、进化过程、过程概念、过程实施、软件质量概念与文化、软件质量标准、软件质量过程、过程保证、产品保证、项目计划、项目人员和组织、项目控制	39	48	8
SE400	软件工程综合实习（含毕业设计）	构造技术、团队激励/心理学、交流沟通技能、专业技能、建模分类、需求获取、需求规约与文档、需求确认、设计策略、体系结构设计、人机界面设计、详细设计、设计支持工具与评价、评审、测试、项目计划、项目人员和组织、软件配置管理	28		420

当然，不同的学校，根据实际的情况，可以设置不同的课程设置方案。

1.3.4 信息技术专业方向（IT）的知识体系

信息技术（Information Technology，IT）是一门新兴的、且快速发展的学科，信息技术方向的兴起是因为其他方向不能提供足够的、能处理现实问题的人才。信息技术专业方向主要针对各种组织的信息化需求，提供与实施技术解决方案，涉及为组织购买适当的软、硬件产品，按组织的要求和其基础设施的设置组装这些产品，并为组织的计算机用户安装、定制、维护这些应用，重在对各类信息系统的规划、创建、技术维护与管理，包括：组建网络、网络管理及安全、网页制作、开发多媒体资源、安装通信设备、管理电子邮件系统，以及策划和管理组织的技术生命周期（维护、升级和替换组织所用技术）等。

　　信息化技术解决方案的提供者与实施者，即信息化服务工程师，在理论上，应理解各种计算技术，这样一种理解应该能够直接指导为满足用户需求对技术的选择和应用；在实践上，应善于系统集成，善于理解用户的需求和提供最优的满足这种需求的技术路线，有效地对系统运行实施技术性管理。信息技术人才的基本素质特征是能将不同的技术集成到应用系统中，并使系统和所属组织机构的日常运作能有机整合。

　　信息技术专业方向知识体系划分为 12 个必修知识领域和 92 个知识单元，共计 281 个最少必修学时。表 1-7 列出了信息技术专业方向的知识领域和知识单元。

表 1-7　　　　　　　　　　信息技术专业方向的知识领域和知识单元

知识领域	知识单元（最少必修学时数 281）	
	符号	含义说明
IT-ITF 信息技术基础（33）	ITF.the	基本概念（17）
	ITF.his	组织机构的信息化（6）
	ITF.re	信息技术发展史（3）
	ITF.mat	信息技术与其他学科的关系（3）
	ITF.app	典型应用领域（2）
	ITF.org	数学与统计学在信息技术中的应用（3）
IT-HCI 人机交互（20）	HCI.hum	人的因素（6）
	HCI.sof	应用领域中的人机交互问题（2）
	HCI.dev	以人为中心的评价（4）
	HCI.ev	开发有效的人机界面（9）
	HCI.asp	易用性（1）
	HCI.em	新兴技术（2）
	HCI.acc	以人为中心的软件开发（5）
IT-IAS 信息保障和安全（23）	IAS.fu	基本知识（3）
	IAS.se	安全机制与对策（5）
	IAS.op	实施信息安全的相关任务和问题（3）
	IAS.po	策略（3）
	IAS.att	攻击（2）
	IAS.sd	安全域（2）
	IAS.for	计算机取证（1）
	IAS.in	信息状态（1）
	IAS.ss	安全服务（1）
	IAS.th	威胁分析模型（1）
	IAS.vu	漏洞（1）
IT-IM 信息管理（34）	IM.dql	数据库查询语言（9）
	IM.fun	信息管理的概念和基础知识（8）
	IM.dor	数据组织和体系结构（7）
	IM.dm	数据建模（6）
	IM.mg	数据库环境的管理（3）
	IM.spc	特殊用途的数据库（1）
IT-IPT 集成程序设计及技术（23）	IPT.sys	系统间通信技术（5）
	IPT.dat	数据映射与数据交换（4）
	IPT.ic	集成编码（4）
	IPT.scr	脚本技术（4）
	IPT.scp	软件安全实践（4）
	IPT.mi	其他各种技术
	IPT.pl	程序语言概述（1）

续表

知识领域	知识单元（最少必修学时数281）		
	符号	含义说明	
IT-NET 计算机网络（20）	NET.fn NET.pl NET.se NET.nm NET.aa NET.rs	网络基础（3） 物理层（6） 安全（2） 网络管理 网络应用领域（1） 路由与交换（8） （没有标注最少学时的表示可按需安排）	
IT-PF 程序设计基础（38）	PF.fds PF.fpc PF.oop PF.aps PF.edp PF.rec	基本数据结构（10） 程序设计的基本结构（9） 面向对象程序设计（9） 算法和问题求解（6） 事件驱动程序设计（3） 递归（1）	
IT-PT 平台技术（14）	PT.har PT.fir PT.os PT.ao PT.ci PT.eds	硬件 固件 操作系统（10） 计算机组织与系统结构（3） 计算系统基础设施（1） 企业级软件	
IT-SA 系统管理和维护（11）	SA.os SA.app SA.adm SA.ad	操作系统（4） 应用系统（3） 管理活动（2） 管理域（2）	
IT-SIA 系统集成和体系结构（21）	SIA.org SIA.req SIA.arc SIA.int SIA.acq SIA.pm SIA.tqa	组织环境（1） 需求（6） 体系结构（1） 集成（3） 采购（4） 项目管理（3） 测试和质量保证（3）	
IT-SP 信息技术与社会环境（23）	SP.his SP.sc SP.pcl SP.per SP.int SP.leg SP.tea SP.org SP.pc	信息技术行业与教育发展史（3） 计算的社会环境（3） 隐私和公民权利（1） 职业操守规范与责任（2） 知识产权（2） 信息技术应用涉及的法律问题（2） 团队合作（3） 机构环境（2） 信息技术专业写作（5）	
IT-WS 系统和技术（21）	WS.tec WS.inf WS.dm WS.dev WS.vul WS.ss	Web技术（10） 信息体系结构（4） 数字媒体（3） Web开发（3） 漏洞（1） 社会软件	

根据信息技术知识单元的分布，《规范》设计的必修课程体系如表1-8所示。

表1-8 信息技术专业方向必修课程示例

序号	课程名称	理论学时	实践学时
1	信息技术导论	36	18
2	信息技术应用数学入门	42	8
3	程序设计与问题求解	48	18
4	数据结构与算法	24	12
5	计算机系统平台	48	18
6	应用集成原理与工具	56	18
7	Web 系统与技术	48	18
8	计算机网络与互联网	48	18
9	数据库与信息管理	48	18
10	人机交互	48	18
11	面向对象方法	36	18
12	信息保障与安全	48	18
13	社会信息学	36	8
14	信息系统工程与实践	24	40
15	系统维护与管理	18	36

本章小结

计算机科学是以计算机为研究对象的一门科学，是一门研究范畴十分广泛、发展非常迅速的学科。

本章从计算机的定义、分类、特点、用途、产生与发展等方面入手，讲述了计算机的基本概念；同时，对计算学科的定义、知识体系进行了整体介绍。通过本章的学习，学生应理解计算机的基本概念、信息化社会的特征、信息化社会对计算机人才的需求，初步了解计算机学科的内涵、知识体系、课程体系和研究范畴等，以及作为一名计算机专业的学生应具有的基本知识和能力，明确今后的学习目标和内容，树立作为一个未来的计算机工作者的自豪感和责任感。

习题

1. 什么是计算机？
2. 计算机有哪些主要的特点？
3. 计算机发展中各个阶段的主要特点是什么？
4. 计算机科学的研究范畴主要包括哪些？
5. 欧拉是如何对"哥尼斯堡七桥问题"进行抽象的？
6. 以"梵天塔问题"为例，说明理论上可行的计算问题实际上并不一定能行。
7. "图灵测试"和"中文屋子"是如何从哲学的角度反映人工智能本质特征的？
8. 在互联网上查找计算机在我国的主要应用领域。

02 第2章 计算机的基础知识

本章将介绍计算机科学技术的基础知识,包括计算机学科中的一些重要概念和术语。这些概念和术语贯穿学科学习的始末,蕴含着计算机学科的基本思想。熟练掌握这些概念是认识这个学科的基本要求,也是成为一名成熟的计算机科学家和工程师的标志之一。

本章知识要点:

* 对数制的简单认识
* 算法的概念
* 数据结构简介
* 程序的概念
* 软件工程基础

对初学者来讲,本章出现的一些术语和概念是完全陌生的。这些术语和概念为什么重要?它们与计算机学科有什么关系?对这些问题的回答,读者可以从买来一台计算机直至让它开始工作的全过程谈起。

首先是"硬件"。从专营店买回来的这个能摸得到、看得着的家伙,我们称之为硬件,当然后面会看到硬件的概念不只是这样简单,但为了对这些核心概念有整体的认识,姑且认为是这个样子。接下来,为了让这个家伙能够开始工作,比如将好听的 MP3 歌曲存入计算机中并且让美妙的音乐响起来,必须给它安装一些东西。这些让计算机工作的东西统称为"软件"。

那么,这些软件是什么呢?它是一些该领域的专业人员利用计算机能"理解"的"语言"编写出来的一段指令。这段指令告诉计算机如何解决问题或完成任务,我们可称之为"程序"。当然,编写这些程序的过程中要遵循计算机界的规范。这些规范就是软件工程要研究的内容。

不同的应用需要编写不同的程序。这些程序千变万化,专业人员既要学习计算机能识别的语言,又要了解解决问题的方法。同时,由于机器理解问题与人类理解问题方式不同,所以编写程序的工作有很大的难度。为了抛开学习计算机语言的繁杂,人们想到了将复杂的编程工作简化,先从解决问题的步骤做起。这个解决问题的步骤称为"算法"。

有了算法的概念之后，编写程序就简单了许多，但对于初学者来讲，拿到一个具体问题马上进行编程仍然很难进入状态，于是人们总结出该如何认识某类问题的一系列方法。这些方法对某类具体的应用分析数据之间的关系，给出数据在计算机中的表示和相关操作的实现，这一系列的方法称为“数据结构”。

从上面的讲述可以看到，这些核心概念主要描述的是从发明计算机到让它能够工作的过程中，人类需要完成的任务。很明显，对于这些概念的理解是入门必须掌握的内容。

2.1 计算机的运算基础

计算机加工的对象是数据。此处的数据有着广泛的含义，除了数学中的数值外，用数字编码的字符、声音、图形、图像等都是数据。计算机处理的数据都是使用二进制编码表示的，因为二进制编码易于用电子器件表示。本节将介绍数制、数制之间的转换、数据的表示及常用编码。这些都是计算机运行的基础。

2.1.1 数制

数制也称计数制，是按进位原则进行计数的，它用一组固定的符号和统一的规则来表示数值。

在日常生活中最常用的数制是十进制，源于人类最早的计数工具是 10 根手指。当然，在某些方面也会采用非十进制的数制，如一年的月数是十二进制，计时是六十进制。在计算机系统中采用的数制则是二进制，因为表示它的电子器件有 2 种状态。由于二进制不便于书写，所以又有了八进制和十六进制。下面对常用的十进制、二进制、八进制、十六进制进行介绍。

1. 十进制

十进制数由符号 0、1、2、3、4、5、6、7、8、9 来表示数值，采用“逢十进一”的进位计数制。每一个符号处于十进制数中不同的位置时，它所代表的实际数值都是不同的。

例如，2 005.116 可以写成：

$$2\ 005.116 = 2 \times 10^3 + 5 \times 10^0 + 1 \times 10^{-1} + 1 \times 10^{-2} + 6 \times 10^{-3}$$

式中每个数字符号的位置不同，它所代表的数值也不同，这就是我们经常所说的个位、十位、百位、千位……又称为数的位权。位权都是 10 的幂，这个 10 称为十进制的基数。

凡是采用位权表示法的数制都具有以下 3 个特点。

（1）数字的总个数等于基数。

（2）最大的数字比基数小 1。

（3）每个数字都要乘以基数的幂次，该幂次由每个数字所在的位置决定。

所以，十进制的 3 个特点如下。

（1）数字的总个数为 10（0～9）。

（2）最大的数字是 9。

（3）每个数字都要乘以 10 的幂次，该幂次由每个数字所在的位置决定。

2. 二进制

二进制是由 0 和 1 两个符号来表示数值，采用“逢二进一”的进制计数制。二进制的基数为 2，每一个数字的位权都是 2 的幂次方。

例如，二进制数$(1101.010)_2$可表示为：

$(1101.010)_2 = 1×2^3+1×2^2+0×2^1+1×2^0+0×2^{-1}+1×2^{-2}+0×2^{-3}$

二进制数的基本特点如下。

（1）数字的总个数为 2（0、1）。

（2）最大的数字是 1。

（3）每个数字都要乘以 2 的幂次，该幂次由每个数字所在的位置决定。

由于二进制只取两个数码 0 和 1，因此，二进制数的每一位都可以用任何具有两个不同稳定状态的元器件来表示，而十进制数用元器件表示时就需要更多不同的稳定状态。显然，制造具有两个稳定状态的元器件比制造具有多个稳定状态的元器件容易得多，这是二进制数应用于计算机或其他数字系统的一个优势。

二进制的运算规则如下。

加法：0+0=0 0+1=1 1+0=1 1+1=10

减法：0-0=0 10-1=1 1-0=1 1-1=0

乘法：0×0=0 0×1=0 1×0=0 1×1=1

除法：0÷1=0 1÷1=1

关于二进制在计算机中的存储和计算，本书不再赘述，相关内容可在"数字逻辑"或"计算机组成原理"的课程中学习。

二进制也有其缺点：书写冗长，不易读懂。于是就有了八进制和十六进制。

3. 八进制

八进制由符号 0、1、2、3、4、5、6、7 来表示数值，采用"逢八进一"的进制计数制。八进制的基数为 8，每一个数字的位权都是 8 的幂次方。

例如，八进制数$(1234.56)_8$可表示为：

$(1234.56)_8 = 1×8^3+2×8^2+3×8^1+4×8^0+5×8^{-1}+6×8^{-2}$

4. 十六进制

十六进制由符号 0、1、2、3、4、5、6、7、8、9、A、B、C、D、E、F 来表示数值，其中 A、B、C、D、E 分别表示十进制数值的 10、11、12、13、14、15，采用"逢十六进一"的进制规则。十六进制的基数为 16，每一个数字的位权都是 16 的幂次方。

例如，十六进制数$(1A34.B67)_{16}$可表示为：

$(1A34.C67)_{16} = 1×16^3+10×16^2+3×16^1+4×16^0+12×16^{-1}+6×16^{-2}+7×16^{-3}$

5. 进制的书写表示

当书写一个数，比如 101，怎么知道它是几进制的数呢？进制的书写表示有 3 种方法，如表 2-1 所示。

表 2–1   进制的书写表示

进制	十进制	二进制	八进制	十六进制
下标表示	$(101)_{10}$	$(101)_2$	$(101)_8$	$(101)_{16}$
前缀代表符	101		0101	0x101
后缀代表符	101D（可省）	101B	101O	101H

2.1.2　数制间的转换

数制间的转换是指将数从一种数制转换为另一种数制的过程。由于计算机使用的是二进制，人们常用的是十进制，所以在输入和输出过程中必须进行十进制到二进制或二进制到十进制的转换。这两个转换是由计算机系统自动进行的。八进制和十六进制是为人们书写方便而引入的，在计算机内部还要转换为二进制。

1．将十进制数转换为非十进制数

将十进制数转换为非十进制数的方法类似，先将十进制数分为整数部分和小数部分，然后再对整数部分和小数部分分别进行转换。整数部分采用"除基取余法"，即将十进制整数逐次除以需转换为的数制的基数，直到商等于 0 为止，然后将所得到的余数自下而上排列即可；小数部分采用"乘基取整法"，即将十进制小数逐次乘以需转换为的数制的基数，直到小数部分的当前值等于 0 为止，然后将所得的整数自上而下排列。

下面通过实例说明具体的转换过程。

【例 2-1】 将十进制数 35.625 转换为二进制数。

解：

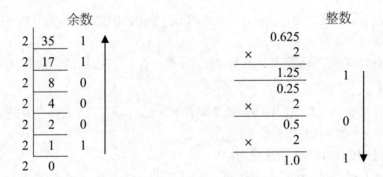

得：$(35.625)_{10}=(100011.101)_2$

【例 2-2】 将十进制数 35.625 转换为八进制数。

解：

$$
\begin{array}{r|l|l}
8 & 35 & 3 \\
8 & 4 & 4 \\
& 0 &
\end{array}
\qquad
\begin{array}{r}
0.625 \\
\times \quad 8 \\
\hline
5
\end{array}\ 5
$$

余数　　　　　　　　　　　　整数

得：$(35.625)_{10}=(43.5)_8$

【例 2-3】 将十进制数 35.625 转换为十六进制数。

解：

$$
\begin{array}{r|l|l}
16 & 35 & 3 \\
16 & 2 & 2 \\
& 0 &
\end{array}
\qquad
\begin{array}{r}
0.625 \\
\times \quad 16 \\
\hline
10
\end{array}\ A
$$

余数　　　　　　　　　　　　整数

得：$(35.625)_{10}=(23.A)_{16}$

2. 将非十进制数转换为十进制数

将非十进制数转换为十进制数采用位权法，即把非十进制数按权展开，然后求和即得。

【例 2-4】将二进制数$(1101.010)_2$转换为十进制数。

解：$(1101.010)_2 = 1×2^3+1×2^2+0×2^1+1×2^0+0×2^{-1}+1×2^{-2}+0×2^{-3}$

$$=8+4+0+1+0+0.25+0=(13.25)_{10}$$

【例 2-5】将八进制数$(1234.56)_8$转换为十进制数。

解：$(1234.56)_8 = 1×8^3+2×8^2+3×8^1+4×8^0+5×8^{-1}+6×8^{-2}$

$$=512+128+24+4+0.625+0.09\,375=(668.71875)_{10}$$

【例 2-6】将十六进制数$(1A34.B67)_{16}$转换为十进制数。

解：$(1A34.C67)_{16} = 1×16^3+10×16^2+3×16^1+4×16^0+12×16^{-1}+6×16^{-2}+7×16^{-3}$

$$=4\,096+2\,560+48+4+0.75+0.023\,437\,5+0.001\,708\,984\,375$$

$$=(6708.7751464843)_{10}$$

3. 二进制数与八进制数、十六进制数之间的转换

由于二进制数与八进制数、十六进制数之间有简单的位数对应关系，即 1 位八进制数对应 3 位二进制数，1 位十六进制数对应 4 位二进制数，如表 2-2 所示。所以，它们之间的转换非常方便。

表 2-2　　　　　　　　二进制数与八进制数、十六进制数的对应关系

二进制数	八进制数	十六进制数
0000	0	0
0001	1	1
0010	2	2
0011	3	3
0100	4	4
0101	5	5
0110	6	6
0111	7	7
1000	10	8
1001	11	9
1010	12	A
1011	13	B
1100	14	C
1101	15	D
1110	16	E
1111	17	F

（1）二进制数和八进制数之间的转换

将二进制数转换为八进制数的方法是：以小数点为界，将二进制数整数部分从右向左 3 位为一组，不足 3 位左边补 0；小数部分从左向右分，不足 3 位右边补 0。再将每组二进制数转换为对应的八进制数符号。将八进制数转化为二进制数的方法是上述过程的逆过程。图 2-1 给出了一个数的二进制和八进制相互转换的对应关系。

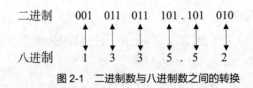

图 2-1 二进制数与八进制数之间的转换

（2）二进制数和十六进制数之间的转换

将二进制数转化为十六进制数方法是：以小数点为界，将二进制数整数部分从右向左 4 位为一组，不足 4 位左边补 0；小数部分从左向右分，不足 4 位右边补 0。再将每组二进制数转换为对应的十六进制数符号。将十六进制数转换为二进制数是上述过程的逆过程。图 2-2 给出了一个数的二进制和十六进制相互转换的对应关系。

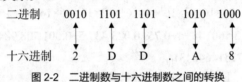

图 2-2 二进制数与十六进制数之间的转换

2.1.3 码制

在数学中，数有正负之分，并用"+""-"来表示。而在计算机中，数的正负则使用符号位来表示。符号位规定为数的最高位（最前面），并用"0"表示正，用"1"表示负，这样符号也就数码化了。

在计算机中，数有 3 种表示方法：原码、反码和补码。正数的原码、补码和反码形式完全相同，而负数的原码、补码和反码的形式则各有不同。

1. 原码

正数的符号位用"0"表示，负数的符号位用"1"表示，数值部分用二进制形式表示。

2. 反码

正数的反码与原码相同，负数的反码为该数原码的数值部分各位取反（符号位不变）。

3. 补码

正数的补码与原码相同，负数的补码为对该数原码的数值部分各位取反，然后在最后一位加 1。

【例 2-7】以 1B（8bit）为例，说明+65 与-65 的 3 种码制表示。

$[+65]_原 = 01000001$ $[-65]_原 = 11000001$

$[+65]_反 = 01000001$ $[-65]_反 = 10111110$

$[+65]_补 = 01000001$ $[-65]_补 = 10111111$

为什么设计这么多码制呢？因为原码的加减需要分开计算，符号位不能参与运算；反码合并了加减操作，符号位仍不能参与运算；补码中合并了加减操作，符号位能像数位一样参加运算，实现电路最简单。所以，在计算机中大都采用补码进行加减运算。

2.1.4 常见的信息编码

编码是采用少量的基本符号，选用一定的组合原则，以表示大量复杂多样的信息的技术。计算机是信息处理的工具，任何信息都必须转换成二进制形式的数据后才能由计算机进行处理、存储和传输。

前面已经介绍过，计算机中的数据是用二进制表示的，而人们习惯用十进制数，那么输入/输出时，数据就要进行十进制和二进制之间的转换处理，因此，必须采用一种编码的方法，由计算机自己来承担这种识别和转换工作。

1. BCD 码（二–十进制编码）

BCD（Binary-Coded Decimal）码是用若干位二进制数表示一位十进制数的编码，BCD 码有多种编码方法，常用的有 8421 码。表 2-3 所示是十进制数 0～19 的 8421 码对照表。

表 2–3　　　　　　　　　　　十进制数与 8421 码的对照表

十进制数	8421 码	十进制数	8421 码	
0	0000	10	0001	0000
1	0001	11	0001	0001
2	0010	12	0001	0010
3	0011	13	0001	0011
4	0100	14	0001	0100
5	0101	15	0001	0101
6	0110	16	0001	0110
7	0111	17	0001	0111
8	1000	18	0001	1000
9	1001	19	0001	1001

8421 码是将十进制数码 0～9 中的每个数分别用 4 位二进制编码表示，从左至右每一位对应的十进制数分别是 8、4、2、1。这种编码方法比较直观、简单，对于多位数，只需将它的每一位数字按表 2-3 中所列的对应关系用 8421 码直接列出即可。

例如，十进制数转换成 BCD 码如下。

$(1209.56)_{10} = (0001001000001001.01010110)_{BCD}$

8421 码与二进制之间的转换不是直接的，要先将 8421 码表示的数转换成十进制数，再将十进制数转换成二进制数。例如：

$(100100100011.0101)_{BCD} = (923.5)_{10} = (1110011011.1)_2$

2. ASCII

在计算机中，对非数值的文字和其他符号进行处理时，要对文字和符号进行数字化处理，即用二进制编码来表示文字和符号。字符编码（Character Code）是用二进制编码来表示字母、数字以及专门符号的。

在计算机系统中，有两种重要的字符编码方式，美国信息交换标准代码（American Standard Code for Information Interchange，ASCII）和扩展的二–十进制交换码（Extended Binary Coded Decimal Interchange Code，EBCDIC）。ASCII 多用于微型机与小型机，EBCDIC 主要用于 IBM 的大型主机。下面简要介绍 ASCII。

目前计算机中普遍采用的是 ASCII，ASCII 分为 7 位版本和 8 位版本两种，国际上通用的是 7 位版本，7 位版本的 ASCII 有 128 个元素，只需用 7 个二进制位（$2^7 = 128$）表示，其中控制字符 34 个，阿拉伯数字 10 个，大小写英文字母 52 个，各种标点符号和运算符号 32 个。在计算机中实际用 8 位表示一个字符，最高位为"0"。表 2-4 列出了 128 个元素的 ASCII。

例如，数字 0 的 ASCII 为 48，大写英文字母 A 的 ASCII 为 65，空格的 ASCII 为 32 等。有的计算机教材中的 ASCII 用十六进制数表示，这样，数字 0 的 ASCII 为 30H，字母 A 的 ASCII 为 41H……

EBCDIC 是西文字符的另一种编码，采用 8 位二进制表示，共有 256 种不同的编码，可表示 256 个字符，在某些计算机中也常使用。

表 2–4　　　　　　　　　　　　　　　7 位 ASCII 表

L \ H	0000	0001	0010	0011	0100	0101	0110	0111
0000	NUL	DLE	SP	0	@	P	`	p
0001	SOH	DC1	!	1	A	Q	a	q
0010	STX	DC2	"	2	B	R	b	r
0011	ETX	DC3	#	3	C	S	c	s
0100	EOT	DC4	$	4	D	T	d	t
0101	ENQ	NAK	%	5	E	U	e	u
0110	ACK	SYN	&	6	F	V	f	v
0111	BEL	ETB	'	7	G	W	g	w
1000	BS	CAN	)	8	H	X	h	x
1001	HT	EM	(	9	I	Y	i	y
1010	LF	SUB	*	:	J	Z	j	z
1011	VT	ESC	+	;	K	[	k	{
1100	FF	FS	,	<	L	\	l		
1101	CR	GS	-	=	M	]	m	}
1110	SO	RS	.	>	N	^	n	~
1111	SI	US	/	?	O	_	o	DEL

注：H 表示高 3 位，L 表示低 4 位。

3. 汉字编码

汉字也是字符，与西文字符比较，汉字数量大，字形复杂，同音字多，这就给汉字在计算机内部的存储、传输、交换、输入、输出等带来了一系列的问题。为了能直接使用西文标准键盘输入汉字，必须为汉字设计相应的编码，以适应计算机处理汉字的需要。

（1）国标码

1980 年我国颁布了《信息交换用汉字编码字符集·基本集》（GB 2312—80），这是国家规定的用于汉字信息处理使用的代码依据，这种编码称为国标码。国标码的字符集共收录了 6 763 个常用汉字和 682 个非汉字字符（图形、符号），其中一级汉字 3 755 个，以汉语拼音为序排列，二级汉字 3 008 个，以偏旁部首为序进行排列。

GB 2312—80 规定，所有的国标汉字与符号组成一个 94×94 的矩阵，在此方阵中，每一行称为一个"区"（区号为 01～94），每一列称为一个"位"（位号为 01～94），该方阵实际组成了 94 个区，每个区内有 94 个位的汉字字符集，每一个汉字或符号在码表中都有一个唯一的位置编码，叫作该字符的区位码。

使用区位码方法输入汉字时，必须先在表中查找汉字并找出对应的代码，才能输入。区位码输入汉字的优点是无重码，而且输入码与内部编码的转换十分方便。

（2）机内码

汉字的机内码是计算机系统内部对汉字进行存储、处理、传输统一使用的代码，又称为汉字内码。由于汉字数量多，一般用 2 字节来存放汉字的内码。在计算机内，汉字字符必须与英文字符区分开，以免造成混乱。英文字符的机内码是用 1 字节来存放 ASCII，一个 ASCII 占一字节的低 7 位，最高位为"0"，为了区分，汉字机内码中两字节的最高位均置"1"。

例如，汉字"中"的国标码为 5650H［(0101011001010000)$_2$］，机内码为 D6D0H［(1101011011010000)$_2$］。

（3）汉字的字形码

汉字的字形码又称汉字字模，描述汉字的形状，预先存放在计算机内，用于汉字在显示屏或打印机输出。例如，GB 2312—80 汉字字符集的所有字符的形状描述信息集合在一起，称为字形信息库，简称字库。

汉字字形码通常有两种表示方式：点阵和矢量表示方法。目前汉字字形的产生方式大多是用点阵方式形成汉字，即用点阵表示的汉字字形代码。根据汉字输出精度的要求，有不同的密度点阵。汉字字形点阵有 16×16 点阵、24×24 点阵、32×32 点阵等。汉字字形点阵中每个点的信息用一位二进制码表示，"1"表示对应位置处是黑点，"0"表示对应位置处是空白，如图 2-3 所示。字形点阵的信息量很大，所占存储空间也很大，如 16×16 点阵，每个汉字就要占 32 字节（16×16÷8=32）；24×24 点阵的字形码需要用 72 字节（24×24÷8=72），因此字形点阵只能用来构成"字库"，而不能用来替代机内码用于机内存储。字库中存储了每个汉字的字形点阵代码，不同的字体（如宋体、仿宋、楷体、黑体等）对应不同的字库。在输出汉字时，计算机要先到字库中找到对应的字形描述信息，然后再把字形送去输出。

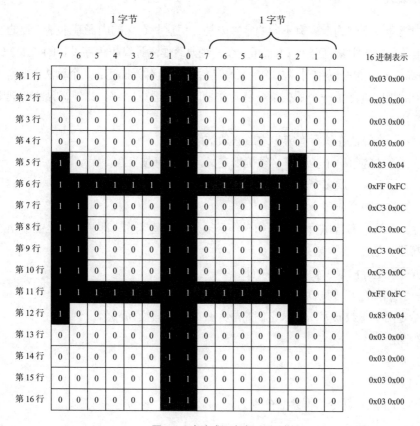

图 2-3　点阵式汉字字形码示例

矢量表示方式存储的是描述汉字字形的轮廓特征，当要输出汉字时，通过计算机的计算，由汉字字形描述生成所需大小和形状的汉字点阵。矢量化字形描述与最终文字显示的大小、分辨率无关，因此可以产生高质量的汉字输出。Windows 系统中使用的 TrueType 技术就是汉字的矢量表示方式。

2.2　算法基础

算法是计算学科中最重要的核心概念，被誉为计算学科的灵魂，算法设计的好坏将直接影响软件的性能，而不同的人常常编写出不同的但都是正确的算法，因此对算法进行深入研究，对于提高软件的性能和计算机的工作效率是至关重要的。

2.2.1　算法的历史简介

公元 825 年，阿拉伯数学家阿科瓦里茨米（AlKhowarizmi）写了著名的《波斯教科书》（*Persian Textbook*），书中概括了进行四则算术运算的法则，"算法"（Algorithm）一词就来源于这位数学家的名字。后来，1957 年出版的《韦氏新世界词典》（*Webster's New World Dictionary*）将算法定义为"解决某种问题的任何专门的方法"。

2.2.2　什么是算法

对于算法的概念，不同的专家有不同的定义方法，但这些定义的内涵基本是一致的。这些定义中最为著名的是计算机科学家克努特（Knuth）在其经典著作《计算机程序设计的艺术》（*The Art of Computer Programming*）第一卷中对算法的定义和特性所做的有关描述：一个算法，就是一个有穷规则的集合，其中的规则确定了一个解决某一特定类型问题的运算序列。此外，算法的规则序列应满足如下 5 个重要特性。

（1）有穷性：一个算法在执行有穷步之后必须结束。

（2）确定性：算法的每一个步骤都必须确切定义，不能有歧义性。

（3）输入：算法有零个或多个输入。

（4）输出：算法有一个或多个输出。

（5）可行性：算法中有待执行的运算和操作必须是相当基本的，即它们都是能够精确进行的，在有穷次之后就可以完成。

有穷性和可行性是算法最重要的两个特征。

下面介绍一个算法的实例来加深读者对算法概念的理解。

【例 2-8】给定两个整数 m 和 n，求它们的最大公约数（假设 $m>n$）。

算法 1　穷举法

（1）穷举法 1

① $i=2$，$x=1$。

② 以 m 除 i，n 除 i，并令所得余数分别为 r_1、r_2（$r_1<m$、$r_2<n$）。

③ 若 $r_1=r_2=0$，则 $x=i$，

若 $i<n$，i 加 1，则继续步骤②。

④ 输出结果 x，算法结束。

（2）穷举法 2

① $i=n$。

② 若 m、n 能同时被 i 整除，则 i 为最大公约数，输出 i，算法结束。

③ i 减 1，继续步骤②。

算法 2　欧几里得辗转相除法

公元前 300 年左右，欧几里得在其著作《几何原本》（*Elements*）第七卷中阐述了关于求解两个整数的最大公约数的过程，这就是著名的欧几里得辗转相除法，步骤如下。

① 以 n 除 m，并令所得余数为 r（r 必小于 n）。

② 若 $r=0$，算法结束，输出结果 n；否则，继续步骤③。

③ 将 n 置换为 m，r 置换为 n，并返回步骤①继续进行。

从上面的例子中可以看到，同样的一个问题，可以有两种完全不同的解决方法，每种方法都是一个"有穷规则的集合"，其中的规则确定了解决最大公约数问题的运算序列。很显然，两个算法在有穷步之后都会结束，算法中的每个步骤都有确切的定义，两个算法都有两个输入，一个输出，算法利用计算机可以求解并最终得到正确的结果。

2.2.3　算法的表示方法

算法是对解题过程的精确描述，算法的描述方法主要有自然语言、流程图、伪代码、计算机程序设计语言等。

1. 自然语言

自然语言即我们日常说话使用的语言，如果计算机能完全理解人类的语言，按照人类的语言要求去解决问题，人工智能中的很多问题就不再成为问题了，这也是人们所期望看到的结果，使用自然语言描述算法不需要进行专门的训练，同时所描述的算法也通俗易懂。

但是目前的技术还不能完全用自然语言描述算法，主要有以下原因。

（1）自然语言的歧义性，容易导致算法执行的不确定性。

（2）自然语言的语句一般太长，从而导致了用自然语言描述的算法太长。

（3）由于自然语言表示的串行性，因此，当一个算法中循环和分支较多时就很难清晰地表示出来。

（4）自然语言表示的算法不便翻译成计算机程序设计语言理解的语言。

自然语言的这些缺陷目前还难以解决，比如某人说"门没锁"，在不同的情形下就会有不同的理解，一种可能是忘记了锁门，而另一种可能是门上没有锁头，对于这种歧义性目前计算机尚不具备能正确理解的智能。

2. 流程图

流程图（Flow Chart）是从业人员最常用的一种描述工具，它采用美国国家标准化协会（American National Standard Institute，ANSI）规定的一组图形符号（见表 2-5）来描述算法。用流程图表示的算法结构清晰，同时不依赖于任何具体的计算机和计算机程序设计语言，有利于不同环境的程序设计。目前软件公司中系统分析人员提供给程序设计人员的方案都以流程图的方式提交，可见流程图较其他描述方法的优越性。

表 2-5   常用流程图符号

图形	名称	功能
	起始/结束	表示算法的开始或结束
	输入/输出	表示算法中变量的输入或输出
	处理	表示算法中变量的计算或赋值
	判断	表示算法中的判断
	流程线	表示算法中的流向
	连接点	表示算法流向出口或入口连接点

下面给出利用欧几里得算法求解 100 和 50 的最大公约数的流程，如图 2-4 所示。

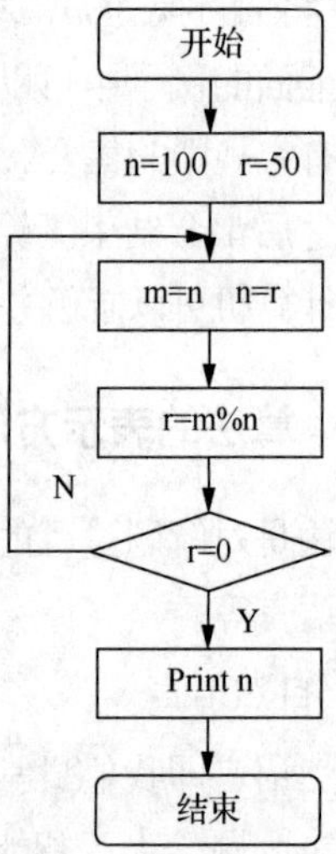

3. 伪代码

伪代码是用介于自然语言和计算机语言之间的文字及符号来描述算法的工具。它不用图形符号，书写方便，格式紧凑，易于理解，便于向计算机程序设计语言算法（程序）转换。

下面给出用欧几里得算法求解 100 和 50 的最大公约数的伪代码算法描述。

```
BEGIN（算法开始）
100 → n
50  → r
While（r!=0）
{
 n → m
 r → n
 m%n → r
}
 Print n
END（算法结束）
```

图 2-4   用欧几里得算法求解 100 和 50 的最大公约数流程

4. 计算机程序设计语言

设计算法的目的就是要用计算机解决问题，用自然语言、流程图和伪代码等语言描述的算法最终必须转换为具体的计算机程序设计语言描述的算法。

一般而言，计算机程序设计语言描述的算法（程序）是清晰简明的，最终也能由计算机处理。然而，就使用计算机程序设计语言描述算法而言，它还存在以下几个缺点。

（1）算法的基本逻辑流程难于遵循。

（2）用特定程序设计语言编写的算法限制了与他人的交流。

（3）要花费大量的时间去熟悉和掌握某种特定的程序设计语言。

（4）要求描述计算步骤的细节，而忽视算法的本质。

下面给出欧几里得算法的计算机程序设计语言（C 语言）的算法描述。

```
long gcd (int n,int m)
{
  int r;
  while (n!=0)
  {
    r=m%n;
    m=n;
    n=r;
  }
  return m;
}
```

其中，long 为函数返回值的数据类型，gcd 为函数名，int 为变量类型，m、n 为变量，m%n 为取余操作，return 为返回语句。

对于这类算法的理解和编写与 C 语言的语法学习密切相关。

2.2.4 怎样衡量算法的优劣

一个给定的问题，不同的人常编写出不同的程序，科学家发现这里存在两个层面的问题：一个是与计算方法密切相关的算法问题，另一个是程序设计的技术问题。

那么，如何衡量算法的优劣呢？一般应考虑以下 3 个问题。

（1）算法的时间复杂度。

（2）算法的空间复杂度。

（3）算法是否便于阅读、修改和测试。

1. 算法的时间复杂度

设 $f(n)$ 是一个关于正整数 n 的函数，n 为问题的规模，算法时间复杂度 $T(n)$ 可表示为：

$$T(n)= O(f(n))$$

上面的公式中，O 读作大 O，是数量级（Order）的缩写，表示同数量级。上式表示 $T(n)$ 是 $f(n)$ 的同数量级的函数。

常见的大 O 表示形式有以下几种。

- $O(1)$ 称为常数级。
- $O(\log n)$ 称为对数级。
- $O(n)$ 称为线性级。
- $O(n^c)$ 称为多项式级。
- $O(c^n)$ 称为指数级。
- $O(n!)$ 称为阶乘级。

在梵天塔问题中，时间复杂度为 $O(2^n)$，旅行商问题的时间复杂度为 $O(n!)$，可以看到当时间复杂度达到指数级、阶乘级时，算法的性能极差，因此在算法复杂性领域，研究的主要工作是如何尽量不采用时间复杂度为指数级、阶乘级的算法，或者如何能够将指数级、阶乘级的算法尽量用低数量级的算法解决。

2. 算法的空间复杂度

算法的空间复杂度是指算法在执行过程中所占存储空间的大小，它用 $S(n)$ 表示，S 为英文单词 Space 的第一个字母。与算法的时间复杂度相同，算法的空间复杂度 $S(n)$ 也可表示为：

$$S(n)= O(f(n))$$

随着手机、PDA 的不断普及，如何利用有限的 CPU、内存、硬盘资源来完成尽可能多的功能已经成为业界十分关注的问题，因此算法的空间复杂度问题也受到越来越多的关注。

2.3 数据结构基础

在计算领域中，数据结构（Data Structure）是计算机算法设计的基础，它在计算科学中占有十分重要的地位。本节将介绍数据结构的基本概念和常用的几种数据结构，如线性表、树和图等。

2.3.1 数据结构的概念

这里所说的数据，是人们利用文字符号、数字符号以及其他规定的符号对现实世界的事物及其活动所做的抽象描述，是能被输入计算机且能被计算机程序处理的符号的集合，是计算机程序加工的原料。因此，在计算机中，数据的含义十分广泛，如数值、文字、图像、声音、动画等都可视为数据。

所谓数据结构，是指带有结构的数据元素的集合，结构反映了数据元素之间存在的某种关系。

为什么要研究数据结构呢？这要从计算机解决一个具体问题的步骤说起。

一般来说，用计算机解决一个具体问题大致需要经过以下几个步骤。

（1）从具体问题抽象出一个适当的数学模型。

（2）设计一个解决此数学模型的算法。

（3）选用某种语言编写程序。

（4）利用语言环境进行测试、调整，直至得到最终结果。

从上面的步骤可以看到，将具体问题抽象出一个适当的数学模型是计算机解决具体问题的一个非常关键的步骤，同时也是最难的一个步骤。寻求数学模型的实质是分析问题，从中提取操作的对象，并找出这些操作对象之间的关系，然后用数学的语言加以描述。有些问题容易用数学方程加以描述，如求解 π 值问题；而有些问题却无法用数学方程加以描述，如下面的例子。

【例 2-9】人-机对弈问题。

计算机之所以能和人对弈是因为已有人将对弈的策略存入计算机。由于对弈的过程是在一定规则下随机进行的，所以，为了使计算机能够赢得胜利就必须将对弈过程中所有可能发生的情况以及相应的对策都考虑周全。

对于井字棋游戏，我们将从对弈开始到结束的所有可能出现的棋局都画在一张图上，可得到一棵"倒长"的树，以开始棋局为根，可能出现的棋局为叶子或分枝，对弈的过程是从树根沿树杈到某个叶子的过程。例如，图 2-5 所示为井字棋的一个格局，这张图称为"树"，这是数据结构体系中非常重要的一种数据结构。

那么这种数据结构在计算机中如何存储呢？存储到计算机中后，相关的操作如何实现呢？这就是数据结构要研究的问题。

数据结构要研究的问题是：给定一个具体的项目，分析数据间的逻辑关系，找到它们之间的逻辑结构（这些逻辑结构是数据结构课程已总结好的，如线性表、树、图等），讨论这种数据结构在计算机中的存储，即存储结构，接下来是写算法、编程、测试、调整，得到最终的结果。

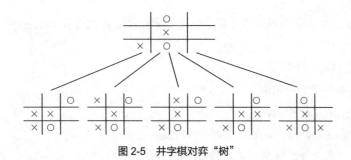

图 2-5　井字棋对弈"树"

总之，开设数据结构课程的主要目的如下。

（1）更好地分析数据对象的特性，从而选择适当的逻辑结构和存储结构，并写出相应的算法。

（2）进行复杂程序设计的训练过程，要求学生编写的程序代码结构清晰、正确易读、能上机调试并排除错误，存取时间最短，所占容量最小，初步掌握时间和空间分析技术。

2.3.2　几种典型的数据结构

下面简要介绍 3 种典型的数据结构，即线性表、树和图。

1. 线性表

线性表（Linear-List）是最基本、最简单，也是最常用的一种数据结构。

（1）线性表的定义

一个线性表是 n 个具有相同特性的数据元素的有限序列。数据元素之间的关系是一对一的关系，即除了第一个和最后一个数据元素之外，其他数据元素都是首尾相接的，如图 2-6 所示。

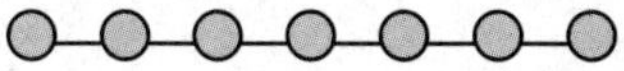

图 2-6　线性表中数据元素之间的关系图

线性表中的数据元素是一个抽象的符号，其具体含义在不同的情况下各有不同。在简单线性表中，一个数据元素可以是一个数值或者一个符号；在复杂线性表中，一个数据元素可由多个数据项（Item）组成，此种情况下常把数据元素称为记录（Record），如表 2-6 所示，其中一条记录可作为线性表中的一个元素。

表 2-6　　　　　　　　　　　　　　　　　　学生通信录

学号	姓名	出生年月	性别	电话
201760040001	刘帅	1998.10	男	1383838××××
201760040002	王强	1999.05	男	1868686××××
201760040003	李乐	2000.11	女	1323232××××
201760040004	程晓英	2000.02	女	1881113××××
201760040005	周末	2001.08	男	1383800××××

线性表的相邻元素之间存在序偶关系。例如，线性表（a_1，…，a_{i-1}，a_i，a_{i+1}，…，a_n），称 a_{i-1} 是 a_i 的直接前趋元素，a_{i+1} 是 a_i 的直接后继元素。

线性表中的数据元素个数 n 为线性表的长度，$n=0$ 时称为空表。在非空表中，每个数据元素都有一个确定的位置，如用 a_i 表示数据元素，则 i 称为数据元素 a_i 在线性表中的位序。

（2）线性表的特点

一个非空线性表具有如下特点。

① 存在唯一的一个"第一元素"。

② 存在唯一的一个"最后元素"。

③ 除第一个元素之外，每个元素均有唯一的前趋。

④ 除最后一个元素之外，每个元素均有唯一的后继。

（3）线性表的运算

① 求表长 Length(L)：返回表 L 的长度。

② 取元素 Get(L,i)：函数值为 L 中位置 i 处的元素（ $1 \leqslant i \leqslant L$ ）。

③ 查找元素 Locate(L,x)：函数值为 x 的元素在 L 中的位置。

④ 求前趋 Prior(L,i)：取 i 的前趋元素。

⑤ 求后继 Next(L,i)：取 i 的后继元素。

⑥ 插入元素 Insert(L,i,x)：在表 L 的位置 i 处插入元素 x，将原占据位置 i 的元素及后面的元素都向后推一个位置。

⑦ 删除元素 Delete(L,p)：从表 L 中删除位置 p 处的元素。

⑧ 遍历 Traverse(L)：指沿着某条搜索路线，依次对每个节点做一次且仅做一次访问。

⑨ 排序 Sort(L)：按元素某成分值的递增或递减顺序重排表中的元素。

（4）存储结构

数据的存储结构是指数据在存储器中的存储方式，是逻辑结构在计算机存储设备上的物理实现，也被称为数据的物理结构。

线性表的物理存储结构有两种：顺序存储和链式存储。

线性表的顺序存储结构是使用一批地址连续的存储单元来依次存放线性表的数据元素，借助元素在存储器中的相对位置来表示数据元素的逻辑关系。

链式存储结构中的数据元素采取离散存储，即各元素在内存中的存储单元不要求邻接，为了表示数据元素的逻辑关系，除了存储元素数据本身外，还要增加一个指针指向其直接后继元素。

如果对线性表的基本操作加一定的限制，就会形成下列几种特殊的线性表。

（1）栈（stack）。后进先出（Last In First Out，LIFO）的线性表，它的所有插入、删除和存取都是在线性表的表尾进行的，如图 2-7 所示。例如，火车头掉头。

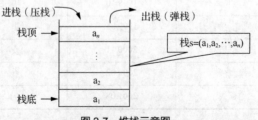

图 2-7　堆栈示意图

（2）队列（queue）。先进先出（First In First Out，FIFO）的线性表，它的所有插入都在线性表的一端进行，而所有的删除和读取则在线性表的另一端进行，如图 2-8 所示。例如，排队打饭。

图 2-8　队列示意图

2. 树

树（Tree）是一种重要的非线性数据结构。直观地看，它是数据元素（称节点）按其分支关系组织起来的结构，因像自然界中倒挂的树而得名。树结构又称层次结构，在客观世界中广泛存在，如人类社会的族谱、各种社会组织机构、计算机领域的编译程序中源程序的语法结构等一切具有层次关系的问题都可用树来描述，用树来形象地表示。

（1）树的定义

树是 n（$n \geq 0$）个节点的有限集合 T。当 $n=0$ 时，称为空树；当 $n>0$ 时，该集合满足以下条件。

① 其中必有一个称为根（Root）的特定节点，它没有直接前趋，但有零个或多个直接后继。

② 其余 $n-1$ 个节点可以划分成 m（$m \geq 0$）个互不相交的有限集 T_1，T_2，T_3，…，T_m，其中 T_i 又是一棵树，称为根（Root）的子树。每棵子树的根节点有且仅有一个直接前趋，但有零个或多个直接后继。

也可表述为：树=根节点+子树。可见，该定义是递归的，所以这种结构可以用递归表示。

在图 2-9 所示的树中，A 是根节点，其余节点划分成 3 个互不相交的子集：$T_1 = \{B, E, F, K\}$，$T_2 = \{C, G\}$，$T_3 = \{D, H, I, J, L\}$，它们是 A 的子树。节点 B、C、D 是 A 节点的孩子，同时又互称兄弟。没有直接后继的节点 K、F、G、H、L、J 称为叶子。

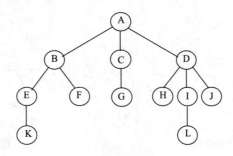

图 2-9　树

（2）树的操作

① 创建：构造一棵树。

② 求节点数：求树中节点（元素）的个数。

③ 遍历：从上往下或从左到右等扫描树中各元素。

④ 按特征查找：在树中查找给定特征的节点。

⑤ 查找前趋（或后继）节点：找出某节点的前趋节点（或全部直接后继节点）。

⑥ 插入节点：按要求插入新的节点。

⑦ 删除：删除树中的某个子树。

⑧ 排序：按某种指定顺序把树的所有节点进行排序。

（3）二叉树

二叉树是应用广泛的一种树形结构，其特点是每个节点最多有两棵子树，并且二叉树的子树有左右之分，不能任意颠倒。这种特定的树形结构被广泛应用于查找算法的实现，可以加快查找的速度。

【例2-10】利用二叉树将4、6、3、5、7、1、8、2按从小到大排序。

解：

① 构造一棵二叉树来存储这8个数。规则为：第一个数作为根节点，后面的每个数如果小于根节点，就放在左子树，大于等于，就放在右子树。故本问题构造的二叉树如图2-10所示。

② 遍历二叉树输出元素。

二叉树的遍历有3种次序：先序（根左右）、中序（左根右）、后序（左右根）。显然，此处应采用中序遍历，输出结果为1、2、3、4、5、6、7、8。

3. 图

图（Graph）是一种比线性表和树更为复杂的数据结构，在图中，节点的关系是任意的，用图可以形象、直观地把各学科中涉及的研究对象的关系表示出来，它已渗入运输网络、化学结构、电子线路分析等许多领域。

（1）图的定义

图是由顶点的有穷非空集合和顶点之间边的集合组成的，通常表示为：

$$G=(V,E)$$

其中，G 表示一个图，V 是图 G 中顶点的集合，E 是图 G 中连接两顶点的边的集合。

如图2-11中，图 $G=(V,E)$，其中 $V=\{A,B,C,D\}$，$E=\{(A,B),(A,C),(A,D),(B,C),(B,D),(C,D)\}$。

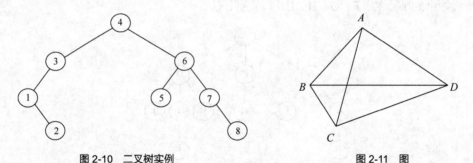

图2-10　二叉树实例　　　　　　　　　　　　图2-11　图

（2）图的分类

按照边的无方向和有方向将图划分为无向图和有向图。如果连接节点偶对的边是没有方向的，则表示该节点偶对是无序的，称此图为无向图，如图2-12（a）所示。如果连接节点偶对的边是带有箭头的有向边（又称为弧），则表示该节点偶对是有序的，称此图为有向图，如图2-12（b）所示。边的指向在不同应用中有不同的物理含义，比如大小关系、先后关系等。

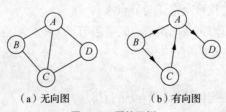

（a）无向图　　　　　（b）有向图

图2-12　图的示例

如果边上还带有权值，则这样的图通常叫作网。图 2-13 所示的网，边表示两地之间有铁路连接，边上的权表示两地之间的铁路长度（km）。

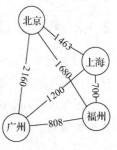

图 2-13　网

2.4　程序设计基础

计算机程序就是指示计算机如何解决问题或是完成任务的一组详细的、逐步执行的指令。有些计算机程序只处理简单的任务，如将英尺和英寸转换成厘米。那些更长更复杂的计算机程序则处理复杂度较高的问题，如维护商业上的账目记录。

2.4.1　对程序概念的简单认识

计算机程序的每一步都是用计算机所能理解和处理的语言编写的。例如，用 C 语言编写的一个计算机程序完成一个相对简单的计算所要进行的步骤，如图 2-14 所示。

```
                        void main()
1. 程序的第一部分说明      {
1 英尺等于 12 英寸，1 英寸   int inchesPerFoot=12;
等于 2.54 厘米              float centimetersPerInch=2.54;

2. 此部分把在程序中有可能   int feet,inches,lengthInInches;
更改的元素列举出来          float centimeters;
                                                        4. 程序把输入的
                                                           长度值转换成英寸
3. 运行程序时，要求输入所 —— cout<<" What is the length in feet and inches?";
要转换的长度值              cin>>feet>>inches;
                          lengthInInches= inchesPerFoot*feet + inches;
5. 程序把英寸转换成厘米 —— centimeters= centimetersPerInch* lengthInInches;
                          cout<<"The length in centimeters is"<<centimeters;
                          }
                              6. 最后，程序把用厘米表示的长度值显示在屏幕上
```

图 2-14　将英尺、英寸转化成厘米的程序

程序这一概念的出现，得益于人类长期的生活实践，人们每做一件相对比较复杂的事情，都会按照一定的"程序"，一步一步地进行操作，当然这种"程序"是用自然语言描述的。

从这个角度看，程序设计似乎并不神秘，事实上也确实如此，但是，程序设计是一种高智力的活动，不同的人对同一事物的处理可以设计出完全不同的程序，知识和阅历（经验）与程序设计有一定的关系。

瑞士著名计算机科学家尼克劳斯·沃思（Nikiklaus Wirth）在 1976 年曾提出这样一个公式：

算法+数据结构=程序

由此看来，前面提到的算法和数据结构是计算机程序的两个最基本的概念。算法是程序的核心，它在程序编写、软件开发，乃至在整个计算机科学中都占据重要地位。数据结构是加工的对象，一个程序要进行计算或处理总是以某些数据为对象的，而要设计一个好的程序就需要将这些松散的数据按某种要求组成一种数据结构。然而，随着计算机科学的发展，人们现在已经意识到程序除了以上两个主要要素外，还应包括程序的设计方法以及相应的语言工具和计算环境。

2.4.2　程序设计语言

用来编写计算机程序的语言称为程序设计语言。程序设计语言的基础是一组记号和规则。根据规则由记号构成的记号串，总体上称为语言。各种语言都有自己的特性和特殊功能。

程序设计方法和技术在各个时期的发展不仅直接导致了一大批风格各异的高级语言的诞生，而且使许多新思想、新概念、新方法和新技术不仅在语言中得到体现，同时渗透到了计算机科学的各个方向，从理论、硬件、软件到应用等多方面深刻影响了学科的发展。掌握高级语言和程序设计是计算机类专业的基本功之一。

计算机程序设计语言的发展，经历了从机器语言、汇编语言到高级语言的过程。

1. 机器语言

机器语言是最早使用的程序设计语言，是第一代计算机语言，是计算机自身具有的"本地语"。在计算机设计时，围绕的中心是指令，指令是一种基本的操作。一台计算机处理功能的大小与指令的功能以及指令的多少有关。所有指令的集合称为指令系统，也就是机器语言。机器语言是计算机能够直接接收并能识别和执行操作的语言，其优点是可以被计算机直接理解和执行，而且执行速度快、占用内存少。

由于每条机器指令就是一个 0、1 串，使用机器语言编程是十分麻烦的，且不易学、不易记、不易用、不易调试和维护，而且由于每台计算机的指令系统往往各不相同，所以，在一台计算机上执行的程序，要想在另一台计算机上执行，必须另编程序，造成了重复工作。因此，机器语言是不可或缺的，但它又阻碍了计算机应用的发展，使计算机仅为少数专业人员所使用。

2. 汇编语言

为了降低使用机器语言编程的难度，人们进行了一种有益的改进：用一些简洁的英文字母、符号串来替代一个特定指令的二进制串，例如，用"ADD"代表加法，"MOV"代表数据传递等，这样一来，人们很容易读懂并理解程序在干什么，编程、纠错及维护都变得方便了，这种程序设计语言就称为汇编语言，即第二代计算机语言。

与机器语言相比，汇编语言有许多优点。程序设计人员用汇编语言写出的程序，代码短、省空间、效率高。但是汇编语言仍是一种面向机器的语言，通用性差。它要求程序设计人员详细了解计算机的硬件结构，如计算机的指令系统、CPU 中寄存器的结构及存储单元的寻址方式等，并且要求程序设计人员具有较高的编程技巧。

汇编语言是机器语言的符号化描述，所以也是面向机器的程序设计语言。然而，计算机并不认识这些符号，这就需要一个专门的程序，专门负责将这些符号翻译成二进制的机器语言，这种翻译程序被称为汇编程序。汇编语言同样十分依赖于机器硬件，可移植性不好，但效率十分高，针对计算机特定硬件而编制的汇编语言程序，能准确发挥计算机硬件的功能和特长，程序精炼且质量高，所以至今仍是一种常用的强有力的软件开发工具。

3. 高级语言

因为前两代语言与人的思维和表达问题解法的形式相差甚远，使用十分不便，于是人们设计出与人的思维和表达问题形式相近的编程语言——高级语言。高级语言又细分为第三代语言、第四代语言和第五代语言。

（1）第三代程序设计语言

这类高级语言是面向过程的语言。人们在使用计算机解题时，只需考虑算法的逻辑和过程的描述。它们使用英语单词表示有特殊含义的保留字、常量或数据，使用人们习惯的数学符号表示计算公式。

自第一种高级语言 FORTRAN 问世以来，共有几百种高级语言出现，有重要意义的有几十种，影响较大、使用较普遍的有 FORTRAN、ALGOL、COBOL、BASIC、SNOBOL、PL/1、Pascal、C、Ada、Visual C++（VC++）、Visual C（VC）、Visual Basic（VB）、Delphi、Java、C#等。它们有些适用于科学计算，有些适用于商务领域的应用，有些则兼而有之。

与低级语言相比，高级语言有如下优势：由于高级语言独立于机器的硬件，所以高级语言程序可以在不同的计算机上运行，即具有可移植性；由于高级语言比较接近自然语言和数学公式，所以高级语言开发应用系统的生产率更高；所开发系统也更容易理解和修改，所以可维护性比较好。

因为高级语言"看不见"计算机硬件，程序员即使没有一点关于机器指令系统的知识，也可以使用高级语言编程。在用高级语言编程时，程序设计人员可以采用自顶向下的程序设计方法及结构化的程序控制结构（顺序结构、选择结构、循环结构）来开发程序。但是，用高级语言构造一个典型的应用系统所需的代码行数仍然很多，构造的应用程序不能快速响应业务上的需求，所以人们又设计出第四代计算机语言。

（2）第四代程序设计语言

第四代语言比第三代语言更接近于自然语言，是一种非过程化的高级语言。它面向问题，简单易学，用户界面良好。用它编程时，只需告诉计算机"做什么"，而无须告诉计算机"怎么做"，具体的操作过程由计算机自动完成。所以，第四代语言是快速开发应用软件的高级工具。但是第四代语言并没有统一的模式，许多产品都可以归为第四代语言的范畴，如查询语言和报表生成器、图形语言、应用生成器、形式规格说明语言等。

第四代语言主要用于数据库领域，广泛应用的有 Oracle、Informix、SQL、Power Builder 等。其中，结构化查询语言（Structured Query Language，SQL）是第四代语言的代表，并被作为关系型数据库管理系统的标准语言。

（3）第五代程序设计语言

第五代语言是具有一定智能的高级语言，又称为知识库语言或人工智能语言，目标是最接近日常生活所用语言。它广泛应用于抽象问题求解、逻辑推理专家系统、模式识别等人工智能领域。在人工智能的研究发展过程中，先后出现过一百多种人工智能语言，但很多都被淘汰了。最有影响的人工智能语言是 LISP 和 PROLOG。

表处理（List Processing，LISP）语言是 20 世纪 50 年代麻省理工学院研制出来的一种函数型语言，它的理论基础是符号集上的递归函数论。LISP 的特点是能使用表结构来表达非数值计算问题，实现技术简单。适用于符号处理、自动推理、硬件描述和超大规模集成电路设计等。

PROLOG（Programming in Logic）是 20 世纪 70 年代初在欧洲研制出来的，是一种逻辑型语言，为处理人工智能中大量出现的逻辑推理问题而设计，它的理论基础是一阶谓词演算。由于该语言很适合表达人的思维和推理规则，在自然语言理解、机器定理证明、专家系统等方面得到了广泛的应用，已经成为人工智能应用领域强有力的开发语言。

现在，高级语言仍是计算机科学和计算机软件中的活跃分支，其研究领域可分为：语言理论、设计、处理实现和环境。语言种类也大大扩充，包括需求、设计、实现语言，函数、逻辑和关系语言；分布式、并行和实时语言；面向对象的语言、硬件描述语言；数据库语言；视觉图形语言；协议语言原型语言、自然语言等。

2.4.3 常用的高级程序设计语言

虽然高级程序设计语言有几百种之多，但是最为流行且被计算机业界广泛使用的高级程序设计语言只有十几种。表 2-7 为 TIOBE 发布的 2018 年 4 月编程语言排行榜前十名。

表 2-7　　　　　　　　　　　TIOBE 2018 年 4 月编程语言排行榜（前十）

2018 年 4 月	2017 年 4 月	排名变化	编程语言	占有率	占有率变化
1	1		Java	15.777%	+0.21%
2	2		C	13.589%	+6.62%
3	3		C++	7.218%	+2.66%
4	5	↑	Python	5.803%	+2.35%
5	4	↓	C#	5.265%	+1.69%
6	7	↑	Visual Basic.NET	4.947%	+1.70%
7	6	↓	PHP	4.218%	+0.84%
8	8		JavaScript	3.492%	+0.64%
9	—	↑	SQL	2.650%	+2.65%
10	11	↑	Ruby	2.018%	−0.29%

下面介绍常见的几种语言。

1. FORTRAN

FORTRAN 语言是第一个高级程序设计语言，于 1957 年由 IBM 公司推出。

FORTRAN（FORmula TRANslator）的含义是"公式翻译"，允许使用数学表达式形式的语句来编写程序，主要用于科学计算，它的设计和运用在一定程度上推动了计算机的普及及应用。虽然已有几十年历史，但由于其简单易学，今天在科学计算的程序设计领域中它仍是应用最广泛的语言。据统计，90%做数值计算的工程技术科研人员都使用了 FORTRAN 语言。几乎各种型号的计算机都配有 FORTRAN 语言编译程序。其缺点是不便于进行结构化程序设计。

程序分块结构是 FORTRAN 的基本特点，该语言书写紧凑、灵活方便、结构清晰，自诞生以来，先后经历了 FORTRAN Ⅱ、FORTRAN Ⅳ、FORTRAN 77 几个版本，又发展了 FORTRAN 的结构程序设计语言。

2. BASIC

BASIC（Beginner's All-purpose Symbolic Instruction Code，初学者通用符号指令代码）由于易学易用，一直被大多数初学者作为首选的入门语言。它从 FORTRAN 语言简化而来，最初是美国 Daltmouth 学院为便于教学而开发的会话语言，并于 1977 年开始标准化。

BASIC 语言的特点是简单易学，能通过终端设备实现用户和计算机之间的信息交流，即所谓的"人机对话"，以便使用者对整个运算过程进行监督和控制。基本 BASIC 只有十几条语句，语法简单、结构分明，且具有人机会话功能，使程序易于修改和调试，非常适合初学者使用。

BASIC 的主要版本有：标准 BASIC、高级 BASIC、结构化 Q BASIC 以及在 Windows 下运行的可视化 Visual BASIC（VB）。

3．Pascal

Pascal 语言是由瑞士苏黎世联邦工业大学的 Niklaus Wirth 教授于 1971 年设计的，以计算机先驱 B. Pascal 的名字命名，是最早出现的结构化编程语言，是高级语言发展过程中一个重要的里程碑。其主要特点有：严格的结构化形式、丰富完备的数据类型、运行效率高、查错能力强和简洁灵活的操作语句，还可以方便地用于描述各种算法与数据结构，一经问世就受到广泛欢迎，迅速从欧洲传到美国，尤其是对于程序设计的初学者来说，Pascal 语言还有益于培养良好的程序设计风格和习惯。Pascal 语言应用较广，不仅适用于数值计算，还适用于非数值计算的数据处理、系统软件编写等。

4．C

C 语言是 20 世纪 70 年代由美国 Bell 实验室为描述 UNIX 操作系统而开发的一种系统描述语言。C 语言同时具有汇编语言和高级语言的优点：语言简洁紧凑，使用方便灵活，运算符极其丰富，可移植性好，可以直接操作硬件，生成的目标代码质量高，程序执行效率高。因此，C 语言一出现便在国际上广泛流行起来。

20 世纪 80 年代初，随着微型计算机的日益普及，出现了许多 C 语言版本。由于没有统一的标准，所以这些 C 语言之间出现了一些不兼容的地方。于是，美国国家标准学会（ANSI）根据 C 语言的各种版本对 C 语言进行扩充，制定了 ANSI C 标准，成为现行的 C 语言标准。

5．C++

1980 年，美国 Bell 实验室开始对 C 语言进行改进和扩充，引入先进的面向对象程序设计思想，并于 1983 年将这个扩充的 C 语言正式命名为 C++。1994 年，美国国家标准化组织制定了 ANSI C++ 标准。C++ 不仅保持了 C 语言简洁、高效和可取代汇编语言等优点，而且还在模块化结构的基础上增加了对面向对象程序设计的支持。

面向对象程序设计是软件开发方法的一场革命，它代表了新颖的计算机程序设计的思维方法。该方法与通常的结构程序设计不同，它支持一种概念，即旨在使计算机问题的求解更接近人的思维活动，人们能够利用 C++ 语言充分挖掘硬件的潜力，在减少开销的前提下提供更有力的软件开发工具。

6．Java

Java 语言是 1991 年美国 SUN 公司提出的面向计算机网络、完全面向对象的程序设计语言。Java 语言的口号是"一次编写，处处运行"。随着 Internet/Intranet 的发展，加上 Java 语言本身结构的新颖、能实时操作、可靠又安全、最适合于浏览器编程，Java 语言被公认为 Internet 上的"世界语"。

Java 由 C 语言发展而来，保留了大部分 C++ 的内容，Java 是纯面向对象的语言，其可重用性好，编程效率高，安全性好，程序运行时系统不容易崩溃，不容易受病毒侵害。更重要的是其跨平台的特性，Java 语言新颖的完全开放的软件技术思路，做到了与硬/软件平台无关，使 Java 程序可以在网络上任何装有 Java 解释器的计算机上运行。

7．Python

Python 是一种结合了解释性、编译性、互动性和面向对象的脚本语言，由荷兰人吉多·范罗苏姆（Guido van Rossum）于 1989 年设计，1991 年公开发布了 Python 的第一个版本。

Python 是纯粹的自由软件，具有简洁、易学、易读、易维护、可移植、可嵌入、可扩展、互动等特点，特别是具有强大的标准库，提供了系统管理、网络通信、文本处理、数据库接口、图形系统、XML 处理等额外的功能。其主要应用包括 Web 应用、科学计算、大数据分析处理等。

2.4.4 程序设计方法

随着计算机的价格不断下降、硬件环境不断改善、运行速度不断提升，程序越写越大、功能越来越强，最初的讲究技巧的顺序程序设计方法已经不能适应需求了，需要寻求能提高生产率和成功率的程序设计方法。经过多年的研究，发展了许多程序设计方法和技术，如自顶向下逐步求精的程序设计方法、自底向上的程序设计方法、程序推导的设计方法、程序变换的设计方法、函数式程序设计技术、逻辑程序设计技术、面向对象的程序设计技术、程序验证技术、约束程序设计技术及并发程序设计技术等。有人将程序设计方法的发展阶段划分为 4 代：第一代是顺序程序设计，第二代是结构化程序设计，第三代是面向对象的程序设计，第四代是面向智体的程序设计。下面介绍结构化程序设计和面向对象的程序设计。

1. 结构化程序设计

结构化程序设计（Structured Programming）是迪杰斯特拉（E.W.Dijkstra）在 1965 年提出的，是软件发展的一个重要的里程碑。1970 年，第一个结构化程序设计语言——Pascal 语言的出现，标志着结构化程序设计时期的开始。结构化程序设计以模块功能和处理过程设计为基本原则，采用自顶向下、逐步求精的程序设计方法和单入口单出口的控制方法。

模块化设计是将待开发的软件系统划分为若干个相互独立的模块，这样使完成每一个模块的工作变得单纯而明确，为设计一些较大的软件打下了良好的基础。

自顶向下、逐步求精的程序设计方法符合人们解决复杂问题的普遍规律。用先全局后局部、先整体后细节、先抽象后具体的逐步求精过程开发出的程序有清晰的层次结构，容易阅读和理解。单入口单出口的控制成分是指在程序中只能使用顺序、分支和循环 3 种主要控制结构，而不是使用 goto 语句随意转移控制，这使程序的静态结构和动态执行情况比较一致，开发时比较容易保证程序的正确性，且易阅读、易理解、易测试、易修改。

当然，采用结构化程序设计方法开发软件，需要用结构化程序设计语言来实现，如 Pascal、C 都是结构化程序设计语言。程序的基本单元是被称为过程（Pascal）或函数（C）的子程序。

对面向过程的程序设计，计算机科学家沃思提出了的一个著名的公式：程序=算法+数据结构。由此可见算法、数据结构和程序的关系。

2. 面向对象程序设计

20 世纪 80 年代初，在软件设计思想上产生了一次革命，其成果就是面向对象程序设计（Object-Oriented Programming，OOP）。在此之前的高级语言，几乎都是面向过程的，程序的执行是流水线式的，在一个模块被执行完成前，不能干别的事情，也无法动态地改变程序的执行方向，这和人们日常处理事物的方式是不一致的。人一般希望发生一件事就处理一件事，也就是说，不能面向过程，而应面向具体的应用功能，也就是对象（Object）。其方法就是软件的集成化，如同硬件的集成电路一样，生产一些通用的、封装紧密的功能模块，这些模块称为软件集成块。它与具体应用无关，但能相互组合，完成具体的应用功能，同时又能重复使用。使用者只关心它的接口（输入量、输出量）

及能实现的功能,至于它是如何实现的,那是内部的事,使用者完全不用关心。C++、VB、Delphi、Java、C#就是面向对象程序设计语言的典型代表。

面向对象程序设计是一种程序的开发方法,同时也是一种程序设计范型。这里的对象指的是类的实例,是程序的基本单元,将程序和数据封装其中,可以提高软件的重用性、灵活性和扩展性。

类(Class)定义了一种事物的抽象特点,即事物的属性和它的行为。例如,"狗"这个类会包含狗共有的一切基本特征和行为,如它的孕育、毛皮颜色和吠叫的能力等。

对象(Object)是类的实例。例如,名叫"叮当"的狗是一条具体的狗,它的属性也是具体的,如皮毛颜色是白色的。因此,叮当就是狗这个类的一个实例。

面向对象程序设计可以看作一种在程序中包含各种独立且又互相调用的对象的思想,这与传统的面向过程的思想不同,面向过程的程序设计主张将程序看作一系列过程或函数的集合,或者直接就是一系列对计算机下达的指令。面向对象程序设计中的每一个对象都应该能够接收数据、处理数据,并将数据传达给其他对象。

在面向对象的程序设计中:对象=数据结构+算法,程序=对象+对象+……所以克服了面向过程的程序设计中存在的问题。

面向对象程序设计推广了程序的灵活性和可维护性,并且在大型项目设计中广为应用。它能够让人们更简单地设计并维护程序,使程序更加便于分析、设计、理解。

 杰出人物

Pascal 之父及结构化程序设计的首创者——尼克劳斯·沃思(Niklaus Wirth)

沃思 1934 年生于瑞士北部。沃思在 B-5000 计算机上完成交叉编译程序,加快了 ALGOL W 编译器的开发,同时催生了一个新语言 PL 360。ALGOL W 及 PL 360 奠定了沃思作为世界级程序设计语言大师的地位。他首先设计了 Pascal 语言,在数据结构和过程控制结构方面都有很多创新。可以说,现代程序设计语言中常用的数据结构和控制结构绝大多数都是由 Pascal 语言奠定基础的,因此它在程序设计语言的发展史上具有承上启下的重要里程碑的意义。ACM 1984 年授予沃思图灵奖,以奖励他发明了多种影响深远的程序设计语言,并提出了结构化程序设计这一革命性的概念。1987 年 ACM 又授予他"计算机科学教育杰出贡献奖"。IEEE 也授予沃思 1983 年的 Emanual Piore 奖和 1988 年的计算机先驱奖。

贡献涉及程序设计语言的部分图灵奖获得者还包括:约翰·巴克斯——FORTRAN 和 BNF 的发明人;肯尼思·艾弗森——APL 的发明人;查尔斯·霍尔——从 QUICKSORT、CASE 到程序设计语言的公理化;艾伦·凯——发明第一个完全面向对象的动态计算机程序设计语言 Smalltalk 等。

 提示 　　程序设计语言是计算机专业的学生应该掌握的基本工具,程序设计能力是计算机专业的学生必须掌握的基本能力。后续的 C++或 C 语言程序设计、数据结构、算法分析与设计等课程是掌握程序设计语言和训练程序设计能力的主要相关课程。

2.5　软件工程基础

程序是指一组指示计算机执行动作或做出判断的指令,通常用某种程序设计语言编写,运行于某种目标体系结构上。软件是程序以及开发、使用和维护程序需要的所有文档。

随着计算机硬件技术的飞速发展，软件开发产业逐渐兴旺起来，软件的数量急剧膨胀，规模越来越大，而软件的生产基本上是各自为战，缺乏科学规范的系统规划与测试、评估标准，其结果是大批耗费巨资建立起来的软件系统，由于含有错误而无法使用，甚至带来巨大损失，软件给人的感觉越来越不可靠，以致几乎没有不出错的软件。这一切，极大地震动了计算机界，史称"软件危机"。

软件危机是指在计算机软件的开发和维护过程中所遇到的一系列严重问题。软件危机的主要表现形式包括软件的发展速度跟不上硬件的发展和用户的需求，软件成本和开发速度不能预先估计，软件产品质量差、软件可维护性差以及软件产品没有配套的文档等。

人们认识到，大型程序的编写不同于小程序，它应该是一项新的技术，应该像处理工程一样处理软件研发的全过程，以保证其正确性，也便于验证其正确性。1968 年 10 月在北大西洋公约组织（NATO）召开的计算机科学会议上，弗里茨·鲍尔（Fritz Bauer）首次提出了"软件工程（Software Engineering）"的概念，尝试把其他工程领域中行之有效的工程学知识运用到软件开发工作中来。经过不断实践和总结，最后得出一个结论：按工程化的原则和方法组织软件开发工作是有效的，是摆脱软件危机的一条主要出路。

2.5.1　软件工程的定义

自 1968 年首次提出"软件工程"的概念以来，软件工程得到了极大的发展，新的方法、技术、模型不断涌现，为成功开发高质量软件起到了重要的作用。但软件工程一直以来都缺乏统一的定义，很多学者、组织机构都分别给出了自己的定义。

巴利·玻姆（Barry Boehm）给出的定义是：运用现代科学技术知识来设计并构造计算机程序及为开发、运行和维护这些程序所必需的相关文件资料。

电气和电子工程师协会在软件工程术语汇编中的定义如下：

（1）将系统化的、严格约束的、可量化的方法应用于软件的开发、运行和维护，即将工程化应用于软件；

（2）对（1）中所述方法的研究。

弗里茨·鲍尔在 NATO 会议上给出的定义是：建立并使用完善的工程化原则，以较经济的手段获得能在实际机器上有效运行的可靠软件的一系列方法。

计算机科学技术百科全书中给出的定义是：软件工程是应用计算机科学、数学及管理科学等原理，开发软件的工程。软件工程借鉴传统工程的原则、方法，以提高质量、降低成本。其中，计算机科学、数学用于构建模型与算法，工程科学用于制定规范、设计范型（Paradigm）、评估成本及确定权衡，管理科学用于计划、资源、质量、成本等管理。

目前比较认可的一种定义是：软件工程是研究和应用如何以系统性的、规范化的、可定量的过程化方法去开发和维护软件，以及如何把经过时间考验而证明正确的管理技术和当前能够得到的最好的技术方法结合起来。

2.5.2　软件工程的目标

软件工程是一门工程性学科，追求的总体目标可概括为：选择适当的方法和工具，运用成熟的技术从事软件开发活动，最终提高软件产品质量和开发效率，得到可靠性高的、经济适用的、易维护的、满足用户需求的软件产品。

因而，软件工程的核心思想是把软件产品看作一个工程产品来处理，要求"采用工程化的原理与方法对软件进行计划、开发和维护"，把需求计划、可行性研究、工程审核、质量监督等工程化的概念引入软件生产当中，从而达到在给定成本、进度的前提下，开发出具有可修改性、有效性、可靠性、可理解性、可维护性、可重用性、可适应性、可移植性、可追踪性和可互操作性并能满足用户需求的软件产品。

著名软件工程专家巴利·玻姆综合有关专家和学者的意见并总结了多年来开发软件的经验，于1983 年在一篇论文中提出了软件工程的 7 条基本原理。

（1）用分阶段的生存周期计划进行严格管理。

（2）坚持进行阶段评审。

（3）实行严格的产品控制。

（4）采用现代程序设计技术。

（5）软件工程结果应能清楚地审查。

（6）开发小组的人员应该少而精。

（7）承认不断改进软件工程实践的必要性。

巴利·玻姆指出，遵循前 6 条基本原理，能够实现软件的工程化生产；按照第七条原理，不仅要积极主动地采纳新的软件技术，而且还要不断总结经验。

自软件工程概念提出以来，经过几十年的研究与实践，虽然"软件危机"没得到彻底解决，但在软件开发方法和技术方面已经有了很大的进步。

2.5.3　软件生存周期

如同任何其他事物一样，软件也有一个孕育、诞生、成长、衰亡的生存过程，这个过程称为软件的生存周期（Life Circle）。

软件生存周期由软件定义、软件开发、运行维护 3 个时期组成，每个时期又可划分为若干个阶段。

1. 软件定义时期

软件定义时期的主要任务是解决"做什么"的问题，确定工程的总目标和可行性，导出实现工程目标应使用的策略及系统必须完成的功能，估计完成工程需要的资源和成本，制定工程进度表。该时期的工作也就是常说的系统分析，由系统分析员完成。它通常又被分为 3 个阶段：问题定义、可行性研究和需求分析。

2. 软件开发时期

软件开发时期的主要任务是解决"如何做"的问题，具体设计和实现在前一个时期定义的软件，通常由概要设计、详细设计、编码和测试 4 个阶段组成。

3. 软件维护时期

软件维护时期的主要任务是使软件持久地满足用户的需求。通常有以下 4 类维护活动。

（1）改正性维护，也就是诊断和改正在使用过程中发现的软件错误。

（2）适应性维护，即修改软件以适应环境的变化。

（3）完善性维护，即根据用户的要求改进或扩充软件使它更完善。

（4）预防性维护，即修改软件为将来的维护活动预先做准备。

软件各个时期的活动通常与要交付的产品密切相关，如开发文档、源程序代码与用户手册等。

从经济学的意义上讲，考虑到软件庞大的维护费用远比软件开发费用要高，因而开发软件不能只考虑开发期间的费用，而应考虑软件生存期的全部费用。因此，软件生存期的概念就变得特别重要。

2.5.4 软件生存期模型

软件生存期模型也称软件过程模型，是指从软件项目需求定义直至软件运行维护为止，跨越整个生存期的系统开发、运作和维护所实施的全部过程、活动和任务的结构框架。

软件过程模型能清晰、直观地表达软件开发的全过程，明确规定了要完成的主要活动和任务，用来作为软件项目开发工作的基础。对于不同的软件系统，可采用不同的开发方法，使用不同的程序设计语言和不同技能的人员，以及不同的管理方法和手段等，它还允许采用不同的软件工具和不同的软件工程环境。

常见的软件过程模型有瀑布模型、快速原型模型、增量模型、螺旋模型和喷泉模型等。

1. 瀑布模型

历史上第一个正式使用并得到业界广泛认可的软件开发模型应该是 1970 年罗伊斯（Royce）提出的瀑布模型（Waterfall Model，又称线性模型）。这个模型将软件生命周期划分为制订计划、需求分析、软件设计、程序编写、软件测试和运行维护等基本活动，并且规定了它们自上而下、相互衔接的固定次序，如同瀑布流水，逐级下落，如图 2-15 所示。

传统的软件工程方法基本都是以瀑布模型为基础的。

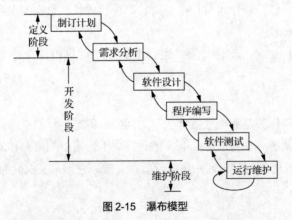

图 2-15 瀑布模型

在这个模型里，软件开发的各项活动严格按照线性方式进行，当前活动接受上一项活动的工作结果，实施完成所需的工作内容。当前活动的工作结果需要进行验证，如果验证通过，则该结果作为下一项活动的输入，继续进行下一项活动，否则返回修改。

"线性"是人们最容易掌握并能熟练应用的思想方法。当人们碰到一个复杂的"非线性"问题时，总是千方百计地将其分解或转化为一系列简单的线性问题，然后逐个解决。一个软件系统的整体可能是复杂的，而单个子程序总是简单的，可以用线性的方式来实现。

2. 快速原型模型

快速原型是快速建立起来的、可以在计算机上运行的程序，它所能完成的功能往往是最终产品能完成的功能的一个子集。快速原型模型（Rapid Prototype Model）要经历若干轮的开发、试用与评价过程才能得到真正满足用户需求的软件产品。快速原型模型如图 2-16 所示。

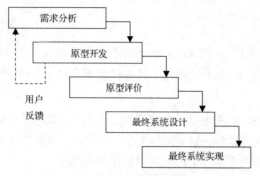

图 2-16　快速原型模型

快速原型的本质是"快速"，由于人们在项目开发的初始阶段对软件的需求认识不够清晰，因而开发人员应该尽可能快速地建造出原型系统，利用原型获知用户的真正需求，以加速软件开发过程，节约软件开发成本。一旦需求确定了，原型就可以抛弃，当然也可以在原型的基础上开发。

3. 增量模型

增量模型（Incremental Model）也称为渐增模型，是米尔斯（Mills）等人于 1980 年提出来的。增量模型是先完成一个系统子集的开发，再按同样的开发步骤增加功能（系统子集），如此递增下去，直至满足全部系统需求。

使用增量模型开发软件时，把软件产品作为一系列的增量构件来设计、编码、集成和测试，每个构件由多个相互作用的模块构成，并且能够完成特定的功能。增量模型如图 2-17 所示。

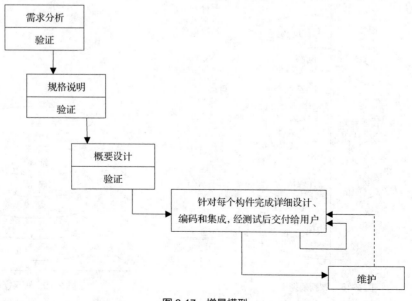

图 2-17　增量模型

增量模型可以在较短时间内向用户提交可完成部分工作的产品，并分批、逐步地向用户提交产品。从第一个构件交付之日起，用户就能做一些有用的工作。整个软件产品被分解成许多个增量构件，开发人员可以一个个构件地逐步开发。逐步增加产品功能可以使用户有较充裕的时间学习和适应新产品，从而减少一个全新的软件可能给客户带来的冲击。

采用增量模型比采用瀑布模型和快速原型模型需要更精心的设计，但在设计阶段多付出的劳动将在维护阶段获得回报。

4. 螺旋模型

螺旋模型（Spiral Model）是由 TRW 公司的勃姆（Boehm）于 1988 年提出的，螺旋模型将瀑布模型和演化模型结合起来，并且强调了其他模型都忽略了的风险分析。图 2-18 为螺旋模型的例子。

螺旋模型沿着螺线旋转，在 4 个象限上分别表达了 4 个方面的活动。

（1）制订计划。确定软件目标，选定实施方案，弄清项目开发的限制条件。

（2）风险分析。分析所选方案，考虑如何识别和消除风险。

（3）实施工程。实施软件开发。

（4）客户评估。评价开发工作，提出修正建议。

螺旋模型更适合于开发大型软件，应该说它对于具有高度风险的大型复杂软件系统的开发是较为适用的方法，该模型通常用来指导开发大型软件项目。

5. 喷泉模型

喷泉模型（Fountain Model）是由索勒斯（B. H. Sollers）和爱德华兹（J. M. Edwards）于 1990 年提出的一种开发模型。该模型表明软件开发活动之间没有明显的间隙，用于支持面向对象的开发过程。对象概念的引入，使分析、设计、实现之间的表达没有明显间隙，并且这一表达自然地支持复用。喷泉模型主要用于采用面向对象技术的软件开发项目。图 2-19 为喷泉模型的例子。

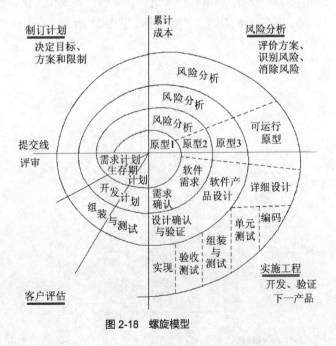

图 2-18 螺旋模型

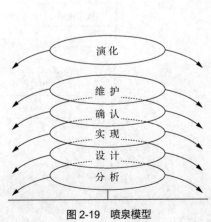

图 2-19 喷泉模型

2.5.5 统一过程模型

国外很多大的软件公司和机构一直在研究软件开发方法，20 世纪 80 年代中期到 20 世纪 90 年代中期，发布了 50 多种面向对象的方法学。面向对象的分析与设计方法的发展在 20 世纪 80 年代末至 20 世纪 90 年代中期出现了一个高潮，统一建模语言（Unified Modeling Language，UML）正是这个时期的产物。"统一"是指当时在 Rational 公司效力的面向对象领域的三位杰出专家：格雷迪·布奇（Grady Booch）、詹姆斯·朗博（James Rumbaugh）和伊万·雅各布森（Ivar Jacobson）的研究工作的结合，这种统一的方法学最初称为 Rational 统一过程（Rational Unified Process，RUP），为简洁起见，现在通常称为统一过程。统一过程模型如图 2-20 所示。

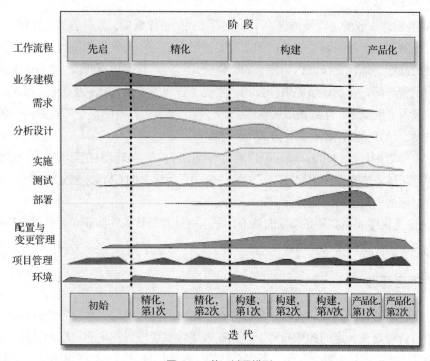

图 2-20　统一过程模型

RUP 包括了软件开发中的六大经验：迭代式开发、管理需求、使用基于组件的体系结构、可视化建模、验证软件质量和控制软件变更。

RUP 统一过程模型是一个二维的软件开发模型，横轴代表时间，体现了过程开展的生命周期特征，统一过程的软件生命周期在时间上被分解为 4 个顺序的阶段，分别是初始阶段、细化阶段、构造阶段和交付阶段。每个阶段结束于一个主要的里程碑；每个阶段本质上是两个里程碑之间的时间跨度；在每个阶段的结尾执行一次评估，以确定这个阶段的目标是否已经满足，如果评估结果令人满意的话，允许项目进入下一个阶段。

作为吸收了电信等关键行业以及 IBM、HP、Microsoft 等多家国际著名软件企业过程经验的商用过程产品，RUP 在全球取得了广泛的成功，对软件过程的发展有着不凡的影响，其观点对于软件过程新的发展方向具有代表性。

2.5.6 能力成熟度模型

近年来，对企业软件能力的评估在国内日益得到重视，一度出现了许多组织纷纷开展软件能力成熟度模型（Software Capability Maturity Model，SW-CMM）商业评估的热潮。迄今国内已有近两百家软件组织通过了 SW-CMM、软件能力成熟度集成模型（Capability Maturity Model Integration，CMMI）各级评估，这说明加强软件开发规范化管理，提高过程成熟度已经得到了业界的广泛认同。

SW-CMM 由卡内基·梅隆大学的软件工程协会（Software Engineering Institute，SEI）提出并完善，目的是通过一个合理的体系模型来对软件组织开发能力进行合理有效的评估，帮助软件组织在模型实施的过程中提高软件过程管理能力，降低软件系统开发风险，在预定的项目周期和预算内开发出高质量的软件产品。

SW-CMM 为软件企业的过程能力提供了一个阶梯式的进化框架，共分五级。在每一级中，定义了达到该级过程管理水平所应解决的关键问题和关键过程。每一较低级别是达到较高级别的基础。其中，五级是最高级，即优化级，达到该级的软件公司过程可自发地不断改进，防止同类问题二次出现；四级为已管理级，达到该级的软件公司已实现了过程的定量化；三级为已定义级，即过程实现标准化；二级为可重复级，达到该级的软件公司过程已制度化，有纪律，可重复；一级为初始级，过程无序，进度、预算、功能和质量等方面不可预测。

CMM 致力于软件开发过程的管理和工程能力的提高与评估。该模型在美国和北美地区已得到广泛应用，同时越来越多的欧洲和亚洲等国家的软件公司正积极采纳 CMM，CMM 实际上已成为软件开发过程改进与评估事实上的工业标准。

CMM5 认证是软件成熟度最高级别的认证，是当前世界公认的软件业专业质量管理标准，我国目前只有少数大型软件企业通过该认证。

2.5.7 软件项目管理

项目是一个特殊的将被完成的有限任务，是在一定时间内，满足一系列特定目标的多项相关工作的总称。项目管理是在一定的约束条件下，以高效率地实现项目业主的目标为目的，以项目经理个人负责制为基础和以项目为独立实体进行经济核算，并按照项目内在的逻辑规律进行有效的计划、组织、协调、控制的系统管理活动。软件项目管理是为了使软件项目能够按照预定的成本、进度、质量顺利完成，而对成本、人员、进度、质量、风险等进行分析和管理的活动。

软件项目的开发流程包括项目的招标、投标，合同签订，项目开发过程等，项目开发过程可划分成项目计划、需求分析、系统设计、编码测试、运行维护等若干个阶段，为保证项目开发顺利完成，需要进行项目管理。

项目需求方准备投资一个项目时，首先要进行招标，发出招标书；项目开发方在分析招标书之后，可进行投标，书写投标书，投标书一般有统一的格式，一定要按照招标书上的要求书写；项目需求方经过开标评标后，确定某项目开发方中标，双方需要签订合同。项目需求方称为甲方，项目开发方称为乙方，双方经友好协商一致，签订合同，规定各自应承担的权利和义务，忠实地履行本合同。

为控制项目开发的进度，保证项目开发的质量等，需要进行项目管理和过程控制。软件项目过程有三大类：项目管理过程、项目研发过程和机构支持过程。项目管理过程包含 5 个过程域，分别为：立项管理、项目规划、项目监控、风险管理、需求管理。项目研发过程包含 8 个过程域，分别为：需求开发、技术预研、系统设计、实现与测试、系统测试、Beta 测试、客户验收、技术评审；机构支持过程包含 5 个过程域，分别为：配置管理、质量保证、培训管理、外包与采购管理、服务与维护。

项目开发过程的每个阶段都需要多个角色相互协作，明确项目中的角色分工及项目组织，根据项目规模来设定不同的项目组织方式。例如，一个小型项目的主要角色划分如下：机构领导、项目经理、系统分析员、系统设计师、程序员、测试员，还有配置管理员、质量保证员、产品维护人员等，一个人可以被赋予多个角色，视具体情况而定。

软件项目管理的内容主要包括如下几个方面：人员的组织与管理、软件度量、软件项目计划、风险管理、软件质量保证、软件过程能力评估、软件配置管理等。

软件工程学科发展到今天，已经有了很多方法和规范。这里只在宏观上讨论了软件工程的一些思想，更具体的内容将在后面的"软件工程"课程中论述。

本章小结

本章介绍了计算机科学技术的基础知识，包括数制及编码、算法、数据结构、程序、计算机硬件和软件、软件工程基础，为后续的章节及相关课程打好基础，这些概念将贯穿计算机类专业学习的始末，希望读者能明确掌握。

习题

1. 什么是数制？

2. 数值转换：将十进制数 94 转换为二进制数；将十进制数 250 转换成十六进制数；将二进制数 1010111 转换为十进制数，将二进制数 10110011.11 转换为八进制数。

3. 将十进制数 100 和-50 写成字长为 16 位的二进制原码、反码、补码。

4. 什么是 BCD 码？什么是 ASCII？

5. 什么是算法？它有哪些特征？常用的算法描述方法有哪几种？

6. 怎样衡量一个算法的优劣？

7. 什么是数据结构？常用的典型数据结构有哪些？

8. 什么是程序设计语言？程序设计语言分为几大类？

9. 汇编语言和高级语言有什么本质区别？

10. 常见的软件过程模型有哪几种？请叙述螺旋模型的 4 个方面的活动。

03 第3章 计算机的硬件系统

计算机系统由硬件系统和软件系统组成，其中硬件系统是软件的运行基础。本章主要介绍计算机硬件系统的基本组成、基本结构与工作原理，包括中央处理器的组成、指令的执行过程、存储器的分类和作用、输入/输出系统及输入/输出控制方式、系统总线、I/O 接口、输入/输出设备以及微型计算机的基本组成及工作原理。通过对本章内容的学习，要求学生掌握计算机系统的基本结构和工作原理，了解常用的输入/输出设备。

本章知识要点：

- 计算机的基本结构与工作过程
- 微型计算机硬件系统
- 输入/输出系统

3.1 计算机的基本结构与工作过程

本节将介绍计算机硬件系统的体系结构和工作原理，希望读者能理解什么是计算机、计算机能做什么及其工作原理。

3.1.1 冯·诺依曼体系结构

所谓"体系结构"是指构成系统主要部件的总体布局、部件的主要性能以及这些部件之间的连接方式。

虽然计算机的结构有多种类型，但就其本质而言，大都遵循计算机的经典结构，即美籍匈牙利科学家冯·诺依曼（Von Neumann）于 1945 年提出的"存储程序"的思想，预先将根据某一任务设计好的程序装入存储器中，再由计算机执行存储器中的程序。这样，在执行新的任务时，只需改变存储器中的程序，而不必改动计算机的任何电路。这一基本理论一直沿用至今。

归纳起来，冯·诺依曼体系结构计算机的基本工作原理是存储程序和程序控制，其特点如下。

（1）计算机由运算器、控制器、存储器、输入设备和输出设备五大部分组成，如图 3-1 所示。

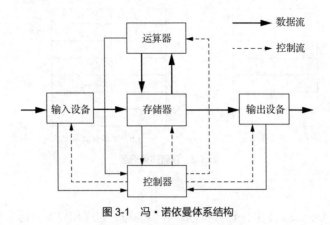

图 3-1　冯·诺依曼体系结构

（2）计算机按存储程序原理进行工作。数据和程序以二进制代码形式不加区别地存放在存储器中，存储器按线性编址的结构访问地址，每个单元的位数是固定的。

（3）计算机以运算器为中心，输入/输出设备与存储器之间的数据传送都经过运算器。通过执行指令直接发出控制信号控制计算机的操作。

（4）控制器根据存放在存储器中的指令序列（程序）进行工作，并由一个程序计数器指示要执行的指令。

（5）指令由操作码和地址码组成。指令同数据一样可以送到运算器中进行运算，由指令组成的程序是可以修改的。

根据冯·诺依曼体系结构的功能划分，计算机硬件系统由控制器、运算器、存储器、输入设备和输出设备 5 部分组成。

1. 控制器

控制器（Controller）是整个计算机的控制指挥中心，它的功能是控制计算机各部件自动协调地工作。控制器负责从存储器中取出指令，然后进行指令的译码、分析，并产生一系列控制信号。这些控制信号按照一定的时间顺序发往各部件，控制各部件协调工作，并控制程序的执行顺序。

2. 运算器

运算器（ALU）是对信息进行加工运算的部件。运算器的主要功能是对二进制数进行算术运算（加、减、乘、除）、逻辑运算（与、或、非）和位运算（移位、置位、复位），故又称为算术逻辑单元（Arithmetic Logic Unit，ALU）。它由加法器（Adder）和补码器（Complement）等组成。运算器和控制器一起组成中央处理单元（Central Processing Unit，CPU）。

3. 存储器

存储器（Memory）是计算机存放程序和数据的设备，是由一些能表示二进制数 0 和 1 的物理器件组成的，这种器件称为记忆元件或存储介质。常用的存储介质有半导体器件和磁性材料。一个存储单元可以存放一字，称为字存储单元；也可以存放一字节，称为字节存储单元。许多存储单元的集合形成一个存储体，它是存储器的核心部件，信息就存放在存储体内（见图 3-2）。

存储器的基本功能是按照指令要求向指定的位置存进（写入）或取出（读出）信息。

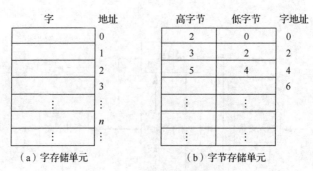

图 3-2　存储体结构图

4. 输入设备

输入设备（Input Device）用来向计算机输入人们编写的程序和数据，可分为字符输入设备、图形输入设备和声音输入设备等。微型计算机系统中常用的输入设备有键盘、鼠标、扫描仪、光笔等。

5. 输出设备

输出设备（Output Device）向用户报告计算机的运算结果或工作状态，它把存储在计算机中的二进制数据转换成人们需要的各种形式的信号。常见的输出设备有显示器、打印机、绘图仪等。

软盘驱动器和硬盘驱动器也是计算机系统常用的外部设备，由于软盘和硬盘中的信息是可读可写的，所以，它们既是输入设备，也是输出设备。这样的设备还有传真机、调制解调器（Modem）等。

3.1.2　计算机体系结构的发展

按照冯·诺依曼原理构造的计算机又称冯·诺依曼计算机，其体系结构称为冯·诺依曼体系结构。目前计算机已发展到了第四代，基本上仍然遵循着冯·诺依曼原理和结构。但是，随着计算机软硬件技术的发展，对提高计算机的运行速度，实现高度并行化的要求越来越迫切。

1. 软件对系统结构发展的影响

软件是促使计算机系统结构发展最重要的因素。没有软件，机器就不能运行，所以为了能方便地使用现有软件，就必须考虑系统结构的设计。

2. 应用需求对系统结构发展的影响

计算机应用从最初的科学计算向更高级、更复杂的应用发展，经历了数据处理、信息处理、知识处理以及智能处理这 4 级逐步上升的阶段。要追求更快更好，机器就要做得更快更好。所以应用需求是促使计算机系统结构发展最根本的动力。计算机应用对系统结构不断提出的基本要求是快的运算速度、大的存储容量和大的 I/O 吞吐率。

3. 器件对系统结构发展的影响

因为器件的每一次升级都会带来计算机系统结构的改进，所以器件是促使计算机系统结构发展最活跃的因素。由于技术的进步，器件的性能价格比迅速提高，芯片的功能越来越强，从而使系统结构的性能从较高的大型机向小型机乃至 PC 下移。

所以，当今的计算机系统已对冯·诺依曼结构进行了许多变革，改进后的冯·诺依曼计算机从原来的以运算器为中心演变为以存储器为中心。从系统结构来说，主要是通过各种并行处理手段提高计算机系统的性能，具体如下：

- 适应串行的算法的体系结构改变为适应并行的算法的计算机体系结构，如并行计算机、多处理机等。
- 面向高级语言计算机和直接执行高级语言的计算机。
- 硬件系统与操作系统和数据库管理系统软件相适应的计算机。
- 从传统的指令驱动型转变为数据驱动型和需求驱动型的计算机，如数据流计算机和规约机等。
- 各种适应特定应用的专用计算机，如过程控制计算机、快速傅里叶变换计算机等。
- 高可靠性的容错计算机。
- 处理非数值化信息的计算机，如处理语言、声音、图像等多媒体信息的计算机。

3.1.3　计算机体系结构的评价标准

计算机性能评价是一个很复杂的问题。不论是什么型号的计算机总有其特色和优点，也有它的不足。因此，对计算机性能的评价应该是全面的、综合的。评价计算机系统的标准有主频、字长、运算速度、内存容量、存取周期、性能价格比等指标。

1. 主频（时钟周期）

主频是计算机的重要指标之一，因为它在很大程度上决定了计算机的运行速度。主频的单位是兆赫兹（MHz）或吉赫兹（GHz），以微型计算机为例，早期的主频只有几兆赫兹，现在的芯片可达几吉赫兹以上。

2. 字长

由于计算机存放一个参与运算的机器数所使用的电子器件的基本个数是固定的，通常把这种具有固定位数的二进制串称为字，而把字包含的二进制数的位数称为字长。通常所说的计算机是多少位，就是指机器字长的二进制位数。例如，16 位微机的字长为 16 位，32 位微机的字长为 32 位。一般来说，计算机的字长越长，其性能就越强。

3. 运算速度

计算机运算速度的单位为每秒百万条指令（Million Instructions Per Second，MIPS），它是一项综合性的参考指标。过去用执行定点加法指令作为标准来衡量，现在一般用等效速度或平均速度来衡量。等效速度是由各种指令的平均执行时间以及相应的指令运行比例计算出来的，即用加权平均法求得。

4. 内存容量

内存容量是计算机内存所能存放二进制数的量，常用单位如下。

bit（位）：能够存放一个二进制数的 0 或 1。

Byte（字节）：存放 8 位二进制数，即 1Byte=8bit，用 B 表示。

KB（千字节）：$1KB=1\ 024B=2^{10}B$。

MB（兆字节）：$1MB=1\ 024KB=2^{20}B$。

GB：$1GB=1\ 024MB=2^{30}B$。

TB：$1TB=1\ 024GB=2^{40}B$。

PB：$1PB=1\ 024\ TB=2^{50}B$。

EB：$1EB=1\ 024\ PB=2^{60}B$。

ZB：1ZB =1 024 EB=2^{70}B。

YB：1YB =1 024 ZB=2^{80}B。

5. 存取周期

存取周期是指连续两次启动独立的存储器操作（如连续两次读操作）所需间隔的最小时间。

- 写操作：把信息代码存入存储器的操作。
- 读操作：把信息代码从存储器中取出的操作。

6. 性能价格比

性能价格比是衡量计算机系统性能的概括性指标。计算机的主要性能包括运算速度、主存储器容量、可靠性、输入和输出设备的配置情况等，可用专门的公式求出其性能指数，价格则指计算机的售价。计算机的性能价格比越大，表示该机越价廉物美。

除上述的评价指标以外，还应考虑兼容性、可靠性、系统可维护性及汉字处理能力、数据库管理功能、网络功能等。总之，计算机系统的性能需要综合考虑。

3.1.4　计算机的工作过程

计算机的基本工作原理是存储程序和程序控制。预先要把指挥计算机如何进行操作的指令序列（称为程序）和原始数据通过输入设备输送到计算机内存储器中。每一条指令中明确规定了计算机从哪个地址取数、进行什么操作、然后送到什么地址去等步骤。具体工作过程如图 3-3 所示。

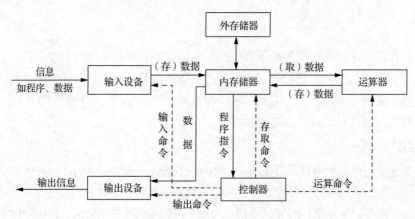

图 3-3　计算机的工作过程

1. 计算机的指令和程序

指令就是让计算机完成某个操作所发出的命令，即计算机完成某个操作的依据。一条指令通常由操作码部分和操作数部分组成，操作码指明该指令要完成的操作，操作数是指参加操作的数或者操作数所在的单元地址。一台计算机所有指令的集合，称为该计算机的指令系统。

程序是人们为解决某一问题而为计算机编写的指令序列。程序中的每一条指令必须是所用计算机的指令系统中的指令。指令系统是提供给用户编写程序的基本依据。指令系统反映了计算机的基本功能，不同计算机的指令系统也不相同。

2. 计算机执行指令的过程

计算机执行指令一般分为两个阶段。首先将要执行的指令从内存中取出送入 CPU，然后由 CPU

对指令进行分析译码，判断该条指令要完成的操作，并向各个部件发出完成该操作的控制信号，完成该指令的功能。一条指令执行完后，自动进入下一条指令的取指操作。

3. 程序的执行过程

程序是计算机指令序列，程序的执行就是一条条地执行这一序列中的指令。也就是说，计算机在运行时，CPU 从内存读出一条指令送到 CPU 执行，指令执行完以后，再从内存读出下一条指令送到 CPU 执行。CPU 不断地取指令、执行指令，这就是程序的执行过程。

 杰出人物

计算机之父——冯·诺依曼（John von Neumann，1903—1957 年）

约翰·冯·诺依曼是 20 世纪最重要的数学家之一，在数学、量子物理学、逻辑学、军事学、对策论等诸多领域均有建树。时至今日，遍布世界各地大大小小的计算机都仍然遵循着冯·诺依曼的计算机基本结构，统称之为"冯·诺依曼机器"。所以，他被后人称为"计算机之父"和"博弈论之父"。

3.2　微型计算机硬件系统

微型计算机也称个人计算机（Personal Computer，PC），是大规模集成电路发展的产物，是以中央处理器为核心，配以存储器、I/O 接口电路及系统总线的计算机。微型计算机以其结构简单、通用性强、可靠性高、体积小、重量轻、耗电省、价格便宜，成为计算机领域中一个必不可少的分支。自 1971 年在美国硅谷诞生第一片微处理器以来，微型计算机异军突起，发展极为迅速。随着微处理器的不断更新，微型计算机的功能越来越强，应用越来越广。微型计算机具有计算机的一般共性，也有其特殊性，其内部结构如图 3-4 所示。

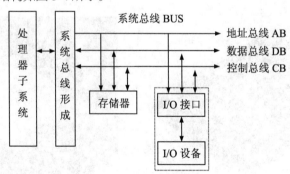

图 3-4　微型计算机内部结构

3.2.1　微型计算机的基本组成

微型计算机在系统结构和基本工作原理上与其他计算机没有本质的区别。通常，将微型计算机的硬件系统分为两大部分，即主机和外设。主机是微机的主体，微机的运算和存储过程都是在这里完成的；主机以外的设备称为外设。

从外观上看，一台微型计算机的硬件主要包括主机箱、显示器、常用 I/O 设备（如鼠标、键盘等）。

主机箱包含微型计算机的大部分重要硬件设备，如 CPU、主板、内存、硬盘、光驱、软驱、各种板卡、电源及各种连线。

目前的微型计算机都配置了声卡、音箱等，这就构成了一台多媒体计算机，一些计算机还配置了摄像头、打印机、扫描仪、绘图仪等常用外设。

3.2.2　系统主板

系统主板也称为主板、主机板或母板。它是微型计算机最基本的、也是最重要的部件之一，是其他各种设备的连接载体。主板一般为矩形电路板，上面安装了组成计算机的主要电路系统，一般由 BIOS 芯片、I/O 控制芯片、键盘和面板控制开关接口、指示灯插接件、扩充插槽、主板及插卡的直流电源供电接插件等元件组成，如图 3-5 所示。

主板采用了开放式结构，主板上大都有 6～15 个扩展插槽，供 PC 外围设备的控制卡（适配器）插接。更换这些插卡，可以对微机的相应子系统进行局部升级，使厂家和用户在配置机型方面有更大的灵活性。总之，主板在整个微机系统中扮演着举足轻重的角色。可以说，主板的类型和档次决定了整个微机系统的类型和档次，主板的性能影响整个微机系统的性能。

主板结构包括 AT、Baby-AT、ATX、Micro ATX、LPX、NLX、Flex ATX、EATX、WATX 以及 BTX 等，目前常用的是 ATX 主板结构，是 Intel 公司制定的主板结构规范。

下面以 ATX 主板为例介绍主板上的几个主要部件。

1. CPU 插座

主板上的 CPU 插座是安装 CPU 的基座（见图 3-6），它是主板上的"王座"。CPU 经过这么多年的发展，采用的接口方式有引脚式、卡式、触点式、针脚式等。而 CPU 的接口都是针脚式接口，对应到主板上就有相应的插槽类型。不同类型的 CPU 具有不同的 CPU 插槽，因此选择 CPU，就必须选择带有与之对应插槽类型的主板。主板 CPU 插槽类型不同，其插孔数、体积、形状都有变化，所以不能互相接插。

图 3-5　系统主板

图 3-6　CPU 的插座与插槽

CPU 的结构与形状取决于 CPU 的封装形式。CPU 插座有 Slot 和 Socket 两大主流结构，目前的基本都采用 Socket 结构，Socket 结构是一种方形多针的 ZIF（零插拔力）插座，这种结构的设计便于 CPU 的安装与拆卸，只要抬起插座边上的拉杆，就可以毫不费力地插拔 CPU，拉下拉杆，CPU 就被牢牢地固定在插座上。为了便于识别安装的方向，Socket 结构在插座上都标有 CPU 定位标记，在 CPU 的对角也有一个标记，安装时只要将两者的定位标记对准，就可以顺利插接。

2. 芯片组

芯片组（Chipset）是主板的控制中枢，它是随着集成电路工艺的发展以及微机结构的发展而发展起来的，将微机的大部分标准电路全部集成到几块大规模集成电路中，便产生了芯片组的概念。

芯片组作为主板的灵魂和核心，起着协调和控制数据在 CPU、内存和各部件之间传输的作用，主板所采用芯片的型号决定了主板的主要性能和级别。它像人的大脑分为左脑和右脑一样，根据芯片的功能，芯片组分为南桥芯片和北桥芯片。其中，南桥芯片一般位于 PCI 插槽的旁边，主要负责 I/O 接口控制以及硬盘等存储设备控制，其作用是使所用的数据都得到有效传输。北桥芯片一般位于 CPU 旁边，决定 CPU 的类型及主频、内存的类型及最大容量等，并负责 CPU、内存之间的数据传输。北桥芯片起着主导作用，也称为主桥。由于北桥芯片发热量较大，所以在芯片上装有散热片散热。

3. BIOS 芯片

基本输入/输出系统（Basic Input/Output System，BIOS）芯片实际是一组程序，该程序负责主板的一些最基本的输入和输出，在开机后对系统的各部件进行检测和初始化。BIOS 一般固化在可擦除可编程只读寄存器（Erasable Programmable Read-Only Memory，EPROM）或电可擦可编程只读存储器（Electrically Erasable Programmable Read-Only Memory，EEPROM）芯片中，在新型主板中也有存储在 Flash（Flash Memory，闪存，属于内存器件的一种）ROM 芯片中的。如果说芯片组是主板的"心脏"，那么 BIOS 就是主板的"大脑"，它告诉主板应该如何工作，各个中断地址的使用状况，以及把一些特定的开关打开等。BIOS 还有一个用途是支持即插即用（PnP）设备，它通知系统正在使用什么 CPU、显示卡、硬盘、光驱、声卡、网卡等设备，从开机的画面上就可以看出各个设备的型号以及连接是否正常。另外，在启动微机时，BIOS 还提供一个系统设置界面，可设置微机系统有关参数，如系统日期、时间等，这些设置的信息保存在一块 CMOS RAM 芯片中，CMOS RAM 通常由主板上的一块电池供电，即使关机，其中的信息也不会丢失。

4. 内存插槽

内存插槽是主板上用来安装内存条的一组长型插槽，内存条（将若干个内存芯片集中在一块条状结构的集成电路板上）通过正反两面带有的金手指与主板连接。需要注意的是，不同类型内存插槽的引脚、电压、性能功能都是不尽相同的，不同的内存在不同的内存插槽上不能互相兼容。

主板支持的内存种类和容量都是由内存插槽决定的。早期主板上的内存插槽一般采用 SIMM（单列直插式内存模块）插槽，已被淘汰。目前，主板上的内存插槽都采用 DIMM（双列直插式内存模块）插槽，DIMM 主要是 DDR SDRAM DIMM 插槽，用于安装 184 线的 DDR SDRAM 内存条，金手指每面有 92 线，金手指上只有一个卡口。另外一种 DIMM 结构，是用于安装 DDR2、DDR3 内存的 240 线 DIMM 插槽。

5. 驱动器插座

驱动器插座是指硬盘、光驱以及软盘驱动器与主板连接的插座。硬盘、光驱一般通过 80 芯的专用扁平电缆与主板上的 IDE、EIDE 或 SCSI 接口连接，软盘驱动器一般也是通过一根扁平电缆与主板上提供的一个 34 针的软盘驱动器插座连接的。

6. 扩展槽

主板上的扩展槽是用来扩展微型计算机功能的插槽，扩展槽可用来安装各种扩展卡（也叫适配卡），如显示卡、声卡、内置式 Modem 卡、网卡等（大部分微机已经将某些扩展卡集成在主板上）。

扩展槽在现代计算机中被广泛应用，其方法是将扩展卡插在主板上的扩展槽上，然后通过扩展卡的端口和连接电缆连接扩展卡和新的外部设备。目前微机主板上较为常见的扩展槽有 PCI 扩展槽和 AGP 扩展槽（ISA 扩展槽在某些工控机上还保留）。主板上一般有 3～5 个 PCI 扩展槽，能接插 PCI 显卡、PCI 网卡等。AGP 扩展槽是专门用于安装 AGP 显卡的，速度比普通的 PCI 显卡要快很多。AGP 扩展槽一般是棕色或黑色的插槽，长度比 PCI 插槽短。每块主板上一般只有一个 AGP 扩展槽，集成了显卡的主板一般不配 AGP 扩展槽。

目前，市场上的主板品牌比较多，常见的有华硕、技嘉、微星、七彩虹、铭瑄等。

3.2.3 中央处理器（CPU）

1. CPU 简介

CPU（Central Processing Unit）的中文意思为中央处理器，微型计算机中的 CPU 又称为微处理器（Micro-Processor），是利用大规模集成电路技术，把运算器、控制器集成在一块芯片上的集成电路。CPU 内部可分为控制单元、逻辑单元和存储单元三大部分。这三大部分相互协调，进行分析、判断、运算并控制计算机各部分协调工作。

CPU 好比计算机的"大脑"，计算机处理速度的快慢主要是由 CPU 决定的，人们常用它来判定计算机的档次。CPU 一般安插在主板的 CPU 插槽上。目前，世界上只有美国、日本等少数国家或地区拥有通用 CPU 的核心技术，微型计算机市场上的 CPU 产品主要由美国的 Intel 公司和 AMD 公司生产。

我国继 2002 年自主研制成功"龙芯一号"（Godson-1）CPU 芯片后，又研制成功了"龙芯二号"（Godson-2）高性能通用 CPU 芯片，其性能已达到 Pentium Ⅲ水平。2017 年 4 月正式发布的"龙芯三号"（Godson-3）系列 3A3000/3B3000 处理器采用自主微结构设计，实测主频达到 1.5GHz 以上，这标志着我国已经拥有了 CPU 的核心技术。

2. 多核 CPU

多核心也叫多微处理器核心，是将两个或更多的独立处理器封装在一起的方案，通常在一个集成电路（IC）中。一般来说，双核心设备有两个独立的微处理器，四核心设备有 4 个独立的微处理器，依此类推，目前市场上基本上都是多核处理器，常用的有四核、六核、八核处理器等。

多核 CPU 就是基板上集成有多个单核 CPU，早期 PD 双核需要北桥来控制分配任务，核心之间存在抢二级缓存的情况，后期有些 CPU 自己集成了任务分配系统，再搭配操作系统就能真正同时开工，2 个核心同时处理 2 "份"任务，速度快了，万一有一个核心死机，另一个核心还可以继续处理关机、关闭软件等任务。

英特尔公司开发了多核芯片，使之满足横向扩展（而非纵向扩充）方法，从而提高性能。该架构实现了分治法战略。通过划分任务，线程应用能够充分利用多个执行内核，并可在特定的时间内执行更多任务。多核处理器是单枚芯片（也称为硅核），能够直接插入单一的处理器插槽中，但操作系统会利用所有相关的资源，将每个执行内核作为分立的逻辑处理器。通过在两个执行内核之间划分任务，多核处理器可在特定的时钟周期内执行更多任务。多核架构能够使软件更出色地运行，并创建一个促进未来的软件编写更趋完善的架构。尽管软件厂商还在探索全新的软件并发处理模式，但是，随着向多核处理器的移植，现有软件无须修改就可支持多核平台。操作系统专为充分利用多个处理器而设计，且无须修改就可运行。

图 3-7 为 Intel 智能酷睿 i9（六核）处理器和龙芯 3A3000B（四核）处理器。

图 3-7　Intel 智能酷睿 i9 处理器和龙芯 3A3000B 处理器

多核技术是处理器发展的必然。推动微处理器性能不断提高的因素主要有两个：半导体工艺技术的飞速进步和体系结构的不断发展。半导体工艺技术的每一次进步都为微处理器体系结构的研究提出了新的问题，开辟了新的领域；体系结构的进展又在半导体工艺技术发展的基础上进一步提高了微处理器的性能。这两个因素是相互影响、相互促进的。一般来说，工艺和电路技术的发展使处理器性能提高约 20 倍，体系结构的发展使处理器性能提高约 4 倍，编译技术的发展使处理器性能提高约 1.4 倍。

3．CPU 的主要技术参数

CPU 一般由逻辑运算单元、控制单元和存储单元组成。需要重点了解的 CPU 的主要技术参数如下。

（1）主频。CPU 的性能主要由 CPU 的字长和主频决定。主频是指 CPU 的工作频率，单位为 MHz 或 GHz。主频越高，运算速度越快。

（2）字长。CPU 的字长是指 CPU 可以同时传送数据的位数，一般字长较长的 CPU 处理数据的能力较强，处理数据的精度也较高。目前通常使用的 CPU 字长为 32 位和 64 位。

（3）外频。CPU 的基准频率，单位一般为 MHz。外频是 CPU 与主板之间同步运行的速度。目前绝大部分计算机系统中外频也是内存与主板之间同步运行的速度，在这种状态下，可以理解为 CPU 的外频直接与内存相连通，实现两者间的同步运行状态。

（4）一级高速缓存（L1 Cache）。它是封闭在 CPU 内部的高速缓存，用于暂时存储 CPU 运算时的部分指令和数据，容量单位一般为 KB。通常情况下，一级高速缓存越大，CPU 与二级缓存和内存之间交换数据的次数就越少，计算机的运算速度也越快。L1 缓存的容量通常为 32KB～256KB。

（5）二级高速缓存（L2 Cache）。一般与 CPU 封装在一起，提供了一个拥有更高数据吞吐率的通道，可以提高内存和 CPU 之间的数据交换频率，提高计算机的总体性能，L2 高速缓存容量原则上越大越好。

3.2.4　主存储器

存储器（Memory）是由一些能表示二进制数 0 和 1 的物理器件组成的，这种器件称为记忆元件或存储介质。常用的存储介质有半导体器件和磁性材料。例如，一个双稳态半导体电路、磁性材料中的存储元等都可以存储一位二进制代码信息。

计算机中的存储器分为两大类：主存储器（内存储器，简称内存）和辅助存储器（外存储器，简称外存）。

主存储器分为只读存储器（Read Only Memory，ROM）和随机存储器（Random Access Memory，RAM）两种。ROM 是一种只能读取而不能写入的存储器，主要用来存放那些不需要改变的信息，这些信息是由厂商通过特殊的设备写入的，关掉电源后，存储器中的信息不会消失，比如主板上的 BIOS 信息就是用 ROM 存储的。

RAM 也就是人们经常所说的内存，可以读出也可以写入；随机存取意味着存取任一单元所需的时间相同；断电后，存储内容立即消失，称为易失性（Volatile）。RAM 中的信息可以通过指令随时读出和写入，在工作时存放运行的程序和使用的数据。内存是计算机的基本硬件设备之一，内存大小直接影响计算机的运行速度。

在早期的微机中，内存一般是直接使用内存芯片，将内存芯片直接插在主板的芯片插座上，或者直接焊接在电路板上。现代微机系统的内存模块中，一般是将若干个内存芯片集成在一块条状结构的集成电路板上，通常称为内存条，内存条需要插在主板的内存插槽上，内存条通过正反两面带有的金手指与主板相连。目前微机上常用的是双倍速率 SDRAM（Dual DataRate SDRAM，DDR SDRAM），通常简称 DDR。目前常用的规格包括 DDR3 和 DDR4，常见的容量有 2GB、4GB、8GB 和 16GB 等。图 3-8 所示为金士顿（Kingston）DDR4 内存条。

图 3-8　金士顿（Kingston）DDR4 内存条

近年来微型机的硬件更新速度很快，对内存带宽（速度）的需求越来越高，要求内存的容量越来越大。另外，操作系统也变得越来越复杂，对内存的性能要求也将不断提高。另外，随着微型机性能的不断提升，人们要求内存封装更加精致，以适应大容量的内存芯片，同时也要求内存封装的散热性能更好，以适应越来越快的核心频率。

3.2.5　辅助存储器（外部存储器）

辅助存储器用以存放系统文件、大型文件、数据库等大量程序与数据信息，它们位于主机范畴之外，常称为外部存储器，简称外存。常用的外部存储器有磁盘存储器、光盘存储器和闪存，其中磁盘存储器又分为磁带存储器、软盘存储器和硬盘存储器，由于磁带存储器和软盘存储器已被淘汰，此处不再介绍。

1．硬盘

硬盘作为微机系统的外存储器，它具有其他外存储器不可比拟的优势，所以成为微机的主要配置之一。

按照存储介质不同，常见的硬盘可分为机械硬盘（HDD）和固态硬盘（SSD）。

（1）机械硬盘

机械硬盘像软盘一样，也可分为磁面、磁道和扇区，不同的是，一个机械硬盘含若干个磁性圆盘，每个盘片有上下两个磁面，每个磁面各有一个读写磁头，每个磁面上的磁道数和每个磁道上的扇区数也因硬盘的规格不同而相异。硬盘的容量比软盘大得多。早期的机械硬盘容量仅为几十 MB 和几百 MB。随着多媒体技术的应用及需要，现在机械硬盘容量逐步达到 500GB、800GB、1 000GB（1TB）、2TB、4TB 或更高。常见的机械硬盘按照磁盘片直径可分为 2.5 英寸和 3.5 英寸。转速是影响机械硬盘性能最重要的因素之一，现在市场上主要有 5 400r/min（每分钟转数）和 7 200r/min 的机械硬盘。高低速硬盘的性能差距非常明显，建议选择使用高速硬盘。目前，主要的机械硬盘品牌有三星、希捷、IBM、西部数据等。

机械硬盘的外形如图 3-9 所示。

① 机械硬盘的结构和存储原理。

机械硬盘采用金属为基底，表面涂盖磁性材料。由于其刚性较强，所以称为硬磁盘。应用最广的小型温式（温彻斯特式）硬磁盘机，是在一个轴上平行安装若干个圆形磁盘片，它们同轴旋转，如图 3-10 所示。每片磁盘的表面都装有一个读写磁头，在控制器的统一控制下沿着磁盘表面作径向同步移动。几层盘片上具有相同半径的磁道可以看成一个圆柱，每个圆柱称为一个"柱面（Cylinder）"。盘片与磁头等有关部件都被密封在一个腔体中，构成一个组件，只能整体更换。

图 3-9　机械硬盘

图 3-10　硬盘盘片

机械硬盘工作时，固定在同一个转轴上的多张盘片以每分钟数千转甚至更高的速度旋转，磁头在驱动马达的带动下在磁介质盘上做径向移动，寻找定位，完成写入或读出数据的工作。

机械硬盘经过低级格式化、分区及高级格式化后即可使用。

② 机械硬盘的接口类型。

机械硬盘按照接口类型可以分为 IDE 接口、SCSI 接口和 SATA 接口等几种。

● 电子集成驱动器（Integrated Drive Electronics，IDE）。也称 ATA（Advanced Technology Attachment）接口，相比较而言，IDE 接口的数据传输速率比较低，初期的数据传输速率只有 16.6MB/s、66MB/s，后期传输速率一般为 100MB/s 或 133MB/s。现已基本被淘汰。

● 小型计算机系统接口（Small Computer System Interface，SCSI）。原是为小型机研制出的一种接口技术，随着计算机技术的发展，PC 上有许多设备也使用 SCSI 接口，如硬盘、刻录机、扫描仪等。SCSI 接口具有很好的并行处理能力，也具有比较高的磁盘性能，在高端计算机、服务器上常用来作为硬盘及其他储存装置的接口。

- 串行高级技术附件（Serial ATA，SATA）。SATA 是一种基于行业标准的串行硬件驱动器接口，采用串行连接方式，串行 ATA 总线使用嵌入式时钟信号，具备了更强的纠错能力，与以往相比，其最大的区别在于能检查传输指令（不仅仅是数据），如果发现错误会自动矫正，这在很大程度上提高了数据传输的可靠性。串行接口还具有结构简单、支持热插拔的优点。

机械硬盘上的电源线、数据线接口如图 3-11 所示。

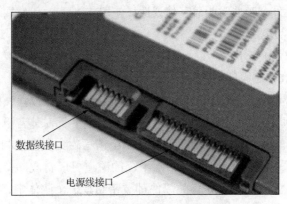

数据线接口

电源线接口

图 3-11　硬盘上的电源线、数据线接口

③ 机械硬盘使用注意事项。

- 不要频繁开关电源；供电电源应稳定。
- 未经授权的普通用户切勿进行"硬盘低级格式化""硬盘分区""硬盘高级格式化"等操作。

（2）固态硬盘

固态硬盘（Solid State Disk 或 Solid State Drive）也称为电子硬盘或者固态电子盘，是由控制单元和固态存储单元（DRAM 或 Flash 芯片）组成的硬盘，如图 3-12 所示。

图 3-12　固态硬盘

常见的固态硬盘产品有 3.5 英寸、2.5 英寸、1.8 英寸等多种类型，存储容量可达几 TB。

固态硬盘的接口规范和定义、功能、使用方法、产品外形和尺寸与机械硬盘一致。由于固态硬盘没有机械硬盘的旋转介质，因而抗震性极佳，芯片的工作温度范围很宽（-40～85℃），因此广泛应用于军事、车载、工控、视频监控、网络监控、网络终端、电力、医疗、航空、导航设备等领域。目前固态硬盘成本还较高，正在逐渐向 DIY 市场普及。

固态硬盘的存储介质分为两种，一种是采用闪存（Flash 芯片）作为存储介质，另外一种是采用 DRAM 作为存储介质。基于闪存的固态硬盘（IDE Flash Disk、Serial ATA Flash Disk）采用 Flash 芯片作为存储介质，它的外观可以被制作成多种模样，例如笔记本硬盘、微硬盘、存储卡、优盘等样式。这种固态硬盘最大的优点就是可以移动，而且数据保护不受电源控制，能适应于各种环境，但是使用年限不高，适合个人用户使用。基于 DRAM 的固态硬盘采用 DRAM 作为存储介质，目前应用范围较窄。它仿效机械硬盘的设计，可被绝大部分操作系统的文件系统工具进行卷设置和管理，并提供工业标准的 PCI 和 FC 接口用于连接主机或者服务器。

① 固态硬盘的优点。

固态硬盘与机械硬盘比较，有以下优点。

- 启动快，没有电机加速旋转的过程。
- 不用磁头，快速随机读取，读延迟极小。根据相关测试：两台计算机在同样配置下，搭载固态硬盘的笔记本从开机到出现桌面一共只用了 18s，而搭载机械硬盘的笔记本总共用了 31s，两者几乎有将近一半的差距。
- 相对固定的读取时间。由于寻址时间与数据存储位置无关，因此磁盘碎片不会影响读取时间。
- 基于 DRAM 的固态硬盘写入速度极快。
- 无噪声。因为没有机械马达和风扇，工作时噪声值为 0dB。某些高端或大容量产品装有风扇，因此仍会产生噪声。
- 低容量的基于闪存的固态硬盘在工作状态下的能耗和发热量较低，但高端或大容量产品能耗会较高。
- 内部不存在任何机械活动部件，不会发生机械故障，也不怕碰撞、冲击、振动。这样即使在高速移动甚至伴随翻转倾斜的情况下，也不会影响正常使用，而且在笔记本电脑发生意外掉落或与硬物碰撞时，能够将数据丢失的可能性降到最小。
- 工作温度范围更大。典型的硬盘驱动器只能在 5～55℃范围内工作。而大多数固态硬盘可在 -10～70℃工作，一些工业级的固态硬盘还可在-40～85℃甚至更大的温度范围下工作。
- 低容量的固态硬盘比同容量硬盘体积小、重量轻。但这一优势随容量增大而逐渐减弱。直至 256GB，固态硬盘仍比相同容量的普通硬盘轻。

② 固态硬盘的缺点。

固态硬盘与机械硬盘比较，有以下缺点。

- 成本高。每单位容量价格是机械硬盘的 5～10 倍（基于闪存），甚至 200～300 倍（基于 DRAM）。
- 容量低。目前固态硬盘最大容量远低于机械硬盘。固态硬盘的容量仍在迅速增长，据称 IBM 已测试过 4TB 的固态硬盘。
- 由于不像机械硬盘那样屏蔽于法拉第笼中，固态硬盘更易受到某些外界因素的不良影响，如断电（基于 DRAM 的固态硬盘尤其）、磁场干扰、静电等。
- 写入寿命有限（基于闪存）。一般闪存写入寿命为 1 万～10 万次，特制的可达 100 万～500

万次。

- 基于闪存的固态硬盘在写入时比机械硬盘慢很多，也更易受到写入碎片的影响。

- 数据损坏后难以恢复。传统的磁盘或者磁带存储方式，如果硬件发生损坏，通过目前的数据恢复技术也许还能挽救一部分数据。但固态硬盘发生损坏，几乎不可能通过目前的数据恢复技术在失效（尤其是基于 DRAM 的）、破碎或者被击穿的芯片中找回数据。

- 根据实际测试，使用固态硬盘的笔记本电脑在空闲或低负荷运行下，电池航程短于使用 7 200r/min 的 2.5 英寸机械硬盘。

- 基于 DRAM 的固态硬盘在任何时候的能耗都高于机械硬盘，尤其是关闭时仍需供电，否则数据会丢失。

2. 光盘存储器

随着多媒体技术的广泛应用，以及计算机处理大量数据、图形、文字、音像等多种信息能力的增强，磁盘存储器存储容量不足的矛盾日益突出。在这种背景下，人们又研制了一种新型的"光盘存储器"，而且发展非常迅速。光盘存储器使用激光进行读写，比磁盘存储器具有更大的存储容量，被誉为"海量存储器"；又由于激光头与介质无接触，没有退磁问题，所以信息保存时间长（几十年）。

光盘存储器由光盘、光盘驱动器和接口电路组成。

（1）光驱

光盘驱动器简称光驱，它是读取光盘信息的设备，是多媒体计算机常用的外部设备。光驱的外形如图 3-13 所示。CD-R/CD-RW、DVD-R/DVD-RW 刻录机是目前使用最普遍的光驱，它们具有技术成熟、读取速度快、价格低和使用方便等优点。

（2）光盘

光盘采用磁光材料作为存储介质，通过改变记录介质的折光率保存信息，根据激光束反射光的强弱来读出数据。光盘与磁盘、磁带比较，主要的优点是记录密度高、存储容量大、体积小、易携带，被广泛用于存储各种数字信息。

根据性能和用途的不同，光盘可分为只读型光盘、一次写入型光盘和可重写型光盘 3 种。光盘外观如图 3-14 所示。

图 3-13　光驱

图 3-14　光盘

光盘上有许多刻痕，光电读取设备中的光学读写头利用激光束投到光盘上，根据刻痕的深浅不同，反射的光束也不同，依次来表示不同的数据。

CD 的最大容量大约是 700MB，DVD 盘片单面容量 4.7GB，最多能刻录约 4.59GB 的数据；双面容量 8.5GB，最多能刻录约 8.3GB 的数据。蓝光（BD）的容量则比较大，其中 HD DVD 单面单层

15GB、双层 30GB；BD 单面单层 25GB、双面 50GB、三层 75GB、四层 100GB。

（3）刻录机

随着技术的不断进步和成本的不断降低，光盘刻录机的使用已经十分普及。

光盘刻录机按照功能可以分为 CD-R/RW 和 DVD-R/RW 两种。CD-R 刻录机多用来刻录一次写入型光盘，刻录后光盘内的数据不可更改。CD-RW 刻录机多用来刻录可重写型光盘，即可以在一张光盘上进行多次数据擦写操作。DVD-R/RW 与 CD-R/RW 一样是在预刻沟槽中进行光盘刻录，不同的是，这个沟槽通过定制频率信号的调制而成为"抖动"形，被称作抖动沟槽。它的作用是更加精确地控制马达转速，以帮助光盘刻录机准确掌握光盘刻录的时机，这与 CD-R/RW 光盘刻录机的工作原理是不一样的。

3. 闪存盘（优盘、U 盘）

闪存（Flash Memory）是一种非易失性存储器。闪存芯片是一种电可擦写可编程只读存储器（Electronic Erasable Programmable Read-Only Memory，EEPROM），它不仅像 RAM 那样可读可写，而且具有 ROM 在断电后数据不会消失的优点，如图 3-15 所示。

图 3-15　闪存盘

闪存盘通过 USB、PCMCIA 等接口与计算机连接，目前最常见的是 USB 闪存盘。USB 闪存盘由闪存芯片、控制芯片（Flash 转 USB）和外壳组成，是一种新型的移动存储器。与其他移动存储器相比，USB 闪存盘具有体积小、外形美观、物理特性优异、兼容性良好等特点。USB 闪存盘一般仅重 10～20g，存储容量从最初的几十 MB 已增加到目前的上百 GB。

USB 闪存盘普遍采用 USB 接口，通过 USB 口提供电源，支持即插即用和热插拔。与计算机的理论传输速率可达 12MB/s，具有易扩展、即插即用的优点。

把闪存盘插入主机的 USB 口时，Windows 操作系统能自动识别并赋予它一个盘符，并且大多数 USB 闪存盘支持"系统引导"功能。

3.2.6　输入/输出接口电路

因为计算机运行时的程序和数据需通过输入设备送入计算机内，程序运行的结果要通过输出设备返回给用户，所以输入/输出设备是微机系统中不可缺少的组成部分。而这些设备与主机间的通信是通过输入/输出接口电路来进行的，因为外设具有多样性和复杂性，不能直接与 CPU 相连，特别是速度比 CPU 低得多，所以通过接口电路来进行隔离、变换和锁存。输入/输出（Input/Output，I/O）接口电路，即通常所说的适配器、适配卡或接口卡。它是微型计算机与外部设备交换信息的桥梁，也是外部设备与微型计算机成为一体的保证。

在微机中，通常将 I/O 接口做成 I/O 接口卡插在主板的 I/O 扩展槽上（如显卡、网卡），也有直接在主板上的，如键盘接口、鼠标接口、串行接口、并行接口、USB 接口以及 IEEE 1394 口（俗称火线口）等。ATX 主板的外部接口一般集成在主机的后半部（即主机箱的后面）。外部设备和主机的连接通常是通过连接电缆将外部设备与主板上提供的外部接口连接起来实现的。

微机的常见接口有 PS/2 接口、COM 接口、LPT 并行接口、IDE 接口、SATA 串行总线接口、USB接口、IRDA 红外线接口、IEEE 1394 接口、VGA、DVI 显示接口、RJ-45 接口和 AGP、PCIE 图形加速接口等，部分接口如图 3-16 所示。这些接口有不同的特点和用途，下面介绍常用的接口。

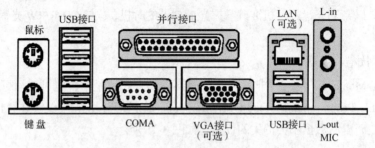

图 3-16　计算机常见接口示意图

1. PS/2 接口

个人系统 2（Personal System 2，PS/2）是较早计算机上常见的接口之一，用于鼠标、键盘等设备。一般情况下，PS/2 接口的鼠标为绿色，键盘为紫色。因为 PS/2 接口是输入装置接口，而不是传输接口。所以 PS/2 口根本没有传输速率的概念，只有扫描速率。在 Windows 环境下，PS/2 鼠标的采样率默认为 60 次/s，USB 鼠标的采样率为 120 次/s，较高的采样率理论上可以提高鼠标的移动精度。PS/2 接口设备不支持热插拔，强行带电插拔有可能烧毁主板。

2. USB 接口

通用串行总线（Universal Serial Bus，USB）是连接计算机系统与外部设备的一种串口总线标准，也是一种输入输出接口的技术规范，被广泛应用于个人计算机和移动设备等信息通信产品，并扩展至摄影器材、数字电视（机顶盒）、游戏机等其他相关领域。USB 3.1 的传输速度为 10Gbit/s，三段式电压 5V/12V/20V，最大供电 100W，新型 Type C 插型不再分正反。

USB 设备主要具有以下优点。

（1）可以热插拔。就是用户在使用外接设备时，不需要关机再开机等动作，而是在计算机工作时，直接将 USB 插上使用。

（2）携带方便。USB 设备大多以"小、轻、薄"见长，对用户来说，随身携带大量数据时，很方便。

（3）标准统一。过去常见的是 IDE 接口的硬盘、串口的鼠标和键盘、并口的打印机和扫描仪，可是有了 USB 之后，这些应用外设都可以用同样的标准与个人计算机连接，如 USB 硬盘、USB 鼠标、USB 打印机等。

（4）可以连接多个设备。USB 在个人计算机上往往具有多个接口，可以同时连接几个设备，如果接上一个有 4 个端口的 USB HUB 时，就可以再连上 4 个 USB 设备，依此类推，最高可连接 127个设备。

3. COM 串行接口

COM（Cluster Communication Port）接口即串行通信接口。现在的 PC 一般有两个串行口 COM 1
和 COM 2。通常有 9 针和 25 针两种插座，通过 RS-232C（异步通信适配器接口）连接电缆将外设与
主机连接起来，如将外置式调制解调器与计算机连接。为便于识别，微机上的串行接口一般为针式
接口。目前以 9 针串行接口为主。串行口不同于并行口之处在于它的数据和控制信息是一位接一位
地传送出去的。虽然这样速度会慢一些，但传送距离较并行口更长，因此在进行较长距离的通信时，
应使用串行口。

4. LPT 并行接口

LPT（Line Print Terminal，打印终端）接口是一种增强了的双向并行传输接口，因为并行接口插
座上有 25 个导电的小孔，一般用于连接打印机，所以常被称为打印口或并行打印机适配器。并行接
口可同时传输 8 路信号，因此能够一次并行传送完整的一字节数据，其最高传输速度为 1.5Mbit/s，
设备容易安装及使用，但是速度比较慢。

5. RJ45 接口

RJ45 接口是布线系统中信息插座（即通信引出端）连接器的一种，连接器由插头（接头、水晶
头）和插座（模块）组成，插头有 8 个凹槽和 8 个触点。通常用于数据传输，最常见的应用为网卡
接口。

6. VGA 接口

视频图形阵列（Video Graphics Array，VGA）接口，也叫 D-Sub 接口。VGA 接口是一种 D 型接
口，上面共有 15 个针孔，分成 3 排，每排 5 个。VGA 接口是显卡上应用最为广泛的接口类型，多数
显卡都带有此种接口。

7. IEEE 1394 接口

IEEE 1394 接口也称为"火线"口，它可以方便地把各种外设（数码相机、数码摄像机）与计算
机连接，实现通信。可以实现即插即用式操作，其数据传输速率为 400Mb/s。

3.2.7　微型计算机的总线结构

微型计算机作为计算机体系结构的一种，具有很高的性能价格比，它采用典型的总线结构，即
各个部分通过一组公共的信号线联系起来，这组信号线称为系统总线。总线是 CPU、主存储器、I/O
接口设备之间进行信息传送的一组公共通道，如图 3-17 所示。采用总线结构形式具有简化系统硬件、
软件的设计，简化系统的结构，使系统易于扩充和更新，可靠性高等优点，但由于在各个部件之间
采用分时传送操作，因而降低了系统的工作速度。

系统总线是 CPU 与其他部件之间传送数据、地址和控制信息的公共通道。根据传送的信息类型
又可以分为数据总线（DB）、地址总线（AB）和控制总线（CB）3 种。

这种总线结构使各部件之间的关系都成为单一面向总线的关系。即任何一个部件只要按照标准
挂接到总线上，就进入了系统，就可以在 CPU 的统一控制下工作。注意总线上的信号必须与连到总
线上的各个部件产生的信号协调。

总线的工业标准有 ISA、EISA、VESA、PCI 和 AGP 等。

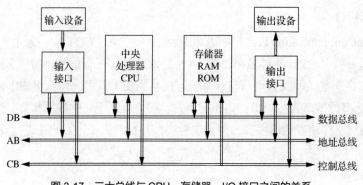

图 3-17　三大总线与 CPU、存储器、I/O 接口之间的关系

3.3 输入/输出系统

现代计算机系统的外围设备种类很多，各类设备都有各自不同的组织结构和工作原理，与 CPU 的连接方式也不相同。在计算机系统中有两种体系结构。

（1）独立体系结构。是指制造商生产的机器不允许用户进行扩展，即用户不能够通过简单的方式增加新的设备。

（2）开放体系结构。它允许用户通过系统主板上提供的扩展槽增加新的设备。其方法是将适配卡插入系统的主板扩展槽上，然后通过适配卡的端口和连接电缆连接适配卡和新的外部设备。

所以计算机系统的输入/输出系统的基本功能有两个：一是为数据传输操作选择输入/输出设备；二是在选定的输入/输出设备和 CPU（或主存储器）之间交换数据。通常采用第二种体系结构，计算机或输入/输出设备的厂商根据各种设备的输入/输出要求，设计和生产各种适配卡，然后通过插入主板的扩展槽连接外部设备。

3.3.1 输入/输出方式

对于工作速度、工作方式和工作性质不同的外部设备，通常采用不同的输入/输出方式。而常用的输入/输出方式有 5 种：程序控制输入/输出方式、中断输入/输出方式、直接存储器访问（Direct Memory Access，DMA）、通道方式、外围处理机方式。

1. 程序控制输入/输出方式

程序控制输入/输出方式又称为应答输入/输出方式、查询输入/输出方式、条件驱动输入/输出方式等，通过 CPU 执行程序中的 I/O 指令来完成传送，它有以下特点。

（1）何时对何设备进行输入/输出操作完全受 CPU 控制。

（2）外部设备与 CPU 处于异步工作关系。CPU 要通过指令对设备进行测试才能知道设备的工作状态。

（3）数据的输入和输出都要经过 CPU。外部设备每发送或接收一个数据都要由 CPU 执行相应的指令才能完成。

（4）用于连接低速的外部设备，如终端、打印机等。

当一个 CPU 需要管理多台外部设备时，CPU 与外设串行工作，控制方式简单，CPU 效率低，绝大部分时间花在查询等待上，严重影响系统运行性能。

2. 中断输入/输出方式

采用中断输入/输出方式能够克服程序控制输入/输出方式中 CPU 与外围设备之间不能并行工作的缺点。

为了实现中断输入/输出方式，CPU 和外部设备都需要增加相关的功能。在外部设备方面，要改被动地等待 CPU 来为其服务的工作方式为主动工作方式。即当输入设备把数据准备就绪或者输出设备已经空闲时，主动向 CPU 发出中断服务请求。CPU 每执行完一条指令都要测试有没有外部设备的中断服务请求。如果发现有外部设备的中断服务请求，则暂时停止当前正在执行的程序，保护好现场后去为外部设备服务，等服务结束后，恢复现场，再继续执行原来的程序。

此种方式的特点为：由设备主动向 CPU"报告"它是否已进入准备好状态，CPU 不必花费时间去循环测试，这样 CPU 与外设可并行操作，提高了 CPU 的利用效率。

3. 直接存储器访问方式

直接存储器服务方式是在外围设备与主存储器之间建立直接的数据通路，它主要用来连接高速外部设备，如磁盘存储器等。在 DMA 方式中，CPU 不仅能够与外围设备并行工作，而且整个的数据传送过程也不需要 CPU 干预。其主要特点如下。

- 主存储器既可以被 CPU 访问，也可以被外部设备访问。
- 由于在外部设备与主存储器之间传输数据不需要执行程序，也不用 CPU 中的数据寄存器和指令计数器，因此不需要现场保护和恢复，从而大大提高 DMA 方式的工作效率。
- 在 DMA 方式中，CPU 不仅能够与外部设备并行工作，而且整个数据的传送过程也不需要 CPU 干预。

4. 通道方式

外设与内存之间的数据传送由具有特殊功能的输入输出处理器（IOP）来控制。与 DMA 方式相比，通道的出现进一步减轻了 CPU 对 I/O 操作的控制，提高了 CPU 的利用率。

5. 外围处理机方式

外围处理机方式（Peripery Processing Unit，PPU）是通道方式的进一步发展。由于 PPU 基本上独立于主机工作，且一些系统中设置多台 PPU 分别承担 I/O 控制、通信、维护诊断等任务，因此从某种意义上说，这种系统已变为分布式多机系统。

程序查询方式和程序中断方式适合于数据传输速率比较低的外围设备，而 DMA 方式、通道方式和 PPU 方式适合于数据传输速率比较高的外围设备。目前，单片机和微型机中大多采用程序查询方式、程序中断方式和 DMA 方式，通道方式和 PPU 方式大都用于大、中型计算机中。

3.3.2　输入设备

输入（Input）通常是指预备好送入计算机系统进行处理的数据，常常也指把数据送入计算机系统的过程。计算机输入设备能够把用文字或语言表达的问题直接送到计算机内部进行处理。输入的信息有数字、字母、文字、图形、图像、声音等多种形式，送入计算机的只有一种形式，就是二进制数据。一般的输入设备只用于输入原始数据和程序，其主要功能有两个。

（1）输入指令，指挥计算机进行各种操作，对计算机反馈的提问做出选择，以便计算机进行下一步操作。

（2）输入各种字符、图像、视频流等数据资料，供计算机进一步处理。

计算机输入设备在不同的时代是不相同的。在 DOS 时代，键盘几乎是唯一的输入设备；到了 Windows 时代，鼠标和键盘是重要的输入设备；随着多媒体技术的发展，扫描仪、手写板、话筒、数码相机、摄像头或摄像机等都成了输入设备。

1. 键盘

键盘是计算机系统中最常用的输入设备，平时所做的文字录入工作主要是通过键盘完成的。所以对于每一个用户来说，熟练使用键盘是至关重要的。

（1）键盘功能

键盘主要用于输入数据、文本、程序和命令。

（2）键盘结构

键盘的接口有 AT 接口、PS/2 接口、USB 接口和无线接入，目前基本都是 USB 接口及无线接入。

（3）键盘的使用

按照各类按键的功能和排列位置，可将键盘分为 5 个主要部分：功能键区、主键盘区、编辑键区、数字键区和其他功能区，具体如图 3-18 所示。

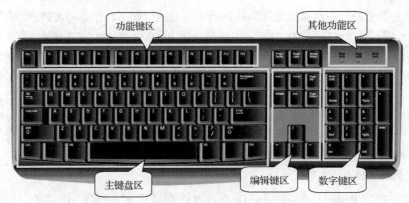

图 3-18　键盘按键功能

① 功能键区由 Esc、F1～F12 这 13 个键组成。Esc 键称为返回键或取消键，用于退出应用程序或取消操作命令。F1～F12 这 12 个键称为功能键，在不同程序中有不同的作用。

② 主键盘区是最常用的键盘区域，由 26 个字母键、10 个数字键以及一些符号和控制键组成。其中部分控制键功能如下。

- 上档键 Shift：按下该键的同时再按下某双字符键即可输入该键的上档字符。
- 大写字母锁定键 Caps Lock：按下该键时，输入字母为大写，否则为小写。
- 退格键 Backspace：删除光标处的前一个字符。

③ 编辑键区共有 13 个键，下面 4 个光标方向键，上方 9 个编辑键，按键功能如下。

- Print Screen 键：复制屏幕键。该键的作用是将屏幕的当前画面以位图形式保存在剪贴板中。
- Scroll Lock 键：屏幕滚动锁定键。该键在 DOS 时期用处很大，用于阅读文档时翻滚页面；在 Windows 中被鼠标代替。

● Pause Break 键：暂停键。在 DOS 下，按下该键屏幕会暂时停止，在某些计算机启动时，按下该键会停止在启动界面。

● Insert 键：插入键。在编辑文档时，用于切换插入和改写状态。

● Delete 键：删除键。按下该键将删除光标后的字符。

● Home 键：行首键。按下该键，光标将移动到当前行的开头位置。

● End 键：行尾键。按下该键，光标将移动到当前行的末尾位置。

● Page Up 键：向上翻页键。按下该键，屏幕向上翻一页。

● Page Down 键：向下翻页键。按下该键，屏幕向后翻一页。

④ 辅助键区通常也叫作小键盘，我们用它来进行输入数据等操作。当第一个键盘指示灯亮起时，该区域键盘被激活，可以使用；当该灯熄灭时，该键盘区域被关闭。

⑤ 其他功能区位于键盘的右上方，由 Caps Lock、Scroll Lock、Num Lock 三个状态指示灯组成。

2. 鼠标

用键盘来输入字符、数字和标点符号都很方便，但不适合图形操作。随着计算机软件的发展，图形处理的任务越来越多，键盘已显得很不够用。因此，出现了"鼠标"。鼠标因其外观而得名，是一种屏幕标定装置，如图 3-19 所示。鼠标不能像键盘那样直接输入字符和数字。但在图形处理软件的支持下，在屏幕上进行图形处理却比键盘方便得多。尤其是一些大型软件，几乎全部采用各种形式的"菜单"或"图标"操作，操作时只要在屏幕特定的位置用鼠标选定，该操作即可执行。

图 3-19　鼠标

随着 Windows 操作系统的普及，鼠标已经成为计算机中最重要的输入设备。鼠标的主要技术指标如下。

① 分辨率：指鼠标的定位精度，主要单位为 DPI（Dots Per Inch）和 CPI（Count Per Inch）。DPI 是每英寸的像素数，CPI 是每英寸的采样率。鼠标分辨率越高越便于控制，目前的鼠标大部分都可达到 800DPI 以上。

② 轨迹速度：反映鼠标的移动灵敏度，以 mm/s 为单位，一般 600mm/s 以上为好。

③ 通信标准：有 MS（Microsoft）和 PC 两种。MS Mouse 使用左、右两个按键；PC Mouse 使用左、中、右 3 个按键。现在多数鼠标都与这两个通信标准兼容。

鼠标按外观可分为有线鼠标和无线鼠标，按工作原理的不同可分为机械鼠标和光电鼠标。

（1）机械鼠标

机械鼠标的下面有一个可以滚动的小球，当鼠标在桌面上移动时，小球和桌面摩擦，发生转动，屏幕上的光标随着鼠标的移动而移动，光标和鼠标的移动方向是一致的，而且与移动的距离成比例。机械鼠标的分辨率较高，但滚动球易沾灰尘，影响移动速度，且故障率高，应经常清洗，编码器易受磨损，目前已经基本被淘汰。

（2）光电鼠标

光电鼠标是通过检测鼠标的位移，将位移信号转换为电脉冲信号，再通过程序的处理和转换来控制屏幕上的鼠标箭头的移动。光电鼠标用光电传感器代替了滚球，没有机械结构，优点是高精度、高可靠性和耐用性，是目前最常见的类型。

目前在便携式计算机上还配置了具有鼠标功能的跟踪球（Trace Ball）或触摸板（Touch Pad）等。

3. 扫描仪

扫描仪（见图 3-20）是一种图像输入设备，它可以将图像、照片、图形、文字等信息以图像形式扫描输入计算机中。扫描仪是继键盘和鼠标之后的第三代计算机输入设备，目前扫描仪得到了广泛的应用。

图 3-20　扫描仪

（1）扫描仪的工作原理

在扫描仪中装有低频光源，光线照射到要扫描的图像上，纸上的黑色部分吸收光线，白色部分反射光线。光线反射到由电荷耦合器件（Charge-Coupled Device，CCD）制成的光敏二极管矩阵上，形成模拟信号，然后再转换成数字信号。

扫描仪对纸张的处理常用两种方式：滚筒式和平台式。滚筒式扫描仪可以装入多张原稿并自动送纸，但对于书本或立体物就无法处理了；而平台式扫描仪类似复印机，书刊资料不必撕下就能扫描。在传动机构的设计上，它们也有区别。滚筒式以固定的光电机构来扫描移动的原稿，平台式则以移动的光电机构来扫描固定不动的原稿。因此，扫描仪的光学设计和电机控制起着重要作用。

（2）扫描仪的使用方法

为使图像逼真重现，常采用灰度扫描技术。灰度是指介于白色与黑色之间的若干层次的阴影。

没有灰度的图像显得呆板僵化。如果用 1bit 来表现一像素，则它就只有黑白两色。如果用 4bit 来表现一像素，它就可以有 16 种灰度层次。同理，8bit 可达 256 种灰度。目前平台式扫描仪可达 48bit。

扫描仪同时提供驱动软件，以便用户利用扫描仪的标准功能，驱动软件通常有图像扫描与图像修正软件和图像编辑软件。

扫描仪的优点是可以最大限度地保留原稿面貌，这是用键盘和鼠标做不到的。通过扫描仪得到的图像文件可以提供给图像处理程序（如 Photoshop）进行处理。如果配上光学字符识别（OCR）程序，还可以把扫描得到的中西文字形转变为文本信息，以供文字处理软件（如 Word）进行编辑处理，这样就免去了人工输入的环节。

常见的扫描仪品牌有爱普生、紫光、方正、惠普、佳能等。

4. 语音输入设备

语音输入设备（Voice-Input Device）是直接将人们所说的话转换成数字代码并输入计算机的设备。常见的语音识别系统如图 3-21 所示。

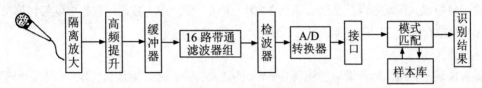

图 3-21　语音识别系统

语音识别的基本原理仍然是模式匹配。为此，要预先建立丰富的样本库。当输入未知语音时，即与样本进行比较，若满足匹配，则可识别。

5. 光笔、数字化板及其他

（1）光笔

在指点式设备中，光笔的精度要比手指高得多。光笔的外形及尺寸均与普通笔类似，只是其一端装有光敏器件，另一端用导线接到计算机上。当光敏端的笔尖接触屏幕时，产生的光电信号经计算机处理即可知道它在屏幕上的位置。再配合使用按键，可以对光笔指点处进行增删修改处理。

（2）数字化板

常见的数字化板有两种形式。

① 压笔式：该数字化板是压敏的，当数字化笔压过板面时，板面电荷分布出现差异，装在笔尖上的电荷敏感元件检测出信号并输给计算机，在屏幕上可以画出相应的图。

② 扫描式：把现成的一幅图片放在数字化板上，用数字化器扫过图片，可以把图片变换成数字信号，在屏幕上也可以画出相应的图片。

（3）游戏杆

游戏杆（Joy Stick）也译为摇杆，主要用于计算机游戏。有的与键盘装在一起，更多的则是根据用户个人需要自主选配。某些个人计算机设有两个游戏杆接口，可同时装两个游戏杆。在游戏机上也常装有这样的操纵杆装置。

（4）条形码阅读器

条形码阅读器是一种阅读条形码的光电扫描仪，条形码是打印在产品外包装上的垂直斑纹标记。目前广泛应用于超市及大型书店的收银台。

（5）触摸屏

触摸屏是一种特殊显示屏，可通过手指触摸显示屏来选择菜单。由于触摸屏容易使用，目前已广泛应用于信息查询，如银行、电信以及数字化城市查询系统，车站、宾馆的服务信息系统等。触摸操作的方式可以为不熟悉计算机操作的人提供非常方便的人机对话。

（6）数码照相机

数码照相机与扫描仪一样，也是一种图像输入设备，它与传统照相机的主要区别在于传统照相机摄制的图像以胶片的方式保存，而数码照相机摄制的图像以数字形式保存在存储卡中，并可通过微机上的 USB 接口输入微机中。数码照相机还可以通过 LCD 屏随时看到所拍照片的效果，实现即拍即得。

（7）数码摄像机

数码摄像机与数码照相机一样，也是一种图像输入设备。家用数码摄像机一般为 DV 格式。在数码摄像中将拍摄到的场景以数字形式保存在 DV 带或存储卡中。数码摄像机可以与计算机连接，从而把 DV 带或存储卡中的内容读入计算机中。

（8）摄像头

摄像头也是一种图像输入设备，随着 Internet 的普及，人们通过摄像头实现视频聊天已很常见。目前市场上的主流产品是带有 USB 接口的数字摄像头。

3.3.3 输出设备

输出（Output）就是把计算机处理的数据转换成用户需要的形式送出，或者传给某种介质的存储设备保存起来，以便日后使用。输出设备是计算机系统最重要的组成部分之一。如果一个计算机系统没有输出部分，数据处理的结果就不能与外部世界进行通信，也就失去了存在的价值，不能算是一个完整的系统。输出部分是计算机与人直接联系的主要渠道。

输出设备把计算机输入的指令、数据加工处理以后的结果以其他设备或用户能够接受的形式输出。现代的计算机输出设备可以把计算机处理好的结果以音乐、动画、图像、文字和表格等各种媒体形象生动地展现在人们面前。它也是人机交互的重要工具。计算机系统的输出设备包括显示器、打印机和音箱等。

1. 显卡和显示器

显示器通过显卡接到系统总线上，两者共同构成显示系统。

（1）显卡

显卡（Video Card）的全称为显示接口卡，又称显示适配器，是系统必备的装置，其基本作用是控制计算机的图形输出。显卡有独立显卡和集成显卡之分，独立显卡通常安装在 PCI 扩展槽或 AGP 扩展槽中并和显示器连接，如图 3-22 所示。集成显卡是将显示芯片、显存及其相关电路都制作在主板上，与主板融为一体。显卡中的图形处理器（Graphics Processing Unit，GPU）和显存是衡量显卡性能的主要指标。

早期的显卡只起到 CPU 与显示器之间接口的作

图 3-22　独立显卡

用，它负责把需要显示的图像数据转换成视频控制信号，控制显示器显示该图像。因此，显示器和显卡的参数必须相当，才能得到最佳效果的图像。而现在显卡的作用已不仅局限于此，它还起到了处理图形数据、加速图形显示等作用。显卡的核心部分是图形加速芯片。图形加速芯片是一个固化了一定数量常用基本图形程序模块的硅片。

常用的基本图形程序模块具备的功能包括控制硬件光标、光栅操作、位块传输、画线、手绘多边形及多边形填充等。芯片从图形设备接口接收指令并把它们转变成一幅图画，然后将数据写到显示存储器中，以红、绿、蓝数据格式传递给显示器。图形加速芯片大大减轻了 CPU 的负担，加快了图形处理速度。

（2）显示器

显示器是微型计算机最重要的输出设备，是"人机对话"不可缺少的工具，是操作计算机时传递各种信息的窗口，如图 3-23 所示。它能用于显示用户输入的命令和数据，正在编辑的文件、图形、图像以及计算机所处的状态等信息。程序运行的结果、执行命令的提示信息等也通过显示器提供给用户，从而建立起计算机和用户之间的联系。

图 3-23　CRT 显示器和液晶显示器

① 分类。

从所使用的显示管来分，可分为 CRT（Cathode Ray Tube，阴极显示管）显示器、LCD（Liquid Crystal Display，液晶显示）和 LED（Light Emitting Diode，发光二极管）显示器。

● CRT 显示器

CRT 显示器是一种使用阴极射线管的显示器，阴极射线管主要由五部分组成：电子枪（Electron Gun）、偏转线圈（Deflection coils）、荫罩（Shadow mask）、荧光粉层（Phosphor）及玻璃外壳。CRT 显示器具有可视角度大、无坏点、色彩还原度高、色度均匀、可调节的多分辨率模式、响应时间极短等 LCD 显示器难以超越的优点。但 CRT 显示器也有机身重，体积大，屏幕几何失真度较大，易受磁场影响，屏幕有闪烁，亮度较低，可视面积小，辐射大等缺点。目前 CRT 显示器已很少见到。

● LCD 显示器

LCD 显示器是平面超薄的显示设备，它由一定数量的彩色或黑白像素组成，放置于光源或者反射面的前方。液晶是指在某一个温度范围内兼有液体和晶体特性的物质。液晶不是液态、固态和气态，而是物质的第四种状态。由于液晶对电、磁场、光线、温度的作用相当敏感，利用此特性可将它们转换为可视信号。LCD 显示器的优点是机身薄、占地小、辐射小。

- LED 显示器

LED 是发光二极管的英文缩写，是一种通过控制半导体发光二极管的显示方式，用来显示文字、图形、图像、动画、视频信号等各种信息的显示屏幕。LED 的技术进步是扩大市场需求及应用的最大推动力。最初，LED 只是作为微型指示灯，在计算机、音响和录像机等高档设备中应用，随着大规模集成电路和计算机技术的不断进步，LED 显示器迅速崛起。LED 显示器以其色彩鲜艳、动态范围广、亮度高、寿命长、工作稳定可靠等优点，成为最具优势的新一代显示媒体，目前，LED 显示器已广泛应用于大型广场、商业广告、体育场馆、信息传播、新闻发布、证券交易等，可以满足不同环境的需要。

与传统的 CRT 显示器相比，LCD 和 LED 显示器具有体积小、厚度薄、重量轻、耗能少、无辐射等优点。目前大部分计算机都是采用 LCD 显示器。

② 主要技术参数。

- 可视范围

液晶显示器所标示的尺寸就是实际可以使用的屏幕范围。例如，一个 15.1 英寸的液晶显示器约等于 17 英寸 CRT 屏幕的可视范围。

- 点距

一般常说液晶显示器的点距是多大，但是多数人并不知道这个数值是如何得到的。举例来说，一般 14 英寸 LCD 的可视面积为 285.7mm×214.3mm，它的最大分辨率为 1 024×768，那么点距就等于：可视宽度/水平像素（或者可视高度/垂直像素），即 285.7mm/1 024=0.279mm（或者是 214.3mm/768=0.279mm）。

- 色彩度

LCD 重要的当然是色彩表现度。LCD 面板上是由 1 024×768 个像素点组成显像的，每个独立的像素色彩是由红、绿、蓝（R、G、B）三种基本色来控制。大部分厂商生产出来的液晶显示器，每个基本色（R、G、B）达到 6 位，即 64 种表现度，那么每个独立的像素就有 64×64×64=262 144 种色彩。也有不少厂商使用了所谓的 FRC（Frame Rate Control，帧率控制）技术以仿真的方式来表现出全彩的画面，也就是每个基本色（R、G、B）能达到 8 位，即 256 种表现度，那么每个独立的像素就有高达 256×256×256=16 777 216 种色彩了。

- 对比度（对比值）

对比值是定义最大亮度值（全白）除以最小亮度值（全黑）的比值。LCD 制造时选用的控制 IC、滤光片和定向膜等配件，与面板的对比度有关，对一般用户而言，对比度能够达到 350∶1 就足够了，但在专业领域这样的对比度还不能满足用户的需求。目前多数显示器对比度可达 1000∶1 以上。

- 亮度

液晶显示器的最大亮度通常由冷阴极射线管（背光源）来决定，亮度值一般都在 200～250cd/m^2。技术上可以达到高亮度，但是这并不代表亮度值越高越好，因为太高亮度的显示器有可能对观看者的眼睛有害。LCD 是一种介于固态与液态之间的物质，本身是不能发光的，需借助要额外的光源才行。因此，灯管数目关系着液晶显示器亮度。最早的液晶显示器只有上下两个灯管，发展到现在，普及型的最低也是四灯，高端的是六灯。四灯管设计分为三种摆放形式：一种是四个边各有一个灯管，但缺点是中间会出现黑影，解决的方法就是由上到下四个灯管平排列的方式，最后一种是"U"

形的摆放形式，其实是两灯变相产生的两根灯管。六灯管设计实际使用的是三根灯管，厂商将三根灯管都弯成"U"形，然后平行放置，以达到六根灯管的效果。

- 信号响应时间

响应时间指的是液晶显示器对于输入信号的反应速度，也就是液晶由暗转亮或由亮转暗的反应时间，通常以毫秒（ms）为单位，此值当然是越小越好。如果响应时间太长了，就有可能使液晶显示器在显示动态图像时，有尾影拖曳的感觉。一般的液晶显示器的响应时间在 2～5ms。

- 可视角度

液晶显示器的可视角度左右对称，而上下则不一定对称。举个例子，当背光源的入射光通过偏光板、液晶及取向膜后，输出光便具备了特定的方向特性，也就是说，大多数从屏幕射出的光具备了垂直方向。假如从一个非常斜的角度观看一个全白的画面，我们可能会看到黑色或是色彩失真。一般来说，上下角度要小于或等于左右角度。如果可视角度为左右 80°，表示在始于屏幕法线 80°的位置时可以清晰地看见屏幕图像。但是，由于人的视力范围不同，如果没有站在最佳的可视角度内，所看到的颜色和亮度将会有误差。现在有些厂商就开发出各种广视角技术，试图改善液晶显示器的视角特性，如 IPS（In Plane Switching，平面转换）、MVA（Multidomain Vertical Alignment，多域垂直对准）、TN+FILM。这些技术都能把液晶显示器的可视角度增加到 160°甚至更多。

③ 特殊参数

由于 LED 显示器是以 LED 显示屏为基础的，所以它的光、电特性及极限参数意义大部分与发光二极管相同。但由于 LED 显示器内含多个发光二极管，所以有如下特殊参数。

- 发光强度比

由于数码管各段在同样的驱动电压时，各段正向电流不相同，所以各段发光强度不同。所有段的发光强度值中最大值与最小值之比为发光强度比。比值可以为 1.5～2.3，最大不能超过 2.5。

- 脉冲正向电流

若显示器每段典型正向直流工作电流为 IF，则在脉冲下，正向电流可以远大于 IF。脉冲占空比越小，脉冲正向电流可以越大。

由于用户直接面对的就是显示器，从健康的角度考虑，购买时最好选择无辐射的液晶显示器。知名的显示器制造商主要有三星、飞利浦、戴尔等。

（3）触摸屏

触摸屏（Touch Screen）又称为"触控屏""触控面板"，是一种可接收触头等输入信号的感应式液晶显示装置，如图 3-24 所示。触摸屏不用学习，人人都会使用，标志着计算机应用普及时代的真正到来。

触摸屏是一套透明的绝对定位系统，手指摸哪就是哪，输入的是绝对坐标，不像鼠标是相对定位的，而且触摸屏能检测手指的触摸动作并且判断手指位置。

按技术原理可把触摸屏分为矢量压力传感技术触摸屏、电阻技术触摸屏、电容技术触摸屏、红外线技术触摸屏、表面声波技术触摸屏。其中矢量压力传感技术触摸屏已退出历史舞台；红外线技术触摸屏价格低廉，但其外框易碎，容易产生光干扰，在曲面情况下失真；电容技术触摸屏设计构思合理，但其图像失真问题很难得到根本解决；电阻技术触摸屏的定位准确，但其价格颇高，且怕刮、易损；表面声波触摸屏解决了以往触摸屏的各种缺陷，清晰、不容易被损坏，适于各种场合，缺点是屏幕表面有水滴和尘土会使触摸屏变迟钝，甚至不工作。

图 3-24　触摸屏一体机

触摸屏技术的发展趋势是专业化、多媒体化、立体化和大屏幕化等。随着信息社会的发展，人们需要获得各种各样的公共信息，以触摸屏技术为交互窗口的公共信息传输系统，采用先进的计算机技术，运用文字、图像、音乐、解说、动画、录像等多种形式，直观、形象地把各种信息介绍给人们，给人们带来极大的方便。我们相信，随着技术的迅速发展，触摸屏对于计算机技术的普及利用将发挥重要的作用。

2. 打印机

打印机是计算机的重要输出设备，它可以将计算机的处理结果、信息等打印在纸上，以便长期保存和修改。

（1）打印机的分类

① 按输出方式：分为行式打印机和串式打印机。

行式打印机是按"点阵"逐行打印的，自上而下每次动作打印一行点阵，打印完一页后再打印下一页；而串式打印机则是按"字符"逐行打印的，从左至右每次动作打印一个字符的一列点阵，打印完一列后再打印下一列。显然，行式打印机的打印速度要比串式打印机快得多，其结构也复杂得多，当然价格也就相对偏高。目前，微型计算机中使用最多的针式打印机（即点阵打印机）就属于串式打印机。针式打印机由走纸装置、打印头和色带组成。其中打印头上纵向排列有若干数目的打印针（一般是 24 根）。打印头从左至右逐列移动，打印针按照字符纵向点阵的排列规则击打色带，打印出一个个字符。

② 按工作方式：分为击打式打印机和非击打式打印机，详见表 3-1。

表 3–1　　　　　　　　　　　　　　　　　　打印机的分类

工作方式	分类
击打式	点阵打印机
	字模打印机
非击打式	激光打印机
	喷墨打印机
	热敏打印机

③ 按打印颜色：分为单色打印机和彩色打印机。

早期的打印机只能打印单色。用于自动控制的打印机，可使用黑、红两色色带打印出两种颜色。黑色为正常输出，红色为异常报警输出。随着彩色显示器的普及和办公自动化、管理信息系统、工程工作站等的广泛应用，要求打印输出也要具有彩色功能，因而彩色打印机近年来发展很快。

④ 带汉字库的打印机。

一般打印机只能打印 ASCII 字符。在使用这种打印机打印汉字时，必须先运行汉字打印驱动程序，使计算机输出的汉字编码变为汉字点阵后，再送打印机打印出汉字。现在的很多打印机都自带汉字库。使用这类打印机时，只要向打印机输出汉字编码，打印机就可以从自带的汉字库中找出对应汉字的点阵进行打印，大大提高了汉字打印速度。

（2）打印机的主要技术参数

① 打印速度：可用字符/秒（CPS）表示，也可使用页/分钟（Page Per Minute，PPM）。

② 打印分辨率：用点/英寸（DPI）表示。激光和喷墨打印机一般都达到 600 DPI，有些可以达到 1 200 DPI 甚至更高。

③ 打印纸尺寸：常用的有 A4、B3 幅面。

（3）常用打印机

常用的打印机主要有点阵打印机、喷墨打印机、激光打印机和 3D 打印机等，目前常见的是激光打印机，如图 3-25 所示。

图 3-25　激光打印机

① 点阵打印机。

点阵打印机利用打印钢针组成的点阵来表示打印的内容。它的优点是结构简单、价格低、耗材便宜、打印内容不受限制；缺点是打印速度慢、噪声大、打印质量粗糙。点阵打印机根据打印头上的钢针数，可分为 9 针打印机和 24 针打印机。根据打印的宽度可分为宽行打印机和窄行打印机。点阵打印机目前仍有一定的市场。

② 喷墨打印机。

喷墨打印机使用喷墨来代替针打，利用震动或热喷管使带电墨水喷出，在打印纸上绘出文字或图形。喷墨打印机噪声低、重量轻、清晰度高，能提供比点阵打印机更好的打印质量，可以喷打出逼真的彩色图像，而且采用与点阵打印机不同的技术，能打印多种字形的文本和图形，但是需要定期更换墨盒，使用成本较高。喷墨打印机的工作原理是向纸上喷射细小的墨水滴，墨水滴的密度可达到每英寸 90 000 个点，而且每个点的位置都非常精确，打印效果接近激光打印机。

③ 激光打印机。

激光打印机实际上是复印机、计算机和激光技术的复合。它是利用电子成像技术进行打印的，应用激光技术，当调制激光束在硒鼓上沿轴向扫描时，按点阵组字的原理，激光束有选择地使鼓面感光，构成负电荷阴影，当鼓面经过带正电的墨粉时，感光部分就吸附上墨粉，然后将墨粉转印到纸上，纸上的墨粉经加热熔化，渗入纸质，形成永久性的字符和图形，如图 3-26 所示。激光打印机噪声低、速度快、分辨率高。

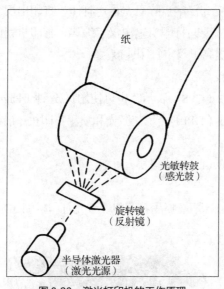

图 3-26　激光打印机的工作原理

④ 3D 打印机。

三维打印（3D Printing）是快速成形技术的一种。它是一种以数字模型文件为基础，运用粉末状金属或塑料等可黏合材料，通过逐层打印的方式来构造物体的技术。过去其常在模具制造、工业设计等领域被用于制造模型，近年来应用日益广泛，已用于一些产品的直接制造。特别是一些高价值应用（如髋关节或牙齿、一些飞机零部件），已经有使用这种技术打印而成的零部件。三维打印通常是采用 3D 打印机来实现的，如图 3-27 所示。3D 打印机的产量以及销量在近年来已经得到了极大增长，其价格也正逐年下降。

图 3-27　3D 打印机

3. 绘图仪

绘图仪是适用于产生直方图、地图、建筑图以及三维图表等的专用输出设备，能产生高质量的彩色文档及输出打印机不能处理的大型文档。根据绘图仪的机械结构，可以分为以下 3 种。

（1）平板式绘图仪。纸张固定在绘图仪的平板上，绘图笔可在垂直与水平方向移动而实现绘图，故称 XY 绘图仪。平板式绘图仪通过绘图笔架在 X、Y 平面上移动而画出向量图。滚筒式绘图仪的绘图纸沿垂直方向运动，绘图笔沿水平方向运动，由此画出向量图。最大的平板式绘图仪可绘 0 号图纸，小的可绘 4 号图纸，其直观性好，对绘图纸无特殊要求，但绘图速度较慢，占地面积大。其优点是纸张不易破损，且噪声小。

（2）滚轴式绘图仪。借助滚轴与纸张间的摩擦力带动绘图纸在一个方向移动，而绘图笔则在相垂直的另一方向绘图。其优点是机械结构简单，而且可以自动送纸。

（3）滚筒式绘图仪（见图 3-28）。其机械构造与滚轴式相仿，而且有类似打印机那样的夹纸或送纸装置。其优点是重量轻，占地面积小，绘图速度快，适合使用连续纸张，可做长时间的记录性图表，但对纸张有特殊要求。

图 3-28　滚筒式绘图仪

知名的绘图仪厂商有惠普、爱普生、佳能等。

4. 语音输出系统

在当今的社会中，语音输出设备已应用在许多生活场合，例如，在电话、汽车中，经常能听到合成的语音（声音）。计算机的语音系统如图 3-29 所示。

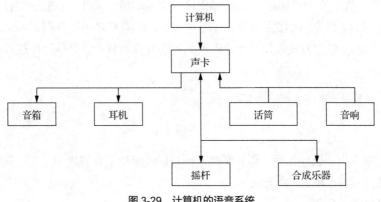

图 3-29　计算机的语音系统

语音输出一般由预先录制的数字化声音数据库组成，常见的输出设备是计算机上配备的立体声音箱和耳机。这些设备通过系统扩展槽上的声卡连接到计算机，声卡通过软件读取预先录制的数字化声音数据库，并将之转换成声音所需的模拟信号送到声音输出设备。

杰出人物

当代毕昇——王选

王选（1937—2006 年），出生于上海，江苏无锡人，著名的计算机文字信息处理专家，当代中国印刷业革命的先行者，被称为"汉字激光照排系统之父"。作为汉字激光照排系统的发明者，他推动了中国印刷技术的第二次革命，被誉为"当代毕昇"。

王选教授主要致力于文字、图形和图像的计算机处理研究，从 1975 年开始，他作为技术总负责人，领导了我国计算机汉字激光照排系统和后来的电子出版系统的研制工作。针对汉字字数多、印刷用汉字字体多、精密照排要求分辨率很高所带来的技术困难，发明了高分辨率字形的高倍率信息压缩技术（压缩倍数达到 500 : 1）和高速复原方法，率先设计了提高字形复原速度的专用芯片，使汉字字形复原速度达到 700 字/秒的领先水平，在世界上首次使用控制信息（或参数）来描述笔画的宽度、拐角形状等特征，以保证字形变小后的笔画匀称和宽度一致。这一发明获得了欧洲专利和 8 项中国专利。以此为核心研制的华光和方正中文电子出版系统处于国内外领先地位，引起了我国报业和印刷业一场"告别铅与火、迈入光与电"的技术革命，使我国沿用了上百年的铅字印刷得到了彻底改造，这一技术占领了国内报业 99%和书刊（黑白）出版业 90%的市场，以及 80%的海外华文报业市场，方正日文出版系统进入日本的报社、杂志社和广告业，方正韩文出版系统进入韩国市场，取得了巨大的经济效益和社会效益，分别被评为国家科技进步一等奖及中国十大科技成就之一。

3.4　延伸阅读：微处理器的发展

相关内容可扫描二维码查看。

本章小结

计算机硬件的发展呈现两大趋势：巨型化和微型化。本章以微型计算机为主，介绍了计算机的体系结构及运算器、控制器、存储器和输入/输出设备等基本组成部件。在后续的计算机组成原理、微机原理及应用、接口技术、硬件实习等课程的学习中，读者将进一步掌握汇编语言程序设计、计算机的工作原理、输入/输出方式以及并行处理等先进的计算机体系，并能运用这些技术设计或开发计算机控制系统。

习题

1. 计算机主要应用于哪些领域？你在哪些方面接触或使用了计算机？
2. 计算机硬件系统由哪几部分组成？
3. 简述计算机的工作原理。

4. 微型计算机由哪些主要部件组成?

5. 衡量 CPU 性能的主要技术指标有哪些?

6. 随机存储器有几种? 每种技术指标有哪些?

7. 微型计算机的外部存储设备有哪些? 各有什么特点?

8. 什么是位? 什么是字节? 常用哪些单位来表示存储器的容量? 它们之间的换算关系是什么?

9. 简述 KB、MB、GB、TB 的具体含义。

10. 微型计算机中常用的输入/输出设备有哪些?

11. 工业 PC 与通用微型计算机的区别是什么?

12. 请读者自行设置 Windows 系统的桌面属性。

04 第4章 计算机的软件系统

计算机系统是由计算机的硬件系统和计算机的软件系统组成的，而计算机系统的功能则是通过计算机软件系统来发挥的。本章将介绍计算机软件的分类以及各类典型或常用的软件，以期读者对计算机的软件系统有一个整体的认识。通过本章的学习，要求读者掌握操作系统的基本组成和功能，并对常用操作系统有所了解；要求读者掌握程序设计语言翻译的种类和翻译过程；要求读者掌握 Office 常用组件、QQ、微信和几种常用工具软件的使用。

本章知识要点：

- 计算机操作系统
- 程序设计语言翻译系统
- 常用应用软件
- 常用工具软件

4.1 计算机的软件系统概述

计算机软件系统是指在计算机硬件系统上运行的程序、相关的文档资料和数据的集合。计算机软件可用来扩充计算机系统的功能，提高计算机系统的效率。

按照软件所起的作用和需要的运行环境的不同，通常将计算机软件分为两大类：系统软件和应用软件。它们各自又包含多种具体软件，如图4-1所示。

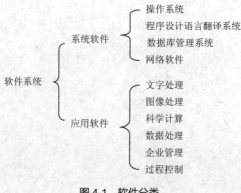

图 4-1 软件分类

　　系统软件是为整个计算机系统配置的不依赖特定应用领域的通用软件。这些软件对计算机系统的硬件、软件资源进行控制和管理，并为用户使用和其他应用软件的运行提供服务。也就是说，只有在系统软件的作用下，计算机硬件才能协调工作，应用软件才能运行。根据系统软件功能的不同，可将其划分为：操作系统、程序设计语言翻译系统、数据库管理系统、网络软件等。

　　应用软件是指为某类应用需要或解决某个特定问题而设计的程序，如图形图像处理软件、财务软件、游戏软件、各种软件包等，这是范围很广的一类软件。在企事业单位或机构中，应用软件发挥着巨大的作用，承担了许多应用任务，如人事管理、财务管理、图书管理等。按照应用软件使用面的不同，可把应用软件分为两类：专用的应用软件和通用的应用软件。专用的应用软件是指为解决专门问题而定制的软件，如某学校的教务管理系统、图书管理系统、工资管理系统等。它们是按照用户的特定需求而专门开发的，所以应用面窄，往往只局限于本单位或部门使用。通用的应用软件则是指为解决较有普遍性的问题而开发的软件，如文字处理软件、电子表格软件、文稿演示软件等。它们在计算机应用普及进程中被迅速推广流行，又反过来推进了计算机应用的进一步普及。

　　有一些应用软件被称为工具软件，确切地讲应该称为实用工具软件，它们一般体积较小，功能相对单一，却是解决一些特定问题的有力工具，如下载软件、播放器、阅读器、杀毒软件等，它们好比是拆计算机用的螺丝刀、测量用的万用表。这类工具软件大多数是共享软件、免费软件、自由软件或者软件厂商开发的小型商业软件。

　　本章将在 4.2 节和 4.3 节介绍两种典型的系统软件，即操作系统和程序设计语言翻译系统，另外两种系统软件——数据库管理系统和网络软件将结合它们的应用放在第 5 章介绍；4.4 节介绍常用的应用软件；4.5 节介绍常用的工具软件。

4.2　操作系统

　　操作系统（Operating System，OS）是计算机系统软件的核心，是计算机系统的"灵魂"，是计算机系统的"管家"，是软件和硬件资源的"协调大师"。如果没有操作系统，计算机就失去使用价值。所以，操作系统已经成为现代计算机系统（大、中、小及微型机）、多处理机系统、计算机网络、多媒体系统以及嵌入式系统中必须配置的、最重要的系统软件。

4.2.1　操作系统的概念

　　大家可能已经熟悉了一些操作系统的名称，如 DOS、UNIX、Linux、Windows 等，也有使用操作系统的体验，但什么是操作系统呢？我们可以认为操作系统是一组控制和管理计算机硬件和软件资源，有效地组织工作流程以及方便用户使用的程序的集合。

　　从系统的观点看，操作系统是计算机系统资源的管理者。所谓资源，是计算机系统中的硬件和软件的总称。如图 4-2 所示，现代计算机是由处理器、存储器、输入/输出设备三类硬件资源和数据、程序等以文件形式存储于文件存储器中的软件资源组成的。操作系统就是负责对这些资源进行管理的一种系统软件。设想一下，当多个用户程序都想在系统中运行时，如何为它们分配内存？何时调度哪个程序在 CPU 上执行？要打开某个文件时，怎样到磁盘中查找？多个用户程序都要到同一台打印机上输出计算结果时，如何解决彼此的竞争问题？诸如此类的资源分配、管理、保护及程序活动的协调等种种事项都需要操作系统负责。在资源管理的同时，通过合理地组织和调度，使多道程序在系统中能够有效地运行，并提高系统的处理能力。

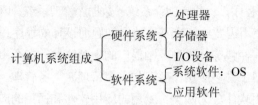

图 4-2　计算机系统组成结构

从系统的层次结构看（见图 4-3），操作系统是配置在计算机硬件上的第一层软件，是对硬件系统的首次扩充，在计算机系统中占据了特别重要的地位。它向下管理裸机及其中的文件，向上为其他的系统软件（汇编程序、编译程序、数据库管理系统等）和大量应用软件提供支持，以及为用户提供方便使用系统的接口。

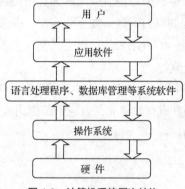

图 4-3　计算机系统层次结构

因为没有操作系统，计算机将无法工作，所以需要把操作系统安装在硬盘上并长期保存于此。在计算机开机时，首先需要将操作系统从外存装入内存，这一过程称为引导系统。操作系统工作时是在内存，而内存又分为能永久保存数据的 ROM 和易失性存储器 RAM 两部分，而操作系统工作时是在 RAM 中。所以，关机时操作系统就从内存中消失了，开机时就需要把操作系统重新引导从外存装入内存。

在 ROM 部分有两个程序，即引导（boot）和基本输入/输出系统（Basic Input Output System，BIOS）。在计算机开机时，boot 自动执行，指引 CPU 把操作系统从外存传送到主存的 RAM。一旦操作系统放到了主存中，boot 就要求 CPU 执行一条转移指令，转到这个存储区域，此时，操作系统接管并开始控制整个计算机的活动。

引导完毕后，操作系统中的资源管理程序部分将保存在主存储器中，这部分被称为驻留程序，而其他部分在需要时再自动从外存调入主存，这些程序被称为临时程序。

4.2.2　操作系统的主要功能

操作系统到底有什么功能呢？作为系统第一层软件的操作系统要为程序的运行提供哪些支持？

下面考察一个程序的运行过程，来看看它需要系统为它提供哪些服务。

一个程序欲运行，首先要将它装入内存，这就需要操作系统为其分配内存空间；然后投入运行，则需要操作系统为其分配处理机；运行到输入/输出语句时，需要操作系统为其分配相应的输入/输出设备并实现输入/输出；遇到磁盘文件的读写语句时，需要操作系统完成相应的文件操作；最后运行结束离开系统。

所以，操作系统应该具有 4 类资源的管理功能，即处理器管理、存储器管理、设备管理、文件管理，另外还要为用户提供调用操作系统这些功能的接口。

现代的操作系统都提供了一个多道程序并发执行的环境，也就是说，多道程序同时存在于系统中并交替执行。这些程序共享同一套系统资源，使资源的使用存在竞争，使程序的执行变得复杂。正是通过操作系统内部完善而有效的资源管理功能使这些问题得以有效解决。

1. **处理器管理**

处理器管理又叫进程管理，主要是解决程序在处理器上的有效执行问题。

所谓进程，是程序的一次执行。进程管理就是管理程序的执行过程，包括程序执行过程中的走走停停控制、执行步调的协调一致，以及相互之间的数据传递等。所以，进程管理的具体功能包括：进程控制、进程同步、进程通信、进程调度，以及解决死锁问题。

（1）进程控制

进程控制是指控制进程的产生、进程走走停停的活动直至消亡，具体包括创建进程、撤销进程、阻塞进程、唤醒进程等。进程是系统中的活动实体，它由进程的创建而产生，运行时因请求资源得不到而阻塞，在阻塞期间，若它等待的资源能够分配给它时便将其唤醒，当执行完成或因故无法执行时便将它撤销使其消亡，这就是进程的一生。进程控制由内核中的进程控制原语来实现。

（2）进程同步

进程同步是指进程之间执行步调的协调一致。在同一个系统中运行着的多个进程之间可能存在相互合作或因共享资源而产生相互制约的关系。比如，一个输入进程和一个计算进程共同完成把一组组数据输入并计算，它们俩是合作伙伴。在多道程序环境中它们的速度都多种可能，如果输入比计算快会造成数据丢失，计算比输入快又会出现数据的重复计算，所以就需要设置进程同步机制控制它们协调一致地执行。信号量（Semaphores）机制是一种卓有成效的进程同步工具，现已被广泛应用于单处理机、多处理机系统和计算机网络中。

（3）进程通信

进程通信是指进程之间的信息交换。相互合作的进程之间往往需要交换信息，于是，操作系统就要提供进程通信机制，以便进程通过它实现进程间高效率大批量的信息传递。常用的进程通信机制有消息通信、信箱通信等。

（4）进程调度

进程调度则解决处理器的分配问题。当有多个进程需要执行，而只有一个处理机时，运行哪个进程呢？处理方法是将进程排队，由操作系统中的进程调度程序选择一个进程将处理器分配给它并使其运行。进程调度程序依据什么选择呢？它需要制定一种策略，而进程调度策略的优劣将直接影响系统的性能。常用的进程调度算法有：先来先服务、短进程优先、高优先级优先、时间片轮转等。

2. 存储器管理

存储器是计算机系统的重要组成部分，是一种宝贵资源。这里所说的存储器是指内存，如何对它进行管理，不仅影响存储器的利用率，还直接影响系统性能。

（1）存储器管理的功能

存储器管理的总体目标是让多道程序共享内存并能正确执行。其基本任务是为程序和数据分配所需的内存空间，保证内存中的程序能正确执行且互不干扰，使用完毕释放所占内存。另外，在制定分配策略时应考虑尽可能减少内存浪费，提高内存利用率，甚至从逻辑上实现对内存的扩充。所以，存储器管理功能包括内存分配、内存回收、重定位、存储保护、内存扩充。具有内存扩充功能的存储管理实现了虚拟存储器。

（2）存储器的管理方式

存储器的管理方式多达十几种。如果按照分配给进程的内存是否是连续的，可以把内存的管理方式分为连续分配方式和离散分配方式；如果按照对内存有无扩充，可以把内存的管理方式分为实存管理方式和虚存管理方式。

为了让读者初步认识操作系统是如何管理内存的，下面以连续分配方式中的固定分区分配方式为例进行说明。

采取固定分区管理方式的系统，初始化时将内存划分成大小固定的若干分区，并创建一张分区说明表（见图4-4（a））来记录分区划分情况和分区使用状态。利用这张表，就可以方便地分配和回收内存。对应的内存状态如图4-4（b）所示。

序号	起始地址	大小	状态
1	20K	12KB	已分配
2	32K	32KB	已分配
3	64K	64KB	已分配
4	128K	128KB	空闲

0	操作系统
20K	程序1
32K	程序2
64K	程序3
128K	
256K	

（a）分区说明表　　　　　　　　　　（b）内存状态

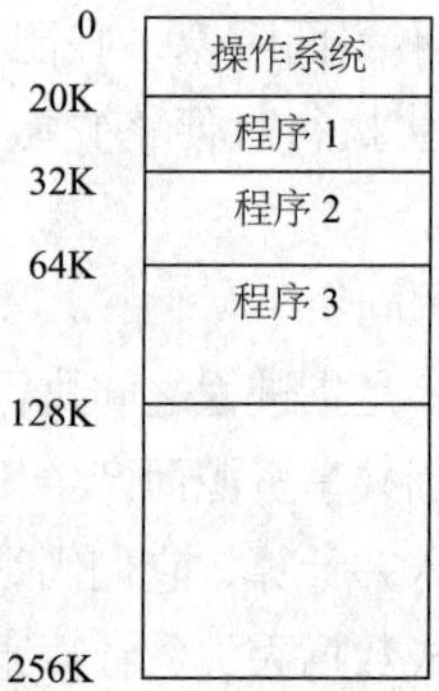

图4-4　固定分区分配方式

内存分配程序根据进程大小查找分区说明表，寻找一个能放下进程的空闲区分配给进程并将其状态改为已分配；当进程执行完成而被终止时，需要将其所占分区回收以便复用，回收一个分区只需将其分区说明表中的状态改为空闲即可。

3. 设备管理

设备管理负责管理计算机系统中的输入/输出设备，目的是在程序运行到 I/O 语句时完成相应的 I/O 任务。设备管理的具体功能有缓冲管理、设备分配、设备处理等。

为缓解 CPU 和 I/O 设备速度不匹配的矛盾，通常在两者之间设置缓冲区进行数据缓冲，操作系统负责构建和管理这些缓冲区。设备分配程序根据用户的 I/O 请求分配所需的设备及相关资源。设备处理程序又称设备驱动程序，是一种可以使计算机和设备通信的特殊程序。从理论上讲，所有的硬件设备都需要安装相应的驱动程序才能正常工作。但 CPU、内存、主板、软驱、键盘、显示器等设备却并不需要安装驱动程序也可以正常工作，这是因为这些硬件对于一台 PC 来说是必需的，所以将这些硬件列为 BIOS 能直接支持的硬件。但其他的硬件，如网卡、声卡、显卡等则必须安装驱动程序。往往每类设备都需要有其专用的驱动程序，使用设备前应在系统中安装它的驱动程序。

4. 文件管理

在现代计算机管理中，总是把程序、数据等以文件形式存储在磁盘等外存中。操作系统的文件管理功能就是对所有文件以及文件存储器进行管理，方便用户操作、保证文件安全。为此，文件管理应具有文件存储空间管理（包括空间分配和回收）、目录管理（如树形目录结构）功能，实现对文件的各种操作，如创建、删除、读写、打开和关闭文件等。另外，文件管理可通过用户在创建文件时设置密码或规定文件的使用权限来保证文件的安全或版权。

5. 用户接口

为了方便用户使用计算机，操作系统提供有用户接口。用户通过接口调用操作系统的功能，从而达到方便使用计算机的目的。操作系统向用户提供的接口有两种基本类型：程序接口和联机用户接口，如图 4-5 所示。

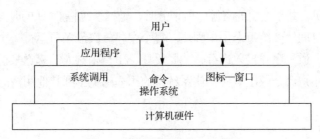

图 4-5　操作系统用户接口示意图

（1）程序接口又叫应用程序接口（Application Programming Interface，API）或系统调用，是提供给程序员编程时使用的，是应用程序取得操作系统服务的唯一途径。程序接口由一组系统调用组成，每一个系统调用都是一个能完成特定功能的子程序，每当应用程序要求操作系统提供某种服务（功能）时，便调用相应功能的系统调用。

（2）联机用户接口是指用户直接通过键盘或鼠标使用计算机，是操作系统提供给用户的最基本接口，有命令接口和图形用户接口两种。命令接口由一组键盘操作命令及命令解释程序组成。用户在键盘上每输入一条命令后，系统便对该命令加以解释并执行，执行完成后，控制又返回到终端等待用户输入下一条命令。命令接口的一个典型实例是 MS-DOS 联机界面。命令接口要求用户要熟记各种命令并严格按照规定的格式输入命令，这样既不方便，又浪费时间，于是，图形用户接口便应运而生。图形用户接口采用了图形化的操作界面，用容易识别的各种图标（Icon）将系统的各项功能、各种应用程序和文件形象直观地表示出来。用户使用鼠标或通过菜单和对话框来完成各项操作。这种接口减轻或免除了用户记忆量，把用户从烦琐且单调的操作中解脱出来。图形用户接口的一个典型实例是 Windows 界面。

4.2.3　操作系统的分类

随着计算机科学技术的发展，出现了许多操作系统。而对操作系统的分类有许多不同的方法，如按计算机硬件的规模，可分为大型机操作系统、小型机操作系统和微型机操作系统；另一种典型的分类方法是按照操作系统的功能，分为多道批处理操作系统、分时操作系统、实时操作系统和网络操作系统。下面简要介绍这四类操作系统。

1. 多道批处理操作系统

这里的多道是指多道程序，多道批处理系统提供了一个多道程序并发执行的环境。其实现是基于多道程序设计技术，即在主存中同时存放多道程序，使其按照一定的策略交替地在处理机上运行，共享系统资源。多道批处理操作系统负责把用户作业成批地接收进外存，并形成作业队列，然后按一定的策略将作业队列中的一些作业调入内存，并使其在处理机调度下轮流使用处理机等资源。因此从宏观上讲，计算机中有多道程序均在运行，但从微观上看，在每个瞬间实际上只有一道程序在 CPU 上运行，这就是多道程序的并发执行。多道批处理操作系统可以提高系统资源的利用率。

2. 分时操作系统

批处理有个很大的缺点就是无法进行人机交互，而用户需要人机交互功能，这时分时系统就应运而生了。分时系统是指在同一台主机上连接了多台终端，同时允许多个用户通过自己的终端以人机交互方式使用计算机，共享主机的资源。所谓分时，是指系统将 CPU 的时间划分成一个一个的时间片，并轮流把每个时间片分给每个用户程序。每个程序一次最多只运行一个时间片，当时间片用完时，系统便选择下一道程序并投入运行，如此反复。由于相对人的感觉来说，时间片很短，往往在几秒内系统就能对用户命令做出响应，使系统中的用户感觉不到其他用户的存在，而认为整个系统被他独占。

3. 实时操作系统

实时即及时、快的意思，而实时系统是指系统能及时响应外部事件的请求，在规定的时间内完成对事件的处理，并控制所有实事任务协调一致地运行。在实时系统中，时间就是生命。

根据实时任务的不同，实时系统分为以下两类。

（1）实时控制系统

实时控制系统主要用于生产过程的自动控制、实验数据的自动采集、自动驾驶等。这类系统中随机发生的外部事件并非是由人工启动和直接干预引起的。系统的响应时间是由外部事件决定的，可以快到毫秒数量级。

（2）实时信息处理系统

实时信息处理系统主要用于实时信息处理，像飞机（或火车）订票系统、情报检索系统等。这类随机发生的事件是由人工通过终端启动，并通过连续对话引起的。系统的响应时间往往是用户所能接受的秒数量级。

4. 网络操作系统

计算机网络是通过通信线路将地理上分散的自主计算机、终端、外部设备等连接在一起，以达到数据通信和资源共享目的的一种计算机系统。由于网络上的计算机的硬件特征、数据表示格式的不同，为了在相互通信时能够彼此理解，必须共同遵守某些约定，这些约定称为协议。网络操作系统是使网络上各计算机方便有效地共享网络资源、为网络用户提供所需的各种服务和通信协议的集合。

网络操作系统除了具有通常操作系统具有的功能外，还应该提供高效、可靠的网络通信以及多种网络服务功能。其中，网络通信按照网络协议来进行；网络服务包括文件传输、远程登录、电子邮件、信息检索等，能使网络用户方便有效地利用网络上的各种资源。

4.2.4 几种常用的操作系统

不同用途、不同硬件的计算机需要采用不同的操作系统。下面简要介绍在微型计算机上广泛使用的几种操作系统。

1. MS–DOS

MS-DOS（Microsoft Disk Operating System）自 1981 年问世到推出 Windows 95 期间，是 IBM PC 及兼容机的最基本配备，是 16 位单用户单任务操作系统事实上的标准，目前的 Windows 操作系统依然保留着 DOS 命令行操作模式。正是 MS-DOS 的推出，才使微软后来有机会推出 Windows 操作系统，并把盖茨推上世界首富宝座。

MS-DOS 的主要功能如下。

（1）磁盘文件管理。对建立在磁盘上的文件进行管理是 MS-DOS 最主要的功能。由文件管理模块（MSDOS.SYS）实现对磁盘文件的建立、打印、读/写、修改、查找、删除等操作的控制与管理。

（2）输入/输出管理。实现对标准输入/输出设备（包括键盘、显示器、打印机、串行通信接口等）的控制与管理，该项功能由输入/输出模块（IO.SYS）来完成。

（3）命令处理。提供人机界面，使用户能够通过 DOS 命令对计算机进行操作。在 MS-DOS 中，由命令处理模块（COMMAND.COM）负责接收、识别、解释和执行用户输入的命令。

MS-DOS 由引导程序（Boot）负责将系统装入主存储器。启动计算机后引导程序检查驱动器 A 或 C 中是否有装有系统文件 MSDOS.SYS 和 IO.SYS 的系统盘。如果有，则将 MS-DOS 引导到主存储器；否则，将显示出错信息。把 MS-DOS 的系统文件装入主存的过程称为启动 MS-DOS。

MS-DOS 采用命令行界面，其中的命令都要用户死记，这给用户的学习和使用带来了困难。DOS 中文件名所用的字符不能超过 8 个，扩展名的字符不能超过 3 个。在 MS-DOS 的提示符下，用户可以输入命令，按 Enter 键表示命令输入结束。输入命令的格式和语法必须正确，如不正确，MS-DOS 会给出出错信息。

MS-DOS 命令分为内部命令和外部命令两种。内部命令是包含在 COMMAND.COM 文件中可直接执行的命令；外部命令则是以普通文件的形式存放在磁盘上的，需要时将其调入主存。具体的命令格式和使用方法请参阅 MS-DOS 的有关资料。

2. Microsoft Windows

Microsoft Windows 是由微软公司开发的基于图形界面的多任务操作系统，也称为视窗操作系统。Windows 正如它的名字一样，它在计算机和用户之间打开了一个窗口，用户可通过这个窗口直接使用、控制和管理计算机。Windows 的出现，使得操作计算机的方法和软件的开发方法产生了巨大的变化。

随着计算机硬件和软件系统的不断升级，微软的 Windows 操作系统也在不断升级，从 16 位、32 位到 64 位操作系统。从最初的 Windows 1.0 到大家熟知的 Windows 3.1、Windows 3.2、Windows 95、Windows NT、Windows 97、Windows 98、Windows 2000、Windows Me、Windows XP、Windows Server、

Windows Vista、Windows 7、Windows 8、Windows 8.1 以及 Windows 10 各种版本的持续更新。微软一直在致力于 Windows 操作系统的开发和完善，不过微软宣布 Windows 10 将是最后的 Windows 系列版本。

（1）Windows 的特点

Windows 之所以取得成功，主要在于它具有以下优点。

① 直观高效的面向对象的图形用户界面，易学易用。

从某种意义上讲，Windows 的用户界面和开发环境都是面向对象的。用户采用"选择对象→操作对象"的方式工作。比如，要打开一个文档，首先用鼠标或键盘选择该文档，然后从右键菜单中选择打开操作，便可打开该文档。这种操作方式模拟了现实世界的行为，易于用户理解、学习和使用。

② 用户界面统一、友好、美观。

Windows 应用程序大多符合 IBM 公司提出的 CUA（Common User Access）标准，所有的程序都拥有相同的或相似的基本外观，包括窗口、菜单、工具条等。用户只要掌握其中一个，就很容易学会其他软件，从而降低了用户培训学习的费用。

③ 丰富的设备无关的图形操作。

Windows 的图形设备接口（Graphics Device Interface，GDI）提供了丰富的图形操作工具，可以绘制出如线、圆、框等几何图形，并支持各种输出操作。设备无关意味着在针式打印机上和高分辨率的显示器上都能显示出相同效果的图形。

④ 多任务。

Windows 是一个多任务的操作环境，它允许用户同时运行多个应用程序，或在一个程序中同时做几件事。每个程序在屏幕上占据一个矩形区域，这个矩形区域称为窗口。窗口可以重叠，也可被用户移动，还可以在不同应用程序之间切换，甚至可以在程序之间进行手工和自动的数据交换和通信。虽然同一时刻计算机可以运行多个应用程序，但仅有一个是处于活动状态的，其标题栏呈现高亮颜色。一个活动的程序是指当前能够接收用户键盘输入的程序。

（2）Windows 的注册表

Windows 是通过一个叫"注册表"的核心数据库来管理计算机的。注册表直接控制 Windows 的启动、硬件驱动程序的装载以及一些应用程序的运行，对系统的运行起着至关重要的作用，所以注册表是 Windows 计算机行为和能力的数据交换中心。

注册表是层叠式的结构（见图 4-6），是按照根键（HKEY）、键、子键以及值项的层次结构来组织的，每个值项有 3 方面属性：名称、数据类型及值。根键类似磁盘内的根文件夹。键与子键的关系类似文件夹与子文件夹。在键中可以包含值项与子键。每个注册表项或子项都可以包含称为值项的数据。有些值项存储特定于每个用户的信息，而其他值项则存储应用于计算机所有用户的信息。

（3）Windows 的控制面板

"控制面板"（Control Panel）是 Windows 图形界面中的一部分，是允许用户对系统环境进行调整和设置的程序。一般来讲，Windows 系统在安装时都给出了系统最佳的设置，如果用户需要重新调整，可通过 Windows 提供的系统工具进行。Windows 的系统工具主要包含在"控制面板"中。

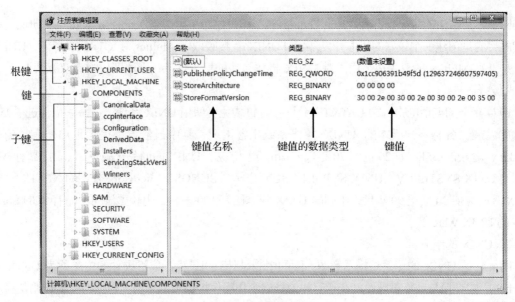

图 4-6　注册表的结构

启动控制面板的方法很多，最常用的有以下两种。

● 单击"开始→设置→控制面板"命令。

● 在"计算机"窗口中，单击"打开控制面板"图标。

控制面板启动后，出现图 4-7 所示的窗口，从中可以看出"控制面板"中的工具非常齐全。

图 4-7　Windows 控制面板

3. UNIX 及 Linux

（1）UNIX

① UNIX 的发展。

UNIX 是当代最知名的多用户、多进程、多任务分时操作系统之一，它最初是在 1969—1971 年由美国贝尔实验室的肯·汤普森（Ken Thompson）和丹尼斯·里奇（Dennis M. Ritchie）研制的，其最初的目的是创建一个较好的程序开发环境。UNIX 直接吸取了 Multics 和 CTSS 的特征，UNIX 一词就是针对 Multics 的双关语。由于对 UNIX 操作系统的卓越贡献，上述两位学者双双获得了 1983 年的图灵奖。

1974 年美国电话电报公司（AT&T）允许教育机构免费使用 UNIX 系统，这一举措促进了 UNIX 技术的发展，各种不同版本的 UNIX 操作系统相继出现，其中最值得一提的是加州大学伯克利（Berkley）分校的 BSD 版。20 世纪 70 年代末，市场上出现了 UNIX 的商品化版本，代表产品有 AT&T 公司的 UNIX SYSTEM V、UNIX SVR 4X，SUN 公司的 SUNOS，Microsoft 公司的 XENIX 和 SCO UNIX 等。到了 20 世纪 90 年代，不同的 UNIX 版本已有 100 多种，比较主流的产品有 SUN Solaris、SCO 的 UNIX Ware 等。

② UNIX 的组成。

图 4-8 是 UNIX 的体系结构示意图。图的中心是计算机硬件，靠近硬件的内层称为 UNIX 内核（Kernel），它直接与计算机硬件打交道，并为外层应用程序提供公共服务。内核的主要作用是将应用程序和计算机硬件隔离开来，这使应用程序不依赖具体的计算机硬件，因而为应用程序提供了很好的可移植性。内核程序分为文件子系统和进程控制子系统两大部分，而进程控制子系统又分为内存管理、进程调度和进程间通信等模块。内核是 UNIX 系统中唯一不能由用户任意改变的部分。内核的外层是实用程序，包括命令解释器 Shell、正文编辑器、C 编译程序等。

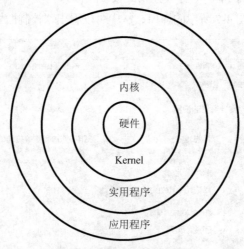

图 4-8 UNIX 系统的体系结构

③ UNIX 的特征。

UNIX 能够用于任何类型的计算机，如工作站、小型机及巨型机。大型的商业应用，如电信、银行、证券、邮政等大都采用 UNIX。UNIX 系统能取得如此大的成功，其原因可归结为该系统具有以下特征。

• 开放性。

UNIX 系统最本质的特征是开放性。所谓开放性，是指系统遵循国际标准规范，凡是遵循国际标准开发的硬件和软件都能彼此兼容，可方便地实现互连。开放性已经成为 20 世纪 90 年代计算机技术的核心问题，也是一个新推出的系统或软件能否被广泛使用的重要因素。人们普遍认为，UNIX 是目前开放性最好的操作系统，是目前唯一能够稳定运行在从微型机到大、中型等各种规模计算机上的操作系统，而且能方便地将配置了 UNIX 操作系统的计算机互连成计算机网络。

- 多用户、多任务环境。

UNIX 系统是一个多用户、多任务的操作系统，它既可以支持数十个乃至数百个用户通过各自的联机终端同时使用一台计算机，而且允许每个用户同时执行多个任务。例如，在处理字符、图形时，用户可建立多个任务，分别用于处理字符的输入、图形的制作和编辑等任务。

- 功能强大，实现高效。

UNIX 系统提供了精选的、丰富的系统功能，使用户可以方便、快速地完成许多其他操作系统难以实现的功能。UNIX 已成为世界上最强大的操作系统之一，而且它在许多功能的实现上都有其独到之处，并且很高效。例如，UNIX 的目录结构、磁盘空间的管理方式、I/O 重定向和管道功能等。其中，不少功能及其实现技术已被其他操作系统所借鉴。

- 提供了丰富的网络功能。

UNIX 系统还提供了丰富的网络功能。作为 Internet 网络技术基础的 TCP/IP，便是在 UNIX 系统上开发出来的，并已成为 UNIX 系统不可分割的部分。UNIX 系统还提供了许多最常用的网络通信协议软件，其中包括网络文件系统 NFS 软件、客户/服务器协议软件 Lan Manager Client/Server、IPX/SPX 软件等。通过这些产品可以实现在各 UNIX 系统之间、UNIX 与 Novell 的 NetWare，以及 MS-Windows NT、IBM LAN Server 等网络之间的互连和互操作。

- 支持多处理器功能。

与 Windows NT 及 NetWare 等操作系统相比，UNIX 是最早提供支持多处理器功能的操作系统，它支持的处理器数目也一直处于领先水平。例如，1996 年推出的 Windows NT 4.0 只能支持 1~4 个处理器，而 Windows 2000 最多也只支持 16 个处理器，而 UNIX 系统在 20 世纪 90 年代中期，便已能支持 32~64 个处理器，而且拥有数百个乃至数千个处理器的超级并行机也普遍支持 UNIX。

（2）Linux

Linux 是可以运行在 PC 上的免费的 UNIX 操作系统。它被称为是"一匹自由而奔放的黑马"。它诞生于学生之手，成长于 Internet，壮大于自由而开放的文化。

林纳斯·托瓦兹（Linus Torvalds）是自由软件 Linux 操作系统的创始人和主要设计者。1991 年，芬兰赫尔辛基大学计算机科学系的年轻学生林纳斯·托瓦兹做出了一个在当时甚至现在看起来也是不可思议的决定，就是把 UNIX 操作系统移植到 Intel 构架的个人计算机上，设计一个比 MS-DOS 功能更强，并能自由下载的新操作系统——Linux。在开始设计 Linux 时，林纳斯·托瓦兹的目的只不过是想看一看 Intel 386 存储管理硬件是怎样工作的，他绝没想到这一举动会在计算机界产生如此重大的影响。经过短短几个月的时间，林纳斯·托瓦兹在一台 Intel 386 微机上完成了一个类似 UNIX 的操作系统内核，这就是最早的 Linux 版本。

这时，Internet 的触角已经伸开。1991 年年底，林纳斯·托瓦兹首次在 Internet 上发布了基于 Intel 386 体系结构的 Linux 源代码，希望志同道合者能够加入他的行列。从此以后，奇迹开始了，很快就有数百名程序员通过 Internet 加入 Linux 的行列，Linux 就此诞生了。由于 Linux 具有结构清晰、功能简捷等特点，许多大专院校的学生和科研机构的研究人员纷纷把它作为学习和研究的对象。经过遍布全球的用户和程序员的努力，Linux 成为了一个成熟的操作系统，并以其良好的稳定性、优异的性能、低廉的价格和开放的源代码给现有的软件体系带来了巨大的冲击。Linux 的使用日益广泛，其影响力直逼 UNIX，其用户数量还将大幅度提高。

Linux 的开发及源代码对每个人都是免费的。Linux 用途广泛，包括网络、软件开发、用户平台等，Linux 被认为是一种高性能、低开支的，可以替换其他昂贵操作系统的操作系统。

现在主要流行的版本有 Red Hat Linux、Turbo Linux 及我国自己开发的红旗 Linux、蓝点 Linux 等。

Linux 操作系统在短短时间内得到了非常迅猛的发展，这应归功于 Linux 良好的特性。

Linux 是与 UNIX 兼容的 32 位操作系统，它能运行主要的 UNIX 工具软件、应用程序和网络协议，并支持 32 位和 64 位的硬件。Linux 的设计继承了 UNIX 以网络为核心的设计思想，是一个性能稳定的多用户网络操作系统。同时，它还支持多任务、多进程和多 CPU。

Linux 的模块化设计结构，使它有优于其他操作系统的扩充性。用户不仅可以免费获得 Linux 的源代码，还可对其进行修改，以实现特定的功能，这使得所有人都可以参与 Linux 的开发。

Linux 还是一个提供完整网络集成的操作系统，它可以轻松地与 TCP/IP、LAN Manager、Windows for Workgroups、Novell NetWare 和 Windows NT 集成在一起。Linux 可以通过以太网或 Modem 连接到 Internet 上。

Linux 主要有以下作用：个人 UNIX 工作、X 终端客户、X 应用服务器、UNIX 开发平台、网络服务器、Internet 服务器、终端服务器。

众所周知，操作系统对于一个国家的信息产业有着特殊的意义。如果没有独立自主知识产权的操作系统，事关国家安全的军事、经济、金融、机要系统全部使用外来的操作系统，后果是不可想象的。Linux 的出现，为各国发展拥有自主产权的安全的操作系统提供了契机。Linux 还引发了一场轰轰烈烈的软件开源运动。

杰出人物

- 1983 年图灵奖获得者，C 和 UNIX 的发明人——肯尼思·汤普森（Kenneth Lane Thompson）和丹尼斯·里奇（Dennis Ritchie）

汤普森 1943 年生于新奥尔良，就读于加州大学伯克利分校的电气工程专业，于 1965 年取得学士学位，第二年又取得硕士学位。里奇 1941 年生于纽约州，中学毕业后进入哈佛大学学物理，并于 1963 年获得学士学位。毕业后他在应用数学系攻读博士学位，于 1967 年进入贝尔实验室，与比他早一年到贝尔实验室的汤普森会合，从此开始了他们长达数十年的合作。谁能想到，对整个软件技术和软件产业都产生了深远影响的 C 语言和 UNIX 操作系统竟是汤普森和里奇在没有任何资助的情况下悄悄开发出来的。他们决心"要创造一个舒适、愉快的工作环境"，并于 1971 年底开发完成了 UNIX。它采用了一系列先进的技术和措施，解决了一系列软件工程的问题，使系统具有功能简单实用、操作使用方便、结构灵活多样的特点，成为有史以来使用最广泛的操作系统之一，也是关键应用中的首选操作系统。UNIX 成为后来操作系统的楷模，也是大学里操作系统课程的"示范标本"。

- 微软公司的创始人——比尔·盖茨（Bill Gates）

盖茨出生于 1955 年，在西雅图长大。他曾就读于西雅图的公立小学和私立湖滨中学，在那里，他开始了自己个人计算机软件的职业经历，13 岁就开始编写计算机程序。1973 年，盖茨进入哈佛大学一年级，在那里他与史蒂夫·鲍尔默（Steve Ballmer）住在同一楼层，后者曾担任微软公司总裁。在哈佛大学期间，盖茨为第一台微型计算机 MITSAltair 开发了 Basic 编程语言。大学三年级时，盖茨从哈佛大学退学，全身心投入其与童年伙伴保罗·艾伦（Paul Allen）一起于 1975 年组建的微软公司。他们深信个人计算机将是每一个办公桌面系统以及每一个家庭的非常有价值的工具，并构想让每张办公桌和每个家庭都拥有一台计算机。28 年后，这个伟大构想变得如此接近现实。但在只有极少数人才知道个人计算机究竟为何物的那个年代，上述构想却意味着信念与胆识的一大飞跃。1995 年，盖茨编写了《未来之路》一书。在书中，他认为信息技术将带动社会进步。盖茨有关个人计算机的远见和洞察力一直是微软公司和软件业界成功的关键。

4. Android 操作系统

Android（安卓）是由 Google 公司开发的一种基于 Linux 2.6 的自由开源的操作系统，主要用于移动设备，如智能手机和平板电脑。Android 最初由安迪·鲁宾（Andy Rubin）开发，主要支持手机。2005 年 8 月由 Google 收购注资并逐渐研发改良，扩展到平板电脑及其他领域，如电视、数码相机、游戏机等。2017 年 3 月，安卓首次超过 Windows 成为第一大操作系统。2019 年 6 月，Android 平台手机的全球市场份额已经达到 77.14%，全球采用这款系统的手机已经超过 13 亿部。

（1）Android 系统架构

Android 平台由操作系统、中间件、用户界面和应用软件组成。其系统架构采用了分层结构，从高到低分别是应用程序层、应用程序框架层、系统运行库层和 Linux 内核层，如图 4-9 所示。

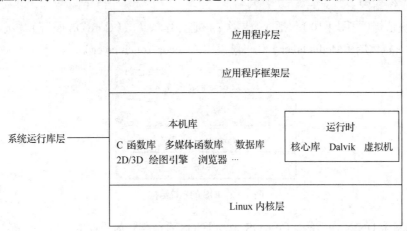

图 4-9 Android 系统架构

① 应用程序。Android 会同一系列核心应用程序包一起发布。该应用程序包包括客户端、SMS 短消息程序、日历、地图、浏览器和联系人管理程序等。所有应用程序都是用 Java 语言编写的。

② 应用程序框架。开发人员可以访问核心应用程序使用的 API 框架，该应用程序的架构设计简化了组件的重用。任何一个应用程序都可以发布它的功能块并且任何其他的应用程序都可以使用其发布的功能块。同样，该应用程序重用机制也使用户可以方便地替换程序组件。

③ 系统运行库。Android 包含一些 C/C++库，这些库能被 Android 系统中不同的组件使用。

④ 系统内核。Android 运行于 Linux kernel 之上。Android 的 Linux kernel 控制包括安全、存储器管理、程序管理、网络堆栈和驱动程序模型等。

（2）Android 平台的优势

Android 平台具有开放性、不受束缚、多样硬件、方便开发、Google 应用等优势。

① 开放性。Android 平台允许任何移动终端厂商加入 Android 联盟中来。开放性可以使其拥有更

多的开发者，随着用户和应用的日益丰富，一个崭新的平台也将很快走向成熟。对于消费者来讲，最大的受益是丰富的软件资源。

② 不受束缚。手机应用不再受运营商制约，使用什么功能接入什么网络，手机可以随意接入。

③ 多样硬件。由于 Android 的开放性，众多厂商推出了千奇百怪、各具功能特色的产品，却不会影响数据同步，甚至软件的兼容。

④ 方便开发。Android 平台提供给第三方开发商一个十分宽泛、自由的环境，没有各种条条框框的限制，可想而知，会有多少新颖别致的软件诞生，目前层出不穷的手机应用正源于此。

⑤ Google 应用：Google 在互联网已有十多年历史，从搜索巨人到全面互联网渗透，Google 服务（如地图、邮件、搜索等）已经成为连接用户和互联网的重要纽带，而 Android 平台手机将无缝结合这些优秀的 Google 服务。

5. iOS

iOS 是由苹果公司开发的移动操作系统，最初是设计给 iPhone 使用的，后来陆续套用到 iPod touch、iPad 以及 Apple TV 等产品上。iOS 与苹果的 macOS X 操作系统一样，属于类 UNIX 的商业操作系统。原本这个系统名为 iPhone OS，但因 iPad、iPhone、iPod touch 都使用，所以改名为 iOS。2017 年，iOS 占据了全球智能手机系统市场份额的 14%。

（1）iOS 系统结构

iOS 的系统结构（见图 4-10）包括 4 个层次：核心操作系统层（Core OS layer）、核心服务层（Core Services layer）、媒体层（Media layer）和可触摸层（Cocoa Touch layer）。

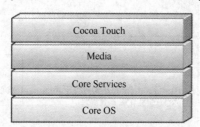

| Cocoa Touch |
| Media |
| Core Services |
| Core OS |

图 4-10　iOS 的系统结构

① iOS 是基于 UNIX 内核的。Core OS 是位于 iOS 系统架构最下面的一层，是核心操作系统层，它包括内存管理、文件系统、电源管理以及一些其他的操作系统任务。它可以直接和硬件设备进行交互。App 开发者不需要与这一层打交道。

② Core Services 是核心服务层，可以通过它来访问 iOS 的一些服务。

③ Media 是媒体层，通过它可以在应用程序中使用各种媒体文件，录制音频与视频、绘制图形，以及制作基础的动画效果。

④ Cocoa Touch 是可触摸层，这一层为应用程序开发提供了各种有用的框架，并且大部分与用户界面有关，从本质上来说，它负责用户在 iOS 设备上的触摸交互操作。

（2）iOS 平台的优势

流畅、稳定、简洁、漂亮，性能和美观同时兼具。

在计算机科学与技术专业培养方案中设置有"操作系统"课程。该课程会系统地讲授操作系统的基本原理，详细阐述操作系统对各种系统资源进行管理的算法和策略。

4.3　程序设计语言翻译系统

人们习惯使用高级程序设计语言或汇编语言来编写程序，而计算机硬件只能识别和执行由二进制表示的机器指令，为了让用汇编语言或高级语言编写的程序能在计算机上执行，必须为它配一个"翻译"，这就是所谓的程序设计语言的翻译系统。

程序设计语言的翻译系统是一类系统软件，它能把某种语言的程序转换另一种语言的程序，比如将 C 语言程序翻译成汇编语言程序，而后者与前者在逻辑上是等价的。使用高级语言编写的程序称为源程序，使用目标语言如汇编语言之类的低级语言编写的程序称为目标程序。源程序是程序设计语言翻译系统加工的"原材料"，而目标语言编写的程序是程序设计语言翻译系统生产的"最终产品"。不同的程序设计语言需要有不同的程序设计语言翻译系统，同一种程序设计语言在不同类型的计算机系统中也需要配置不同的程序设计语言翻译系统。翻译程序是现代计算机系统的基本组成部分之一，而且多数计算机系统都含有不止一个高级语言的翻译程序。对于有些高级语言，甚至配置几个不同性能的翻译程序。

程序设计语言翻译系统可以分为 3 种：汇编语言翻译系统、高级语言源程序编译系统和高级语言源程序解释系统。它们的区别主要体现在它们生成机器代码的过程中。

4.3.1　汇编语言翻译系统

汇编语言翻译系统的主要功能是将用汇编语言编写的程序翻译成用二进制 0、1 表示的等价的、计算机可以执行的机器指令代码程序。也就是说，若源语言是汇编语言，目标语言是机器语言，则翻译程序称为汇编程序翻译器或简称汇编程序，如图 4-11 所示。

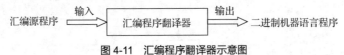

图 4-11　汇编程序翻译器示意图

通常汇编语言的语句与机器语言的指令有一一对应的关系，即一条汇编语言语句对应一条机器语言指令，反之亦然。

为了便于理解汇编过程，先学习汇编语言指令。汇编语言指令的通用格式为：

[名称[:]]操作码[第一操作数][,第二操作数];注释

例如：

CYCLE:ADD AX,02H;(AX)<-(AX)+02H

于是，汇编程序翻译一条指令的具体工作如下。

① 用机器操作码代替符号化的操作符，如 ADD。

② 用数值地址代替符号名字，如 CYCLE。

③ 将常数翻译为机器的内部表示，如 02H。

④ 分配指令和数据的存储单元。

使用汇编语言编程的上机过程如下。

① 编辑：用编辑软件（EDIT.EXE 或记事本）编辑汇编语言源程序（.ASM），如 HB.ASM。

② 汇编：然后用汇编程序（MASM.EXE）对源程序进行汇编，格式为 MASM　HB.ASM，生成目标文件 HB.OBJ。

113

③ 连接：用连接程序 LINK.EXE 连接目标程序，格式为 LINK HB.OBJ，生成可执行文件 HB.EXE。

④ 执行：执行上一步生成的可执行文件 HB.EXE。

4.3.2 高级程序设计语言编译系统

1. 概念

高级程序设计语言编译系统也称编译程序（Compiler），是将用高级语言编写的源程序翻译成逻辑等价的机器语言程序或汇编程序的处理系统。也就是说，若源语言是高级语言，目标语言是机器语言或汇编语言，并生成目标程序，则翻译程序称为编译程序，如图 4-12 所示。

大多数高级程序设计语言都采用编译方式，如 C、Pascal、FORTRAN 等。

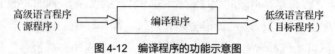

图 4-12　编译程序的功能示意图

由于各种高级语言的语法和结构不同，所以高级语言的翻译程序也不相同，每一种语言都有自己的翻译程序，相互之间不能替代。

2. 编译过程

编译程序从源程序到目标程序的翻译是一个复杂的过程。从概念上讲，一个编译程序的整个工作过程是划分为阶段的，每个阶段将源程序的一种表示形式转换为另一种表示形式，各阶段进行的操作在逻辑上是紧密连接在一起的。编译过程划分为以下 6 个阶段：词法分析、语法分析、语义分析、中间代码生成、中间代码优化、目标代码生成。编译程序的结构和工作过程如图 4-13 所示。

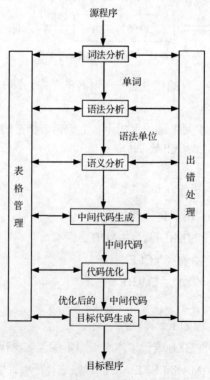

图 4-13　编译程序的结构与工作过程

为便于理解，可把编译过程比喻成一个"信息加工流水线"，其加工的"原材料"就是源程序，"最终产品"就是目标程序，每一道"工序"的输入是上一道"工序"的输出（可视为"半成品"），每一道"工序"的输出作为下一道"工序"的输入，直至最后得到"最终产品"——目标程序。

从编译过程可以看出，编译与人们进行自然语言之间的翻译有些相似。表 4-1 为编译和自然语言翻译的比较。

表 4-1　　　　　　　　　　　　　　　　　编译和自然语言翻译的比较

编译	词法分析	语法分析	语义分析	中间代码生成	中间代码优化	目标代码生成
自然语言翻译	识别句子中的单词	分析语法结构	初步翻译句子的含义	译文修饰	写出最后译文

（1）词法分析。扫描以字符串形式输入的源程序，识别出一个个单词并将其转换为机内表示形式。完成该工作的程序称为词法分析程序，又称扫描器。

（2）语法分析。对单词进行分析，按照语法规则分析出一个个语法单位，如程序、语句、表达式等。完成该工作的程序称为语法分析程序，又称分析器。

（3）语义分析。审查源程序有无语义错误，为代码生成阶段收集类型信息，进行类型审查。下面以一个 C 程序段说明类型审查。

```
int arr[2],b;
b = arr * 10;
```

语义分析将审查类型并报告错误：不能在表达式中使用一个数组变量，赋值语句右端和左端的类型不匹配。

（4）中间代码生成。将语法单位转换为某种中间代码，如四元式、三元式、逆波兰式等。完成该工作的程序称为中间代码生成程序。

（5）代码优化。对中间代码进行优化，使优化后的中间代码在运行速度、存储空间方面具有较高的质量。完成该工作的程序称为优化程序。

（6）目标代码生成。将优化后的中间代码转换成目标程序。完成该工作的程序称为目标代码生成程序。

在每道工序中，需用表格记录和查询必要的信息，或者需要进行出错处理，这些任务将由表格管理程序和出错处理程序来完成。

4.3.3　高级程序设计语言解释系统

1. 概念

使高级语言源程序在计算机上运行，主要有两个途径：第一个途径是把该程序完整地翻译为这个计算机的指令代码序列，然后就可以执行，这就是前面已经介绍的编译过程；第二个途径是按照程序中语句的动态顺序逐条翻译并立即执行相应的功能，这就是解释过程，完成该功能的程序就叫解释程序（Interpreter）。

2. 解释与编译的区别

从功能上说，解释程序能让计算机执行高级语言源程序。它与编译程序的主要不同是它不生成一个完整的目标程序。解释程序是将源程序中的语句逐句翻译成机器指令并立即执行该指令，因此，源程序每次执行都需要重新解释。程序解释的工作机理如图 4-14 所示。

WPS for Android 在应用排行榜上领先于微软及其他竞争对手，居同类应用之首。其实，在微软 Windows 出现以前的 DOS 年代，WPS 是我国最流行的文字处理软件。WPS Office 是为我国用户特制的，能很好地适应我国用户的习惯，满足我国用户的需求。2001 年 12 月 28 日，我国政府首次进行大规模正版软件采购，经过历时半年的甄选，WPS Office 通过采用国家机关最新公文模板、支持国家最新合同标准和编码标准 GB 18030—2005 等实实在在的"中国特色"，得到了政府部门的青睐，成为上至国务院部委、下至省市机关的标准办公平台。

本节简单介绍 WPS Office 和 Microsoft Office 中最常用的组件 Word、Excel、PowerPoint。

1. 文字处理软件 Word

Word 是一套用于日常办公等领域的专业字处理软件，主要用来进行文本的输入、编辑、排版、打印等工作。它操作简便，功能更强大，是当前世界上最流行的文字处理软件。它可以制作出图文并茂的精美文档，也可以制作出功能完善的 Web 页面，还可通过联机协作与他人召开网络联机会议。它适合众多的普通计算机用户、办公室人员和专业排版人员使用。小至一份通知、信函、简报，大到一份杂志或一本书，它都能轻松完成文本处理。

2. 电子表格软件 Excel

Excel 是目前最常用的电子表格系统，主要用来进行有繁重计算任务的预算、财务、数据汇总等。它的主要功能是能够方便地制作出各种电子表格，在表格中可以使用公式对数据进行复杂的运算，能把数据用各种统计图表的形式直观明了地表现出来，还可以进行数据分析和统计工作。由于具有十分友好的人机界面和强大的计算功能，它已成为国内外广大用户管理公司和个人财务、统计数据及绘制各种专业化表格的得力助手。

3. 文稿演示软件 PowerPoint

PowerPoint（PPT）是演示文稿制作软件，它能把静态文件制作成动态文件浏览，把复杂的问题变得通俗易懂，具有的多媒体支持功能使之生动，制作出给人留下更为深刻印象的幻灯片。PowerPoint 可协助用户独自或联机创建永恒的视觉效果，制作的演示文稿可以在投影仪或者计算机上通过不同的方式播放，并可在幻灯片放映过程中播放音频流或视频流；还可以为演示文稿添加多媒体效果并在 Internet 上发布；也可以将演示文稿打印出来制作成胶片，以便应用到更广泛的领域中。演示文稿正成为人们工作生活的重要组成部分，用于工作汇报、企业宣传、产品推介、婚礼庆典、项目竞标、管理咨询、学术论文展示等领域，利用 PPT 进行课程讲授已经成为当前主流的授课模式。

因为 Office 不仅是日常工作的重要工具，也是日常学习中不可缺少的得力助手，所以要求人人都能熟练使用。为配合读者学习 Office，本章提供相关习题供读者练习使用。

4.4.2　QQ

腾讯 QQ（简称 QQ）是腾讯公司 1999 年自主开发的一款基于 Internet 的免费即时通信软件，它支持在线聊天、视频通话、点对点断点续传文件、共享文件、网络硬盘、自定义面板、QQ 邮箱等多种功能。2003 年推出了手机 QQ，方便用户在移动设备上通过语音、图片、视频等方式轻松交流，实现了更好的移动化社交、娱乐与生活体验。目前 QQ 已经覆盖 Windows、Android、iOS 等多种主流平台。强大、实用、方便且高效的功能使 QQ 成为中国用户使用最广泛的交流软件之一。

QQ 名字有个有趣的来历。腾讯开发 QQ 之初模仿 ICQ 取名 OICQ。ICQ 是聊天工具的鼻祖，是 I seek you（我找到你了）的意思。OICQ 是在 ICQ 前加个 O，意为 Opening I Seek You，也有人说是：哦，I See You。2000 年收购 ICQ 公司的美国在线（AOL）起诉腾讯侵权并要求 OICQ 改名，马化腾急中生智将 OICQ 改名为 QQ。QQ 这个名字深得用户喜爱，且与戴着红围巾的小企鹅标志很配。

随着时间的推移，根据 QQ 所开发的附加产品越来越多，如 QQ 游戏、QQ 音乐、QQ 空间等。目前，腾讯已经完成了面向在线生活产业模式的业务布局，构建了 QQ、QQ.com、QQ 游戏以及 QQ 移动手机门户等网络平台，分别形成了规模巨大的网络社区。我们利用 QQ 的群功能，可有助于课程学习、项目研究、社团和班级管理等。

4.4.3 微信

微信（WeChat）是腾讯公司于 2011 年 1 月推出的一个为智能终端提供即时通信服务的免费应用程序。微信支持跨通信运营商、跨操作系统平台通过网络快速发送免费（需消耗少量网络流量）语音短信、视频、图片和文字，同时，可以使用共享流媒体内容的资料和基于位置的社交插件"摇一摇""漂流瓶""朋友圈""公众平台""语音记事本"等。

微信提供公众平台、朋友圈、消息推送等功能，用户可以通过"摇一摇""搜索号码""附近的人"、扫二维码等方式添加好友和关注公众平台。微信还可以将内容分享给好友，或将用户看到的精彩内容分享到微信朋友圈。

目前微信已经覆盖 iOS、Android 等平台，并推出了网页版和 PC 版。微信深得智能手机用户的青睐，已成为亚洲地区用户群体最多的即时通信软件之一。

微信社交功能如下。

- 多媒体消息：支持发送视频、图片、文本和语音消息。
- 群聊和通话：组建高达 500 人的群聊和高达 9 人的实时视频聊天。
- 免费语音和视频聊天：提供全球免费的高质量通话。
- WeChat Out：超低费率拨打全球的手机或固定电话。
- 表情商店：海量免费动态表情，包括热门卡通人物和电影，让聊天变得更生动有趣。
- 朋友圈：与好友分享每个精彩瞬间，记录自己的生活点滴。
- 隐私保护：严格保护用户的隐私安全，是唯一一款通过 TRUSTe 认证的实时通信应用。
- 认识新朋友：通过"雷达加朋友""附近的人"和"摇一摇"认识新朋友。
- 实时位置共享：与好友分享地理位置，无须通过语言告诉对方。
- 多语言：支持超过 20 种语言界面，并支持多国语言的消息翻译。
- 更多功能：支持跨平台、聊天室墙纸自定义、消息提醒自定义和公众号服务等。

微信群聊功能可有助于课程学习、项目研究、社团和班级管理等。

微信除社交功能外，钱包功能提供了收付款、信用卡还款、手机充值、理财通、生活缴费、城市服务等腾讯服务，以及丰富的第三方服务，为我们的生活带来了极大的便利。

据 2018 年 3 月腾讯公司公布数据，微信的月活跃用户数已突破 10 亿，微信支付用户突破 8 亿，公众号的注册总量已超过 2 000 万。

微信标语：微信，是一个生活方式。Anytime. Anywhere. Anyone。

4.5　常用工具软件

本节介绍 8 种常用的工具软件，它们是人们日常学习、办公、娱乐、上网冲浪、获取信息时经常接触到的实用软件，掌握之后可以大大提高工作效率，并能充分享受计算机带来的乐趣。

4.5.1　下载软件

文件下载是用户上网的常用功能之一。由于使用浏览器直接下载文件速度较慢，并且受网络传输质量不稳定的困扰，所以用户通常会使用专门的高速下载软件，如迅雷（Thunder）、网际快车（FlashGet）、电驴（eMule VeryCD）等来下载文件。其中，迅雷是迅雷公司开发的互联网下载软件，因其下载的高速度和安全性，已经成为全球使用人数最多的下载软件之一。

迅雷使用的多资源超线程技术是基于网格原理，将网络上存在的服务器和计算机资源进行有效整合，构成独特的迅雷网络，通过迅雷网络将各种数据文件以最快的速度传递。这种超线程技术还具有互联网下载负载均衡功能，在不降低用户体验的前提下，迅雷网络可以均衡服务器资源，有效降低了服务器负载。

4.5.2　图像浏览软件

图像浏览软件是帮助用户获取、浏览和管理图片的实用工具。ACD Systems 公司的 ACDSee 软件是一款经典且流行的看图软件，它支持 50 多种常用多媒体文件格式的浏览，还可以在 BMP、GIF、JPG、PCX、PCD、TIF 等 10 多种图像文件格式之间相互转换。

ACDSee 可应用于图片获取、管理、浏览、优化以及和他人分享。使用 ACDSee，用户可以从数码相机和扫描仪高效获取图片，并进行便捷的查找、组织和预览。作为重量级的看图软件，它能快速、高质量地显示图片，再配以内置的音频播放器，还可以播放出精彩的幻灯片。ACDSee 还能处理如 MPEG 之类的常用视频文件。此外，ACDSee 也是得力的图片编辑工具，可轻松处理数码影像，拥有去除红眼、剪切图像、锐化、浮雕特效、曝光调整、旋转、镜像等功能，还能进行批量处理。

如果对该软件感兴趣，用户可访问 ACD Systems 公司的主页下载 ACDSee 试用软件及相关资料。

4.5.3　截图软件

截图软件是用来帮助用户截取计算机屏幕上图像的实用工具软件。当然，按 Print Screen 键可以将全屏图像截取下来下并保存在剪贴板中，按 Alt + Print Screen 组合键可以抓取当前活动窗口，然后再粘贴到画图板或其他需要的地方，但是这样只能截取整个屏幕，不够灵活。利用截图软件可以方便快速地抓拍屏幕上生动有趣的图像、截取选定区域或窗口元素等，还可对它进行编辑和保存。目前有多种截图软件，其中 Greg Kochaniak 公司开发的 Hyper Snap 是运行在 Windows 下的一个功能强大、使用方便的截图工具软件。它不仅能抓取标准桌面，还能视频截图。其具体功能如下。

（1）可截取任何区域、窗口、按钮。可以在任何桌面捕捉图像，包括虚拟机桌面，同时支持捕捉区域与上次捕捉区域大小一致。可以捕捉活动窗口、扩展活动窗口，还可以捕捉无边框窗口等窗口截图。按钮捕捉适用于那些需要大量捕捉记录按钮的专业技术文档。

（2）支持视频截图、连续截图。支持抓取视频，DVD 屏幕图像，DirectX、3Dfx Glide 全屏游戏截图等。支持图像的连续截取，在用户设定时间间隔后能自动连续截获活动图像（如游戏、视频的画面等），并将截取到的图片自动按序号递增的文件名保存。

（3）非矩形窗口截取图像。可以自由定义截图区域的形状大小，可以是椭圆形、圆形或是徒手圈出截图区域形状。同时可用图像编辑功能，将图像做成更多效果。

（4）支持将图像保存为多种格式并支持图像格式转换。截取的图像可以 20 多种图形格式保存（包括 BMP、GIF、JPEG、TIFF、PCX 等）并阅览，还可以将图像格式转换为其他需要的格式。

（5）文字捕捉功能。几乎能在屏幕上的任何地方捕捉可编辑文本。

除具有超强捕捉屏幕、截图功能外，HyperSnap 还具有丰富的图像编辑功能。

若对该软件感兴趣，用户可访问官网下载 HyperSnap 最新版本及相关资料。

4.5.4　媒体播放软件

媒体播放软件是用来帮助用户播放音频、视频文件的实用工具软件。目前，媒体播放软件有很多，如全能的播放软件暴风影音，Windows 系统自带的 Media Player，大家熟悉的 PPTV、爱奇艺、土豆、优酷、百度视频、360 视频大全等。下面介绍全能的媒体播放软件——暴风影音。

暴风影音视频播放器支持 400 多种格式的音频、视频文件，具有高清播放画质，是最常用的播放器之一。暴风影音采用多核心万能播放技术，优化多种解码方案，完全实现了万能的强劲优势。它能够通过自动侦测用户的计算机硬件配置，自动调整对硬件的支持，自动匹配相应的解码器、渲染链。它提供了对常见绝大多数影音文件和流的支持，包括 RealMedia、QuickTime、MPEG2、MPEG4（ASP/AVC）、VP3/6/7、Indeo、FLV 等流行视频格式，AC3、DTS、LPCM、AAC、OGG、MPC、APE、FLAC、TTA、WV 等流行音频格式，3GP、Matroska、MP4、OGM、PMP、XVD 等媒体封装及字幕支持等。其配合 Windows Media Player 最新版本，可完成当前大多数流行影音文件、流媒体等的播放而无须其他任何专用软件。暴风影音支持的设备齐全，包括手机、台式机、平板电脑等。

若对该软件感兴趣，用户可访问暴风影音公司的网站下载该软件。

4.5.5　PDF 文件阅读软件

可移植文档格式（Portable Document Format，PDF）是电子发行文档事实上的标准。可移植是指文档格式不依赖特定的硬件、操作系统或创建文档的应用程序。它可以在不同的计算机平台上直接查阅，无须做任何修改或转换，因而成为 Internet、Intranet、CD-ROM 上发行和传播电子书刊、产品广告和技术资料的电子文档普遍采用的格式。

Adobe Acrobat Reader 是 Adobe 公司开发的一个查看、阅读和打印 PDF 文件的工具。借助 Acrobat Reader，用户可以在 Microsoft Windows、macOS 和 UNIX 等不同平台上十分方便地查阅采用 PDF 格式出版的所有文档。

Word 文档可以编辑，但与平台相关，不适合网上传播，而与平台无关的 PDF 又不可编辑，所以就有了 Word 到 PDF 的转换器和 PDF 到 Word 的转换器，实现两者之间的相互转换。

若对该软件感兴趣，可访问 Adobe 公司的网站下载试用版软件及相关资料。

4.5.6　词典工具

作为学生，一款好用的词典是学习英语、阅读英文文献的必备。目前，词典软件很多，最受学生喜爱的有金山词霸、有道词典和灵格斯词典。金山词霸引入了牛津词典，有道词典引入了朗文词典，灵格斯则引入了牛津高阶词典、剑桥词典、韦氏词典，所以灵格斯的专业性更强一些。有道词典的优势是简洁、轻巧，金山词霸的优势是离线词库强大，灵格斯词典的优势是可下载词典多、定制性强。下面着重介绍灵格斯词典。

灵格斯（Lingoes）是一个强大的词典查询和翻译工具，支持全球 60 多种语言的互查互译，具有查询、全文翻译、屏幕取词、划词翻译、例句搜索、网络释义和真人语音朗读功能。同时提供海量词库免费下载，专业词典、百科全书、例句搜索和网络释义一应俱全，是新一代的词典与文本翻译专家。灵格斯拥有当前主流商业词典软件的全部功能，并创新地引入了跨语言内核设计及开放式的词典管理方案。超过 80 种语言互查互译，超过 22 种语言全文翻译。开放式的词库管理，提供按需下载安装词库，并自由设定它们的使用和排列方式。它提供了数千部各语种和学科的词典，并且每天都在不断增加中。联机词典及维基百科使用户无须在本地安装大量词库，可以通过网络使用灵格斯的联机词典服务，一样可以获得快速详尽的翻译结果。它还为用户提供了 Wikipedia 百科全书联机查询，它共有 9 种语言，3 500 000 多篇文章。Lingoes 提供的文本翻译服务，集成了全球最先进的全文翻译引擎，包括 Systran、Promt、Cross、Yahoo、Google 及 Altavista 等，令文本翻译变得如此简单，用户可以自由选择它们来翻译文本，并对不同引擎的翻译结果进行比较，以帮助理解那些不熟悉的语言文本。

若对该软件感兴趣，用户可访问灵格斯网站下载该软件及相关资料。

4.5.7　文件压缩软件

文件压缩是指用某种新的更紧凑的格式来存储文件的内容，其目的是缩小文件大小，以减小文件占用的存储空间或传输时间。这就要求在使用文件前必须恢复文件（称为释放或解压缩）。所以压缩软件必须具有压缩和解压缩功能。

WinRAR 是目前流行的压缩工具，其界面友好，使用方便，在压缩率和速度方面都有很好的表现。WinRAR 几乎是现在装机的必备软件，大量的用户使用它进行文件压缩和解压缩。

WinRAR 的主要特点如下。

（1）压缩率高。WinRAR 的 RAR 格式一般要比 WinZIP（另一种常用压缩软件）的 ZIP 格式高出 10%～30% 的压缩率，尤其是它还提供了可选择的、针对多媒体数据的压缩算法，且属无损压缩。

（2）能完善地支持 ZIP 格式并且可以解压多种格式的压缩包，如 ARJ、CAB、LZH、ACE、TAR、GZ、UUE、BZ2、JAR、ISO。

（3）压缩包可以锁住避免被更改。双击进入压缩包后，单击"命令"菜单下的"锁定压缩包"命令就可防止人为的添加、删除等操作，保持压缩包的原始状态。

（4）强大的压缩文件修复功能。在网上下载的 ZIP、RAR 类的文件往往因头部受损导致不能打开，而用 WinRAR 调入后，只需单击界面中的"修复"按钮即可修复，成功率很高。

（5）能建立多种方式的全中文界面的全功能（带密码）多卷自解包。

（6）辅助功能设计细致。可以在压缩窗口的"备份"选项卡中设置压缩前删除目标盘文件；可在压缩前单击"估计"按钮先评估一下压缩；可以为压缩包加注释；可以设置压缩包的防受损功能等。

（7）多卷压缩功能。可将大的压缩内容压缩成多个较小的分卷，实现分卷压缩，总体压缩文件大小可以达到 8 589 934 TB。

（8）提供固实格式的压缩算法，在很大程度上增加类似文件或小文件的压缩率。

若对该软件感兴趣，用户可访问 WinRAR 官网下载该软件及相关资料。

4.5.8　杀毒软件

只要计算机与外界交互，就有被感染的风险，使用杀毒软件可以对此进行防御。杀病毒软件很多，如金山毒霸、瑞星杀毒软件、江民杀毒软件、诺顿、卡巴斯基、360 杀毒和 360 安全卫士等。这里仅介绍免费安全软件 360 杀毒和 360 安全卫士。

360 杀毒是一款云安全杀毒软件，具有查杀率高、资源占用少、升级迅速等优点。360 杀毒采用 SmartScan 智能扫描技术，使其扫描速度奇快，误杀率远远低于其他杀毒软件。同时，360 杀毒可以与其他杀毒软件共存，是一个理想的杀毒备选方案。360 杀毒软件的功能特点如下。

（1）Pro3D 全面防御体系。结合计算机真实系统防御与虚拟化沙箱技术，让病毒无法进入计算机。

（2）刀片式智能五引擎架构。五大查杀引擎嵌入查杀体系。

（3）网购保镖，保障网络交易安全，拦截可疑程序及网址。

（4）1 秒极速云鉴定最新病毒。近 4 亿用户的云安全网络，无须上传文件，1 秒闪电云鉴定最新病毒。

（5）精准修复各类系统问题。计算机门诊为用户精准修复各类计算机问题，如桌面恶意图标、浏览器主页被篡改等。

（6）极致轻巧，流畅体验。对系统性能影响微乎其微，更有智巧模式，让用户体验更流畅。

360 安全卫士拥有查杀木马、清理插件、修复漏洞、计算机体检、保护隐私等多种功能，并独创了木马防火墙、360 密盘等功能，依靠抢先侦测和云端鉴别，可全面、智能地拦截各类木马，保护用户的账号、隐私等重要信息。360 安全卫士功能描述如下。

（1）计算机体检。对计算机进行详细的检查。

（2）查杀木马。使用 360 云引擎、360 启发式引擎、小红伞本地引擎、QVM 四引擎杀毒。

（3）清理插件。给系统瘦身，提高计算机速度。

（4）修复漏洞。为系统修复高危漏洞和功能性更新。

（5）系统修复。修复常见的上网设置、系统设置。

（6）计算机清理。清理垃圾和清理痕迹。

（7）优化加速。加快开机速度。

（8）功能大全。提供几十种各式各样的功能。

（9）软件管家。安全下载软件、小工具。

若对免费的 360 软件感兴趣，用户可访问 360 网站下载该软件及相关资料。

本章小结

本章介绍了计算机软件系统的整体概念，以及两种典型的系统软件（操作系统和程序设计语言翻译系统）、3 种常用的应用软件（Office、QQ、微信）和 8 种常用工具软件。操作系统是最重要的系统软件，本章通过介绍操作系统的概念和资源管理的功能，以及常用的 4 种操作系统 MS-DOS、Windows、UNIX 和 Linux，使读者对操作系统有整体的认识。程序设计语言翻译是理解软件开发和执行的重要环节，本章通过介绍 3 种程序设计语言翻译系统（汇编、编译、解释），使读者了解程序设计语言翻译系统的概念及其翻译过程。本章所介绍的 3 种应用软件和 8 种工具软件是我们日常工作和学习中常用的软件，要求掌握 Word、Excel、PowerPoint 的基本使用方法。读者初步学会使用这些软件，会对日后的学习有帮助。

习题

一、简答题

1. 计算机软件分为哪几类？试列举每类软件中所知道的软件名称。

2. 什么是操作系统？它的主要作用是什么？

3. 程序设计语言翻译器包括哪几种类型？分别叙述各类翻译器的简单工作过程。

4. 如何启动、退出 Word？

5. 如何打开某文件夹中的 Word 文档？如何保存文档？

6. 在 Word 中，通过哪些途径可以输入一些特殊符号，如"【""→"等？

7. 在 Word 中，对选定的文本，执行"剪切"和"删除""剪切"和"复制"操作的区别在哪里？

8. Word 提供了哪几种视图方式？如何切换到不同的视图方式？

9. 在 Word 中如何实现强制分页？

10. 在 Word 中如何对一页中的多个段落实现不同的分栏？

11. 在 Word 中如何设置页眉页脚？如何创建奇偶页或首页不同的页眉页脚？

12. 在 Word 中建立表格有哪几种方法？如何拆分与合并表格中的单元格？表格中的单元格有几种对齐方式？如何设置表格的边框和底纹？

13. 在 Word 中如何改变图形对象的大小与位置？有哪几种图形环绕方式？

14. 在 Word 中如何生成目录？

15. 在 Word 中如何设置页面？

16. 简述 Excel 工作簿、工作表和单元格的概念以及它们之间的关系。

17. 简述在 Excel 工作表中输入数据的几种方法。

18. 在工作表中如何移动和复制单元格？

19. 简述 Excel 中的常用函数以及在公式中插入函数的方法。

20. Excel 中的图表包括哪几种形式？如何创建图表？

21. Excel 图表中有哪些对象？如何设置格式？

22. Excel 中如何进行多条件排序？

23. Excel 中的高级筛选在设置条件时必须遵循什么规则？

24. Excel 中保护工作簿和工作表都有哪些方法？

25. 如何将 Access 数据库中的数据导入 Excel 的数据清单中？

26. PowerPoint 2010 保存的文件类型有哪些？

27. PowerPoint 2010 有哪几种视图？各适用于何种情况？

28. PowerPoint 2010 创建演示文稿的方法有几种？

29. 在 PowerPoint 2010 中如何设置幻灯片的背景和配色方案？

30. 简述 PowerPoint 2010 幻灯片母版的作用。母版和模板有何区别？

31. 在 PowerPoint 2010 幻灯片中插入超链接的方法有哪两种？代表超链接的对象是否只能是文本？

32. PowerPoint 2010 中，怎样为幻灯片录制旁白和设置放映时间？

33. PowerPoint 2010 中，如何设置幻灯片的切换效果？

34. PowerPoint 2010 演示文稿的放映方式有几种？各有什么特点？

二、操作题

1. 新建 Word 文档，将文件保存为"Word 练习 1.docx"。

（1）输入以下文本（文本为宋体五号，首行缩进两个字符）。

网络是指在通信协议的控制下，通过通信系统互连起来、在地理上分散布置、相互之间独立的计算机的集合。其中的通信协议是网络中的计算机在通信时必须共同遵守的规则，相互独立是指网络中的各计算机之间不存在明显的主从关系。网络的最大特点是资源共享，包括软件资源、硬件资源和信息资源的共享。共享可以提高资源的利用率，提高部门和个人的工作效率。

网络由资源子网和通信子网组成。

资源子网由各类计算机、终端以及计算机外部设备组成，负责信息的加工处理，并向网络提供资源。资源子网中的用户计算机称为主机（Host）。

通信子网包括传输介质和通信设备。传输介质有双绞线、电缆、光缆等，通信设备则包括传输线路、交换设备、通信处理机以及微波站、卫星地面站等。通信子网提供网络的通信功能，将一台主机发来的信息传送到另一台主机，以实现网络资源共享。

（2）输入结束，保存并关闭文档。

（3）打开文档，设置纸张大小为 16 开，左右边距为 2cm，上下边距为 2.2cm。

（4）在文档的第一行插入标题"计算机网络"。将标题设置为黑体三号、加粗，居中对齐，段前、段后的间距为 0.5 行。

（5）将第一、第二段开头的"网络"两字替换为"计算机网络"，并改为蓝色、加粗。

（6）为文档中的"资源子网"和"通信子网"添加不同类型的下画线。

（7）在文档的右下角插入一幅任意的剪贴画，四周型环绕，高度为 5 行文字，设置图片大小时不可改变其纵横比。

（8）为文档添加页眉页脚。页眉为"计算机网络"，居中对齐；页脚为页码，右对齐。

2．使用 Word 制作个人情况简表。

表格格式如图 4-15 所示，其中标题文字为宋体五号、加粗，居中对齐，段前、段后的间距为 0.3 行；表格内文字为宋体小五号；单元格内的文字要求中部居中；外边框适当加粗。然后将自己的资料填入表格，并调整使其美观。

个人情况简表

姓　　名		性　别		出生日期		照 片
专业班级				宿舍电话		
家庭住址				家庭电话		
通信地址				邮政编码		
个人简历						

图 4-15　第 2 题图——个人情况简表

3．使用 Excel 对某公司的职工工资进行处理。

（1）在 Excel 中新建一个空白工作表 Sheet1，将表 4-2 所示的内容输入工作表 Sheet1 中。

表 4-2　　　　　　　　　　　　　　　　　　职工工资表

编号	姓名	性别	部门	工作日期	工龄	基本工资	工龄工资	奖金	水电费	实发工资
0101	刘敏	女	市场	2006-11-12		2 200			80	
0102	张茵	女	市场	2008-5-13		1 900			80	
0103	赵奇峰	男	市场	2010-8-8		2 100			55	
0104	孙浩	男	市场	2010-1-25		2 200			0	
0201	赵谨	女	销售	2010-3-16		1 800			16	
0202	李明亮	男	销售	2011-8-17		1 700			35	
0203	陈晨	男	销售	2010-6-14		2 000			100	
0301	王阳	女	开发	2009-10-8		2 100			68	
0302	郑光明	男	开发	2008-9-24		1 700			15	
0303	王海明	男	开发	2008-4-30		1 850			81	
0304	杜斌	男	开发	2007-6-15		1 800			32	
0305	韩笑	女	开发	2010-9-1		1 750			44	
0401	杨晓冬	男	测试	2006-5-5		1 950			24	
0402	李大鹏	男	测试	2004-1-14		2 000			69	
0403	夏天	女	测试	2008-12-10		1 950			54	

（2）对表格进行格式化设置。

① 将工作表 Sheet1 重命名为"职工工资表"，为表格加上总标题"职工工资表"，设置其格式为宋体、四号、加粗、跨列居中。

② 设置表格标题栏（编号、姓名、性别等）格式为黑体、小四号、居中。

③ 设置表格中其余数据的格式为宋体、五号。

④ 为表格加上双线外边框和单线内边框，线型为实线。

⑤ 将表格的标题行和编号列设置为白色字体和绿色背景，表格其他部分的背景设置为淡黄色。

（3）根据工作日期计算工龄和工龄工资，工龄的计算公式为"工龄=当前日期的年份-工作日期的年份"，工龄工资的计算公式为"工龄工资=工龄×8"。

（4）用公式计算每个职工的实发工资，计算公式为"实发工资=基本工资+工龄工资+奖金-水电费"，结果保留一位小数。

（5）用公式计算最高实发工资和最低实发工资，结果放在实发工资下方两个连续的空白单元格内，并在左侧单元格中输入"最高"和"最低"字样。

（6）用公式计算基本工资的平均值，结果放在"基本工资"列下方的空白单元格中。

（7）统计工龄超过10年的职工人数，结果放在"工龄"列下方的空白单元格中。

（8）根据工龄将表中的数据按升序排列，工龄相同的再按照实发工资降序排列。

（9）筛选出工龄超过10年的女职工记录。

（10）按照部门进行分类，汇总出不同部门基本工资和实发工资的平均值。

4. 利用 PowerPoint 制作一份介绍自己家乡的演示文稿。文稿中要求包含文字、图片、声音及家乡所在省市网站的链接。

5. 练习本章提到的工具软件的基本使用方法。

05

第5章 计算机技术及应用

计算机出现的初期，主要用于科研、军事等专门的领域，电子技术的不断发展使计算机价格大幅下降，而功能不断提高，特别是微机的出现，使计算机的应用日益广泛。近年来网络技术的迅速发展和应用，更使计算机已广泛普及到众多家庭，计算机的应用已渗透到人们工作、生活的各个方面，成为工作、学习和娱乐的重要工具和生活的重要组成部分。计算机正在重新定义世界，很难想象，如果没有计算机，当今的世界会是什么样。

本章主要介绍计算机在各方面的应用，使读者了解计算机的应用情况。

本章知识要点：

* 计算机在典型行业中的应用
* 数据库系统及应用
* 多媒体技术及应用
* 计算机网络技术及应用
* 计算机信息安全技术

5.1 计算机在典型行业中的应用

计算机技术的应用目前已是无处不在，从智能手机、家电到工业控制，再到宇宙飞船上天等，都应用了计算机。计算机已广泛应用于社会的各个领域，渗透到人们的生活、工作和学习中。下面介绍计算机在几个典型行业中的应用。

我国政府从 1993 年开始先后启动了旨在促进国家信息化建设的一系列的"金"字工程和其他信息化建设工程，主要有"金桥"工程（"国家经济信息通信网工程"）、"金卡"工程（"电子货币工程"）、"金关"工程（"海关联网工程"）、"政府上网工程"和"家庭上网工程"等。计算机技术已广泛应用于各行各业。

计算机在教育中的典型应用主要有计算机辅助教育、远程教育、计算机教学管理等。1994 年启动的"金智"工程是我国教育、科技信息化建设工程，其主体部分是"中国教育和科研计算机网示范工程"（CERNET）。CERNET 是我国第一个由国家投资建设的、全国性教育和学术计算机互连网络，是全国最大的公益性互连网络。目前，在线教育、慕课（Massive Open Online Course，MOOC）等已成为社会教育的重要组成部分，许多高校的通识课程都是通过在线学习来完成的。

计算机在商业中的应用主要有电子商务、电子收银、"金贸"工程等。我国电子商务已走在世界前列，目前，在线支付和手机移动支付已成为人们日常支付的手段，据中国电子商务中心统计，我国 2017 年上半年电子商务交易额为 13.35 万亿元，同比增长 27.1%。天猫 2017 年"双十一"当天交易额达 1 682 亿元，开始抢单仅 11 秒成交额就达到 1 亿元。

计算机在制造业中的应用主要有计算机辅助设计（Computer Aided Design，CAD）、计算机辅助制造（Computer Aided Manufacturing，CAM）、计算机辅助工艺编制（Computer Aided Process Planning，CAPP）、3D 打印等。

计算机在金融和证券中的应用主要有网上银行、证券交易系统、外汇交易系统、电子货币等，1993 年启动的"金卡"工程已取得了极大的成效。据统计，截至 2016 年年底，我国银行卡累计发卡量达 63.7 亿张，人均持有银行卡 4.62 张。

计算机在办公自动化中的应用主要是办公自动化（Office Automation，OA），即利用计算机及其他设备来辅助进行办公。目前，办公自动化已成为政府、企事业等机构信息化建设的基本要求。

计算机在政府工作中的应用主要是电子政务，电子政务是指政府部门利用计算机网络技术来完成相关政务活动。我国在 1999 年就启动了"政府上网工程"，逐步构建我国的"电子政府"。电子政务使越来越多的政府服务通过网络向社会提供，便民、高效、快捷。

计算机在生物、医学中的应用主要有生物和医学研究、高科技医疗、医学专家系统、计算机辅助药物研究、远程会诊、预约挂号、网上疾病查询、医疗管理、手术机器人等。

世界上第一台通用电子计算机 ENIAC 就是美国国防部为了计算导弹弹道而研制的，此后，计算机在军事领域得到广泛应用。计算机在国防和军事中的应用主要有计算机辅助武器装备设计、武器自动化、弹道计算、计算机模拟军事训练、计算机模拟军事演习、无人机、无人艇、军事机器人、军事分析、决策支持、军事管理等。

计算机在交通运输业中的应用主要包括订票与售票系统、交通监控、交通导航、全球卫星定位系统（Global Position System，GPS）、高速公路收费、地理信息系统（Geographic Information System，GIS）、无人驾驶汽车、物流跟踪管理等。

无论哪个行业领域、哪一类的计算机应用，都需要基于数据库、多媒体、网络、安全等基础技术进行构建。本章将介绍这些主要的基础技术。

5.2 数据库系统及应用

数据是人类活动的重要资源，目前在计算机的各类应用中，用于数据处理的应用约占 80%。数据处理是指对数据进行收集、管理、加工、传播等操作，而其中数据管理是对数据进行组织、存储、检索和维护等操作，因此数据管理是数据处理的核心，数据库系统是研究如何妥善地组织、存储和科学地管理数据的计算机系统。

数据库技术是计算机科学技术中发展最快、应用最广泛的领域之一。学校的学生信息管理、企业中的企业信息管理，以及国家的各种信息管理等，无一不用到数据库。在当前的信息时代，一个国家数据库的建设规模、数据库信息量的大小和使用频率已成为衡量这个国家信息化程度的重要标志，国家的基础信息数据库是其重要的信息资源。数据库技术已是计算机信息系统和应用程序的核心技术和重要基础。

本节主要介绍数据系统的基本概念、SQL、常用的数据库系统，以及几种新型的数据库系统。

5.2.1　数据库系统的基本概念

1. 数据库及数据库管理系统

数据库（DataBase，DB）一词早在 20 世纪 50 年代就已经提出，经过多年的发展已成为计算机科学的一个重要分支。这里先介绍数据库相关的几个基本概念，以方便读者对后面内容的理解。

（1）数据库

数据库是存储在计算机内的、有组织的、统一管理的相关数据的集合。

也就是说，数据库是存储数据的仓库，其中的数据是以一定的结构组织存储的，具有较小的冗余度、较高的数据独立性和易扩展性，可为多个用户共享。

（2）数据库管理系统

数据库管理系统（DataBase Management System，DBMS）是对数据库进行管理的软件。

数据库管理系统是位于数据库用户和操作系统之间的一层数据管理软件，为用户提供了访问数据库的各种方法，使用户可以透明地访问数据库，而不需要知道数据库的物理组织和存储方式。

数据库管理系统主要有以下 4 类功能。

- 数据定义功能。DBMS 提供数据定义语言（Data Definition Language，DDL），用户通过 DDL 可以方便地定义数据库中的数据对象。

- 数据操纵功能。DBMS 还提供数据操纵语言（Data Manipulation Language，DML），用户可以使用 DML 实现对数据库的基本操作，如数据查询、插入、修改和删除等。

- 数据库的运行管理。数据库在建立、使用和维护时由 DBMS 统一管理、统一控制，以保证数据的安全性、完整性，多个用户对数据的并发使用，故障后的数据库恢复等，保证数据库能正确、有效地运行。

- 数据库的建立和维护。包括数据库初始数据的输入、转换功能，数据库的转储、恢复功能，数据库的重组、性能监测和分析等功能。这些功能是由 DBMS 提供的一些实用程序完成的。

（3）数据库系统

数据库系统（DataBase System，DBS）是指包含数据库和数据库管理系统的计算机系统。数据库系统通常由数据库、数据库管理系统、应用系统、数据库管理员及用户构成，如图 5-1 所示。

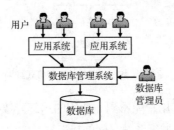

图 5-1　数据库系统的组成

数据库的建立、使用和维护等需要专门的人员来管理，这些管理人员被称为数据库管理员（DataBase Administrator，DBA）。

2. 数据管理技术的发展

数据库技术是由数据管理技术不断发展产生的，数据管理技术的发展经历了人工管理、文件系统、数据库系统 3 个阶段。

（1）人工管理阶段。20 世纪 50 年代以前，计算机主要用于科学计算，外存只有穿孔纸带、卡片、磁带等，没有可以直接存取的磁盘等设备；软件也没有操作系统，没有数据管理软件，数据靠人工管理，数据处理是批处理方式。该阶段的主要特点是数据不长期保存在计算机中，应用程序管理数据，数据不独立于应用程序，应用间不共享数据。

（2）文件系统阶段。20 世纪 50 年代后期到 20 世纪 60 年代中期，出现了磁盘、磁鼓等直接存取的存储设备，操作系统中有了专门进行数据管理的功能（称为文件系统），使计算机在信息应用方面得到迅速发展。该阶段的主要特点是数据可以长期保存在外存上重复使用，数据独立于程序，由文件系统来管理数据。

（3）数据库系统阶段。20 世纪 60 年代后期以来，计算机应用日益广泛，数据规模越来越大，出现了大容量磁盘，联机实时处理的要求更多，并开始提出和考虑分布处理。文件系统已不能满足数据管理的要求，于是数据库技术应运而生了。数据库技术克服了文件系统的不足，可以更有效、方便地管理数据。该阶段的主要特点是数据结构化，数据的独立性高，数据的共享性高、冗余度低、易扩充，数据由 DBMS 统一管理和控制，便于用户使用。

3. 数据库系统结构

从数据库最终用户的角度来看，数据库系统的结构可分为集中式结构（又可分为单用户结构和主从式结构）、分布式结构、客户/服务器结构和并行结构，这是从数据库系统外部看到的体系结构。

从数据库管理系统的角度来看，数据库系统通常采用三级模式结构：外模式、内模式和概念模式（见图 5-2），这是从数据库系统内部看到的体系结构。

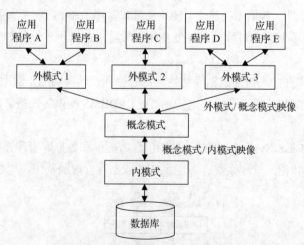

图 5-2　数据库系统的三级模式结构

（1）外模式。外模式是数据库用户能看到和使用的那部分数据的逻辑结构和特征的描述，是用户的数据视图，也是应用程序与数据库系统之间的接口。

用户可以通过数据定义语言和数据操纵语言来定义数据库的结构和对数据库进行操作，只需按所定义的外模式进行操作，无须了解概念模式和内模式的内部细节。

由于外模式通常是模式的子集，即一个用户通常只用到数据库中的部分数据，所以外模式通常也称为子模式或用户模式。对应于不同的用户和应用，一个数据库可以有多个不同的外模式。

（2）内模式。内模式也称为存储模式，是数据库内部数据物理存储结构的描述，定义了记录的存储结构、索引组织方式以及数据是否压缩存储和加密等数据控制细节。

（3）概念模式。概念模式可简称为模式，是数据库中整体数据的逻辑结构和特征的描述，包括概念记录类型、记录之间的联系、数据的完整性和安全性约束等数据控制方面的规定等。概念模式是所有用户的公共数据视图。

有时也将外模式、概念模式和内模式对应的不同层次的数据库分别称为用户级数据库、概念级数据库和物理级数据库。

在图 5-2 中可以看到在三级模式之间还存在外模式/概念模式映像和概念模式/内模式两层映像。数据库系统实际上存在的只是物理级数据库，它是数据访问的基础。概念级数据库不过是物理级数据库的一种抽象描述，用户级数据库是用户和数据库的接口。用户根据子模式进行数据操作，通过子模式到概念模式的映射与概念级数据库联系起来，又通过概念级到存储的映射与物理级联系起来，使用户不必关心数据在计算机中的具体表示方式和存储方式。

外模式/概念模式映像存在于外模式和概念模式之间，它定义了外模式和概念模式之间的对应关系。

当数据库的概念模式改变时（如增加新的关系、新的属性，改变属性的数据类型等），而使外模式保持不变。因为应用程序是依据外模式编写的，所以外模式/概念模式映像使应用程序不必随着概念模式的改变而修改，保证了数据与应用程序的逻辑独立性，简称数据的逻辑独立性。

概念模式/内模式映像存在于概念模式和内模式之间，它定义了数据库全局的逻辑结构与存储结构之间的对应关系，如说明逻辑记录和字段在内部是如何表示的。当数据库的内模式需要改变时（如改变存储结构），只需修改概念模式/内模式映像，使概念模式保持不变，从而使应用程序也不必修改。保证了数据与应用程序的物理独立性，简称数据的物理独立性。

DBMS 的中心工作之一，就是完成三级模式之间的两层映像，把用户对数据库的操作具体实现到对物理设备的操作，实现数据与应用程序之间的独立性。

4. **数据模型与数据库管理系统类型**

数据模型（Data Model）是现实世界数据特征的抽象，即现实世界数据在计算机中的模拟。现有的数据库系统都是基于某种数据模型的，主要有下列 4 种数据模型。

（1）层次模型。层次模型采用树形结构来表示数据库中的记录及其联系。层次模型是数据库系统中最早出现的数据模型，曾得到广泛应用。

（2）网状模型。网状模型使用有向图（网络）来表示数据库中的记录及其联系，可以克服层次模型中表现非树形结构很不直接的缺点。

（3）关系模型。关系模型是采用二维表格的形式来表示数据库中的数据及其联系。

关系模型是目前最常用的一种数据模型，由 IBM 公司的 E. F. Codd 于 1970 年首次提出。关系模型基于严格的关系数学理论，简单易用。

（4）面向对象模型。是数据库技术与面向对象程序设计技术相结合的产物。面向对象模型是用面向对象的观点来描述现实世界实体（对象）的逻辑组织与对象间的限制和联系。

按照数据库管理系统采用的数据模型，通常将数据库管理系统划分为层次数据库管理系统、网络数据库管理系统、关系数据库管理系统等类型。

关系数据库管理系统（Relational DataBase Management System，RDBMS）是目前应用最广的，自20世纪80年代以来，因为几乎所有的数据库管理系统都支持关系模型，数据库领域的研究工作也都以关系方法为基础。所以通常将其他类型的数据库管理系统统称为非关系数据库管理系统，目前常用的数据库管理系统基本上都是关系数据库管理系统。

5. 数据库技术的研究领域

作为发展最快、应用最广泛的学科之一，数据库技术的研究范围非常广泛，大致可以概括为以下几个研究领域。

（1）数据库管理软件的研制。DBMS是数据库系统的基础，DBMS的研制包括DBMS本身以及以DBMS为核心的相关的软件系统，其目标是提高系统的可用性、可靠性、可伸缩性、性能和效率。

（2）数据库设计。数据库设计的主要任务是在DBMS的支持下，按照应用的要求，为某一部门或组织设计一个结构合理、易用、高效的数据库及应用系统。数据库设计包括数据库设计方法、设计工具和设计理论的研究，数据模型和数据建模的研究，数据库设计规范和标准的研究等。

（3）数据库理论。由于目前关系数据库管理系统几乎是一统天下，所以数据库理论的研究主要集中于关系的规范化理论和关系数据理论等。随着人工智能在数据库技术中的应用及并行计算技术的发展等，新的研究方向还包括数据库逻辑演绎和知识推理、数据库中的知识发展和并行算法等。

5.2.2 关系数据库管理系统

采用关系数据模型的数据库管理系统称为关系数据库管理系统，由于关系数据模型的数据结构简单、清晰、易用，所以关系模型得到了广泛应用，关系数据库管理系统是目前应用最广的，目前的数据库管理系统几乎都支持关系数据模型。本节结合Access介绍关系数据库管理系统的基本概念。

1. 关系模型的基本概念

在关系模型中，一个二维表即表示一个关系，关系模型是采用二维表格的形式来表示数据库中的数据及其联系的。

（1）关系。一个关系就是一张二维表，即一个二维表就表示一个关系，每个关系都有一个关系名。图5-3所示即为图书关系。

图书编号	书名	学科	主编	出版社
201214101	计算机导论	计算机	李国方	清华大学
201214102	C程序设计	计算机	张丽	人民邮电
201214103	操作系统	计算机	欧阳书	人民邮电
201214201	高等数学	数学	孙芳芳	高等教育
201214202	线性代数	数学	韩深	高等教育

图 5-3　图书关系（一个二维表即一个关系）

对关系的描述称为关系模式，一个关系模式对应一个关系的结构。其描述格式为：

关系名（属性名 1，属性名 2，…，属性名 n）

在 Access 中表现为表结构，例如：

图书信息表（图书编号，书名，学科，主编，出版社）

（2）元组。在一个二维表（一个具体关系）中，每一行是一个元组。元组对应表中的一条记录，例如，图书信息表关系中包含多条记录（元组）。

（3）属性。二维表中垂直方向的列称为属性，每一列有一个属性名。在 Access 中表示为字段。每个字段的数据类型、大小等可在创建表结构时设定。例如，图书信息表中的图书编号、书名、学科、主编、出版社等字段及其相应的数据类型组成了图书信息表的结构。

（4）域。域是指属性的取值范围，即不同元组对同一个属性的取值所限定的范围。例如，书名的取值范围是文字字符。

（5）关键字。关键字段的值能够唯一地标识一个元组的属性或属性的组合。在 Access 中表示为字段或字段的组合，例如，图书信息表中的"图书编号"可以作为唯一标识一条图书记录的关键字，关键字段简称为主键。有时需要多个字段组合才能唯一标识一条记录，这些多字段组合构成的关键字称为复合关键字。

（6）外部关键字。如果一个表中的一个字段不是本表的主关键字，而是另外一个表的主关键字，这个字段（属性）就称为外部关键字（简称外键）。

在关系数据模型中，表之间可通过关键字和外部关键字建立引用（参照）关系。

2. 表间关系

在数据库中，每个表都是一个独立的对象，但各表之间并不是完全孤立的，表与表之间通常存在相互联系。表之间有 3 种关系，分别是一对一、一对多和多对多。

（1）一对一关系。如果 A 表中的一条记录只能匹配 B 表中的一条记录，反之亦然，则这两表之间存在一对一的关系。

（2）一对多关系。如果 A 表中的一条记录可以匹配 B 表中的多条记录，但 B 表中的一条记录只能匹配 A 表中的一条记录，则这两表之间存在一对多的关系。

（3）多对多关系。如果 A 表中的多条记录可以匹配 B 表中的多条记录，且 B 表中的多条记录也可以匹配 A 表中的多条记录，则这两表之间存在多对多的关系。

在实际应用中，表间关系通常是一对多的关系，通常将一端表称为主表，将多端表称为相关表。

Access 提供了多种方式来建立表间关系。

3. 参照完整性

参照完整性是关系数据模型中规范表间关系的关系规则，能确保相关表之间关系的有效性，并确保相关表中相关数据的一致性和完整性。

当实施参照完整性时，必须遵守以下规则。

（1）当主表中没有相关记录时，不能将记录添加到相关表中，否则会创建孤立记录。

（2）当相关表中存在与主表中匹配的记录时，不能删除主表中对应的记录。但在具体数据库系统的实际操作中，可以删除主表中的记录及相关表中的所有相关记录。

（3）当相关表中有相关的记录时，不能更改主表中主键的值，否则会创建孤立记录。但在具体数据库系统的实际操作中，可以通过"级联更新相关记录"等类似设置来更新主表中的记录和相关表中的所有相关记录。

在实际的关系数据库系统中，实施参照完整性后，对表中主键字段进行操作时，系统会自动检查主键字段，查看该字段是否被添加、修改或删除了。如果对主键的修改违反了参照完整性规则，则系统会自动强制执行参照完整性，保证相关表之间的数据完整性。

5.2.3　结构化查询语言 SQL

存储在数据库中的数据最终是要使用的，对数据库的主要操作是数据查询。由于数据库规模通常都很大，特别是在信息爆炸的信息时代，要在庞大的数据库中快速准确地找到需要的数据，就需要有效的数据查询技术和工具。SQL 是目前关系数据库系统广泛采用的数据查询语言。

因为结构化查询语言（Structured Query Language，SQL）是由 SEQUEL（Structured English Query Language）改进而来的，所以通常将 SQL 读作 "sequel"。

SQL 是由 Boyce 和 Chamberlin 于 1974 年提出的，并在 IBM 研制的 System R 关系数据库管理系统上实现。1986 年，美国国家标准局（American National Standards Institute，ANSI）的数据委员会 X3H2 批准了 SQL 作为美国关系数据库语言的标准，1987 年国际标准化组织（International Organization for Standardization，ISO）也通过了该标准，使其成为了国际标准。经改进，ISO 于 1989 年颁布了 SQL-89 标准（即 SQL2），1992 年又公布了 SQL-92 标准。而 SQL 也从简单的数据查询语言逐渐成为功能强大、更加规范、应用广泛的数据库语言。

1. SQL 的特点

SQL 语言之所以能够在业界得到广泛应用，是因为其功能完善、语法统一、易学。SQL 主要有以下特点。

（1）功能的一体化。SQL 集数据定义语言（Data Definition Language，DDL）、数据操纵语言（Data Manipulation Language，DML）、数据控制语言（Data Control Language，DCL）于一体，能够完成关系模式定义、建立数据库、插入数据、查询、更新、维护、数据库重构、数据库安全性控制等一系列操作。

（2）统一的语法结构。SQL 有两种使用方式，一种是自含式（联机使用方式），即 SQL 可以独立地以联机方式交互使用；另一种是嵌入式，即将 SQL 嵌入某种高级程序设计语言中使用。这两种方式分别适用于普通用户和程序员，虽然使用方式不同，但 SQL 的语法结构是统一的，便于普通用户与程序员交流。

（3）高度非过程化。SQL 是一种非过程化数据操作语言，即用户只需指出 "干什么"，而无须说明 "怎么干"。例如，用户只需给出数据查询条件，系统就可以自动查询出符合条件的数据，而用户无须告诉系统存取路径及如何进行查询等。

（4）语言简洁。SQL 语句简洁，语法简单，非常自然化，易学易用。

2. SQL 的功能

SQL 主要有以下功能。

（1）数据定义。定义数据库的逻辑结构，包括定义基本表、视图和索引，相关的操作还包括对基本表、视图、索引的修改与删除。

基本表是数据库中独立存在的表，通常简称为表。在 SQL 中一个关系就对应一个基本表，一个或多个基本表对应一个存储文件，一个基本表可以有多个索引，索引也保存在存储文件中。一个数据库中可以有多个基本表。视图则是由一个或多个基本表导出的表。

数据定义功能是通过数据定义语言（DDL）实现的。

（2）数据操纵。主要包括数据查询和数据更新操作。数据查询是数据库应用中最常用、最重要的操作；数据更新则包括对数据库中记录的增加、修改和删除操作。

数据操作功能是通过数据操纵语言（DML）实现的。

（3）数据控制。主要是对数据的访问权限进行控制，包括对数据库的访问权限设置、事务管理、安全性和完整性控制等。

数据控制功能是通过数据控制语言（DCL）实现的。

（4）嵌入功能。即 SQL 可以嵌入其他高级程序设计语言（宿主语言）中使用。

前面讲过 SQL 有自含式和嵌入式两种使用方式，SQL 的主要功能是数据操作，自含式使数据处理功能差，而高级程序设计语言的数据处理功能强，但其数据操作功能弱，为了结合二者的优点，常将 SQL 嵌入高级程序设计语言中使用，实现混合编程。

为了实现嵌入式使用，SQL 提供了与宿主语言之间的接口。

下面以简单的例子来简要说明 SQL 的几个主要操作。

这里用图 5-3 中的图书关系，将该关系的基本表命名为 Books，如图 5-4 所示。

图书编号	书名	学科	主编	出版社
201214101	计算机导论	计算机	李国方	清华大学
201214102	C 程序设计	计算机	张丽	人民邮电
201214103	操作系统	计算机	欧阳书	人民邮电
201214201	高等数学	数学	孙芳芳	高等教育
201214202	线性代数	数学	韩深	高等教育

图 5-4　图书关系 Books

下面的语句将定义图 5-4 中的图书基本表。

```
CREATE TABLE Books (图书编号 CHAR (9) NOT NULL,书名 CHAR (20) NOT NULL,
学科 CHAR (10),主编 CHAR (8),出版社 CHAR (20),PRIMARY KEY (图书编号))
```

上述语句定义了基本表 Books 的 5 个属性（一个属性对应二维表中的一列），"CREATE TABLE"为定义基本表语句的关键字，"CHAR(9)"表示相应的属性数据类型为字符型，括号中的"9"是指该属性长度为 9 个字符；"NOT NULL"定义了相应的属性在应用时其值不能为空值；"PRIMARY KEY"则定义属性"图书编号"为主键。

这就是 SQL 最基本的数据定义功能。

要注意的是，上述语句只是定义了基本表 Books 的结构，即 Books 中有哪些属性、这些属性的数据类型及长度、表的主键等，而 Books 中还没有数据（记录），只是一个空的基本表，利用 INSERT 语句可以添加数据，如下面的语句。

```
INSERT INTO Books (图书编号,书名,学科,主编,出版社)
VALUES ('201214101','计算机导论','计算机','李国方','清华大学')
```

上述语句把 Books 关系中的第一条记录添加到了 Books 基本表中，以同样的方式可以将其他记录添加到 Books 基本表中。添加时属性要与 VALUE 后面括号内的值一一对应，数据类型也要匹配。

下面的 DELETE 语句可将"数学"学科的图书记录全部删除。

```
DELETE FROM Books WHERE 学科='数学'
```

WHERE 后面的条件可以是组合条件。

上面的 INSERT、DELETE 及数据修改（UPDATE，未举例）都是 SQL 基本的数据操纵语言。

为了提高对基本表的存取速度，可以为基本表创建索引，一个基本表可以创建多个索引。下面的语句按"图书编号"升序创建了索引，并将创建的索引命名为 BookNoIndex。

```
CREATE INDEX BookNoIndex ON Books(图书编号 ASC)
```

当然也可以按降序创建索引，也可以用几个属性联合创建索引。

数据库创建以后最常用的操作就是数据查询，用 SELECT 语句可进行查询，下面的 SELECT 语句将查询出所有"计算机"学科的图书记录，其中的"*"表示查询 Books 的所有属性。

```
SELECT * FROM Books WHERE 学科='计算机'
```

5.2.4 常用数据库管理系统

目前常用的数据库管理系统包括 Microsoft Access、Microsoft SQL Server、Oracle、MySQL、DB2、SQLite 等，这些都属于关系数据库管理系统（RDBMS），这里对它们做简要介绍。

1. Microsoft Access

Microsoft Access 是 Microsoft Office 办公组件之一，是 Windows 操作系统下的基于桌面的关系数据库管理系统，主要用于中小型数据库应用系统开发。Access 的用途体现在两个方面：一是用来进行数据分析，二是用来开发软件。在功能上，Access 不仅是数据库管理系统，而且是一个功能强大的数据库应用开发工具，它既提供了表、查询、窗体、报表、页、宏、模块等数据库对象；又提供了多种向导、生成器、模板，可以对数据存储、数据查询、界面设计、报表生成等操作进行规范化。不需太多复杂的编程，就能开发出一般的数据库应用系统。Access 采用 SQL 作为数据库语言，使用 VBA（Visual Basic for Application）作为高级控制操作和复杂数据操作的编程语言。

目前常用的版本有 Access 2007、Access 2010、Access 2013 和 Access 2016。

2. Microsoft SQL Server

Microsoft SQL Server 是 Microsoft 开发的基于 C/S 的企业级关系数据库管理系统，是目前最流行的数据库管理系统之一。从 SQL Server 2005 开始集成了 .Net Framework 框架，其功能强大，组件包括数据库引擎、集成服务、数据分析服务、报表服务等。

目前常用的版本包括 SQL Server 2008、SQL Server 2012 和 SQL Server 2016。SQL Server 根据不同的应用主要包括企业版、商业智能版、标准版和精简版等。

3. Oracle

美国 Oracle（甲骨文）公司提供的以分布式数据库为核心的一组数据库产品，是目前最流行的 C/S 或 B/S 体系结构的大型关系数据库管理系统之一，是 Oracle 公司的核心产品。

Oracle 数据库支持 C/S 和 B/S 架构，采用 SQL，支持 Windows、HP-UX、Solaris、Linux 等多种操作系统，并支持多种多媒体数据，如二进制图形、声音、动画及多维数据结构等。

目前常用版本有 Oracle 11g 和 Oracle 12c，Oracle 11g 根据不同的应用又分为企业版、标准版、简化版等。

4. MySQL

MySQL 是一个小型关系数据库管理系统，虽然其功能较大型数据库管理系统弱，但由于其开放源码、体积小、速度快、简单易用、成本低等特点，并提供多种操作系统下的版本，目前 MySQL 被广泛应用在 Internet 上的中小型网站中，是目前最流行的数据库管理系统之一。

MySQL 的最初开发者为瑞典 MySQL AB 公司，在 2008 年被 Sun 公司收购，而 Sun 公司又在 2009 年被 Oracle 公司收购。

MySQL 目前常用版本有 MySQL 5.5、MySQL 5.6 和 MySQL 5.7，MySQL 5.7 根据不同的应用又分为企业版、社区版、集群版和高级集群版等。

5. SQLite

SQLite 是一个开源的嵌入式关系数据库管理系统，具有自包容、高度便携、支持 ACID 事务、零配置、结构紧凑、占用资源少、高效、可靠等特点，目前广泛应用于智能手机等嵌入式产品中。

SQLite 最初由理查希普（D. RichardHipp）开发，2000 年发布了 SQLite 1.0 版，SQLite 虽然出现较晚，但随着近年来智能手机的迅猛普及，SQLite 得到了广泛的应用。

6. DB2

DB2 是 IBM 公司开发的大型关系数据库管理系统，DB2 主要应用于大型数据库应用系统，具有较好的可伸缩性，可支持多种硬件和软件平台，可以在主机上以主/从方式独立运行，也可以在客户机/服务器（C/S）环境中运行，提供了高层次的数据利用性、完整性、安全性、可恢复性，并支持面向对象的编程、多媒体应用程序等。

目前常用版本为 DB2 V10.1 和 DB2 V10.5。

7. Visual FoxPro

Visual FoxPro（简称 VFP）是由 Microsoft 开发的桌面数据库管理系统，同时也是一个独立的数据库应用开发工具。由于其开发配置要求低，简单易用，曾得到广泛应用。其常用版本为 Visual FoxPro 9.0。

由于 Microsoft 重点支持其 SQL Server 和 Access 数据库系统，对 Visual FoxPro 的支持越来越弱。

8. Sybase

Sybase 是由美国 Sybase 公司（2010 年被 SAP 公司收购）开发的关系数据库管理系统，是一种典型的基于 C/S 体系结构的大型数据库系统，目前常用版本为 Sybase 12.5 和 Sybase 16.0。

5.2.5 数据库系统的应用

数据库系统的应用非常广泛，数据库是各种信息系统和计算机应用系统的基础，如我国的许多行政管理系统的信息化建设就是建立其相应的计算机信息系统，其首要工作就是建立其行业或系统基础数据库。计算机信息系统是利用计算机采集、存储、处理、传输和管理信息，并以人机交互方式提供信息服务的计算机应用系统。从功能看，常见的有电子数据处理系统、管理信息系统、决策支持系统；从信息资源看，有联机事务处理系统、地理信息系统、数字图像处理系统、多媒体管理系统；从应用领域看，有办公自动化系统、医疗信息系统、民航订票系统、电子商务系统、电子政务系统、军事指挥信息系统等。下面介绍几种典型的数据库应用系统。

1. 管理信息系统

管理信息系统（Management Information System，MIS）是一个能进行信息收集、传递、存储、加工、维护和使用的系统。其主要任务是最大限度地利用现代计算机及网络通信技术加强组织机构或企业的信息管理，通过对一个组织机构或企业的人力、物力、财力、设备、技术等资源的调查了解，建立正确的数据，加工处理并编制成各种信息资料及时提供给管理人员，以便进行正确的决策，提高管理水平和效率。

2. 数据挖掘系统

数据挖掘技术（Data Mining）也称为数据库中的知识发现（Knowledge Discover Database，KDD），是将机器学习应用于大型数据库，从大量数据中提取出隐藏在其中的有用信息，是提取出可信、新颖、有效并能被人理解的模式的高级处理过程，从而更好地为决策或科研工作提供支持。

例如，保险公司想知道购买保险的客户一般具有哪些特征；医学研究人员希望从已有的成千上万份病历中找出患某种疾病的病人的共同特征，从而为治愈这种疾病提供一些帮助。对于这些问题，现有信息管理系统中的数据分析工具无法给出答案。因为传统的数据库系统可以实现对数据高效地录入、查询、统计等功能，但无法发现大量数据中的规律和关系，无法根据现有的数据预测未来的发展趋势，而这正是数据挖掘技术的作用和应用魅力所在。

数据挖掘主要有下列应用。

（1）数据总结。其目的是对数据进行浓缩，给出它的紧凑描述。

（2）分类。即根据数据的特征建立一个分类函数或分类模型（分类器），并按该模型将数据库的数据分类。已实际应用的如顾客分类、疾病分类等。

（3）聚类。是把一组个体按照相似性归类，即"物以类聚"。其目的是使同一类的个体之间的相似性很高，而不同类之间的相似性很低。

（4）关联规则。即分析发现项目集之间的关联，是形式如下的一种规则，"在购买面包和黄油的顾客中，有90%的人同时也买了牛奶"（面包+黄油+牛奶）。关联规则发现的思路还可以用于发现序列模式。用户在购买物品时，除了具有上述关联规律外，还有时间或序列上的规律。

3. 决策支持系统

决策支持系统（Decision Support System，DSS）是辅助决策者通过数据、模型和知识，以人机交互方式进行半结构化或非结构化决策的计算机应用系统。它是管理信息系统（MIS）向更高一级发展而产生的先进管理信息系统。它为决策者提供分析问题、建立模型、模拟决策过程和方案的环境，调用各种信息资源和分析工具，为决策者迅速、准确地提供决策需要的数据、信息和背景材料，帮助决策者明确目标，建立和修改模型，提供备选方案，评价和优选各种方案，通过人机对话进行分析、比较和判断，为正确决策提供有力支持，帮助决策者提高决策水平和质量。

决策支持系统主要由会话系统（人机接口）、数据库、模型库、方法库和知识库及其管理系统组成。

（1）模型库。用于存放各种决策模型。DSS的模型库及其模型库管理系统是DSS的核心，也是DSS区别于MIS的重要特征。建立DSS的模型通常是随DSS解决问题的要求而定的，如投资模型、筹资决策模型、成本分析模型、利润分析模型等。

（2）数据库。数据库管理系统负责管理和维护DSS中使用的各种数据，在模型运行过程中使用的数据，按其数据内容分类，分别建立数据仓库文件。运行的结果产生的各种决策信息，常以报表或图形形式存放在数据库中，并增加时间维度来实现数据库的动态连续性。

（3）方法库。方法库及其管理系统用来存储和管理各种数值方法和非数值方法，包括方法的描述、存储、删除等问题。

（4）知识库。知识库及其管理系统用来以相关领域专家的经验为基础，形成一系列与决策有关的知识信息，最终表示成知识工程，通过知识获取设备形成一定内容的知识库，并结合一些事实规则及运用人工智能等有关原理，通过建立推理机制来实现知识的表达与运用。

（5）人机接口。交互式人机对话接口是实现用户和系统之间的对话，通过对话以各种形式输入有关信息，包括数据、模型、公式、经验、判断等，通过推理和运算充分发挥决策者的智慧和创造力，充分利用系统提供的定量算法，做出正确的决策。

5.2.6 几种新型的数据库系统

近年来，计算机相关技术发展迅速，数据库技术的应用日益广泛，传统的数据库技术与其他相关的技术相互结合，出现了许多新型的数据库系统，如多媒体数据库、分布式数据库、演绎数据库、并行数据库、工程数据库、数据仓库等。

1. 分布式数据库

分布式数据库（Distributed Database，DDB）是指数据库中的数据在物理上分布在计算机网络的不同节点上，但逻辑上属于同一个系统，具有数据的物理分布性和逻辑上的整体性，同时还有局部自治和全局共享性、数据的分布独立性（分布透明性）、数据的冗余和冗余透明性等。

分布式数据库由分布式数据库管理系统管理，网络的迅猛发展使分布式数据库的应用也越来越广泛。

2. 多媒体数据库

多媒体技术的研究也是当前研究的热点之一，多媒体技术与数据库技术结合便产生了多媒体数据库。多媒体数据库就是数据库中的内容，包括文本、图形、图像、音频和视频等多媒体信息，多媒体信息的主要特征就是内容多样化、信息量大、难以管理，因此多媒体数据库的研究内容主要包括多媒体数据库的体系结构、多媒体的数据模型、多媒体数据压缩、多媒体数据的存取与组织、基于内容的检索等。

3. 主动数据库

主动数据库是相对传统数据库的被动性而言的，传统的数据库只是被动地按照用户给出的请求执行数据库的操作。由于在许多实际应用中，要求数据库能够在特定情况下主动做出响应，主动数据库的主要目标就是提供对紧急情况及时反应的能力，并提高数据库管理系统的模块化程度。当然，主动数据库还要具有传统数据库的功能。

4. 并行数据库

并行数据库是传统的数据库技术与并行技术结合产生的，是在并行体系结构的支持下，实现对数据库的并行操作，其主要目标是通过并行性来提高效率，以满足当前的超大型数据检索、数据仓库、联机数据分析、数据挖掘等数据量大、复杂度高、对数据库系统处理能力要求高的实际应用的需求。

5. 数据仓库

数据仓库是支持决策的面向主题的、集成的、稳定的、定期更新的数据集合。从名称上可以看出，数据仓库存储和处理的数据量要比数据库大得多。数据仓库技术就是充分利用已有的数据资源，对海量的数据进行分析，从中挖掘出知识、规律、模式和有价值的信息，为决策提供支持。

5.2.7 数据库应用实例

前面介绍了数据库的基本概念和应用领域，本节通过高校学生社团管理系统实例，介绍如何使用 Access 2010 来开发一般的数据库应用系统。

各高校都有许多学生社团，为了方便管理，可使用 Access 2010 开发一个简单的高校学生社团管理系统，对某一高校的学生社团进行管理，通过该系统开发，了解 Access 数据库应用系统的基本开发过程。下面有关的 Access 技术描述都是基于 Access 2010。

1. Access 数据库对象

Access 数据库有六大类对象，分别是表、查询、窗体、报表、宏和模块。在 Access 数据库窗口中，左侧是"对象"栏，右侧是一个列表栏。当在对象框中选定某对象类型时，右侧列表栏将显示对应左侧对象类型的创建方式和已创建的该类对象。

表即数据表，是 Access 数据库中唯一存储数据的对象，是最基本、最重要的对象。

查询是检索数据的工具，是按设定的条件，以某种方式从一个或多个表中查找有关记录的指定字段。因为查询本质上是查询语句，不保存实际数据，只是在执行时动态查询数据，所以是虚表。

窗体是用户和数据库之间进行交互的界面，就像常用的对话框。用户可通过窗体对数据库数据进行操作。

报表是以设定的格式将数据打印输出。

宏是一系列操作的集合，其中每个操作都能实现特定的功能，如打开窗体、生成报表等。

模块的主要作用是建立复杂的 VBA 程序，以完成宏等不能完成的任务。模块中的每一个过程都是一个函数过程或子程序。通过将模块与窗体、报表等 Access 对象相联系，可以建立完整的数据库应用系统。

2. Access 数据类型

根据数据库的相关理论，一个表中的同一列应具有相同的数据特征，称为字段的数据类型。数据类型不同，其存储方式和使用方式也不同。Access 主要的数据类型包括文本、数字、备注、日期/时间、自动编号、是/否、OLE 对象、查阅向导、超链接和附件等，详见表 5-1。

表 5-1 Access 数据类型

数据类型	存储内容	大小
文本	字母数字字符	最大为 255 个字符
备注	字母数字字符（长度超过 255 个字符）或具有 RTF 格式的文本	最大为 1 GB 字符，或 2 GB 存储空间
数字	数值（整数或分数值） 用于存储数字，货币值除外（对货币值数据类型使用"货币"）。具体类型有字节、整数、长整数、单精度数、双精度数和同步复制 ID、小数	1、2、4、8 或 16 字节（用于同步复制 ID 时）
日期/时间	日期和时间 用于存储日期/时间值	8 字节
货币	货币值 用于存储货币值（货币）	8 字节

续表

数据类型	存储内容	大小
自动编号	添加记录时 Access 自动插入的一个唯一的数值 用于生成可用作主键的唯一值	4 字节或 16 字节（用于同步复制 ID 时）
是/否	布尔值/逻辑型 用于包含两个可能的值（如"是/否"或"真/假"）之一的"真/假"字段	1 位
OLE 对象	OLE 对象或其他二进制数据	最大为 1 GB
附件	图片、图像、二进制文件、Office 文件	对于压缩的附件，为 2 GB。对于未压缩的附件，约为 700kB
超链接	超链接	最大为 1 GB 字符，或 2 GB 存储空间
查阅向导	是一种特殊的数据类型，而会调用"查阅向导"获取数据 用于启动"查阅向导"，使用户可以创建一个使用组合框在其他表、查询或值列表中查阅值的字段	基于表或查询：绑定列的大小。 基于值：用于存储值的文本字段的大小

3. 学生社团管理系统功能要求

学校可以有许多社团，每个社团有一个社团负责人，该负责人必须是该社团成员。一个学生可以参加多个社团。参加社团的学生以学号为标识。主要管理功能如下。

（1）社团信息维护，包括社团编号、社团名称、成立日期、负责人、指导教师和活动地点等。

（2）班级简况维护，包括班级编号、班级名称。

（3）社团成员信息维护，只对参加各社团的学生信息进行管理，包括学号、姓名、性别、联系电话、QQ、班级编号等。

（4）各社团成员加入和退出管理。

（5）按社团查询该社团的所有成员情况。

（6）按班级查询该班级参加社团的学生情况。

（7）查询参加 2 个以上社团的学生情况。

根据功能要求需要以下 4 个数据表。

（1）社团信息表。用来存储各社团的基本信息。

（2）班级简况表。用来存储班级的基本信息。

（3）社团成员信息表。用来存储所有参加社团的学生的基本信息。

（4）社团成员组成表。用来存储学生加入和退出社团的信息。

上述数据表的结构详见表 5-2～表 5-5。

表 5-2　　　　　　　　　　　　　社团信息表

字段名称	数据类型	字段大小	主键/外键
社团编号	文本	5	主键
社团名称	文本	20	
成立日期	日期/时间		
负责人	文本	8	
指导教师	文本	8	
活动地点	文本	20	

表 5–3   班级简况表

字段名称	数据类型	字段大小	主键/外键
班级编号	文本	9	主键
班级名称	文本	20	

表 5–4   社团成员信息表

字段名称	数据类型	字段大小	主键/外键
学号	文本	9	主键
姓名	文本	8	
性别	文本	2	
联系电话	文本	11	
QQ	文本	10	
班级编号	文本	9	外键，参照班级简况表中"班级编号"字段

表 5–5   社团成员组成表

字段名称	数据类型	字段大小	主键/外键
社团编号	文本	5	复合主键 社团编号参照社团信息表中的"社团编号"
学号	文本	9	学号参照社团成员信息表中的"学号"字段
加入时间	日期/时间		
退出时间	日期/时间		

    上述表中一些表之间通过外键建立了一定关系，具体关系有："班级简况表"和"社团成员信息表"是一对多关系；"社团成员信息表"和"社团成员组成表"是一对多关系；"社团信息表"和"社团成员组成表"是一对多关系。

    4．Access 2010 的工作界面

    启动 Access 2010 和其他 Windows 应用程序一样。

    选择"开始"按钮→"所有程序"→"Microsoft Office"→"Microsoft Access 2010"菜单项，打开 Access 2010 数据库窗口，如图 5-5 所示。

图 5-5   Access 2010 数据库窗口

Access 2010 用户界面由 3 个主要的用户界面组件组成：Backstage 视图、功能区和导航窗格。其启动窗口即 Backstage 视图。

（1）Backstage 视图。功能区的"文件"选项卡上显示的命令集合，是 Access 2010 中的新功能，替代了之前版本的 Microsoft Office 按钮和"文件"菜单。其左侧为导航窗格，中间为模板窗格，右侧为数据库路径和名称设置窗格等。

（2）功能区。是一个包含多组命令且横跨程序窗口顶部的选项卡区域，默认有"开始""创建""外部数据"和"数据库工具"4 个选项卡，每个选项卡集成了相关命令，用户也可以自定义功能区。Access 2010 以选项卡的形式取代了之前版本的传统菜单。

（3）导航窗格。Access 程序窗口左侧的窗格，用于组织管理数据库对象，且是打开或更改数据库对象设计的主要方式。导航窗格取代了 Access 2007 中的数据库窗口。

在创建数据库后对数据进行管理或打开已有的数据库后，则打开 Access 工作界面，其界面组成如图 5-6 所示。

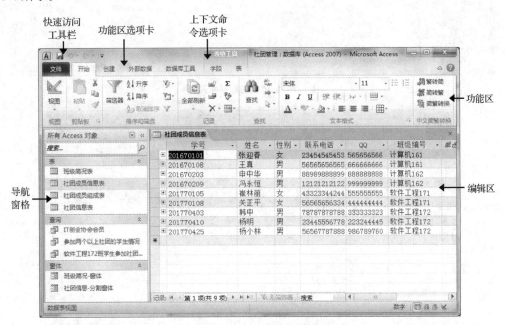

图 5-6　Access 2010 工作界面

5. 创建社团管理数据库

创建数据库有两种方法。第一种方法是先创建一个空白数据库，然后再创建表、查询、窗体、报表等数据库对象；第二种方法是使用系统提供的"数据库模板"通过一次性操作来选择数据库类型，并创建所需的表、窗体和报表等。

第一种创建数据库的方法更灵活，这里采用第一种方法来创建"社团管理"数据库。

启动 Access 后，在图 5-5 所示的启动界面右下侧中"文件名"栏中，可以指定要创建的数据库文件的保存位置和数据库文件名，单击文件名栏右边的 📁 按钮，可以打开"文件新建数据库"对话框来指定数据库保存位置。默认的数据库文件名为"Database1.accdb"，这里将其改为"社团管理"，如图 5-7 所示，单击"创建"按钮，创建空白的社团管理数据库，并直接打开该数据表创建界面，如图 5-8 所示，默认已有"表 1"，接着可以创建数据表，并对数据库对象进行管理。

图 5-7　创建空白数据库界面

图 5-8　新建的"社团管理"数据库的管理窗口

6. 创建社团管理数据表

数据表是数据库的基本对象，是存储数据的基础。

Access 2010 提供了多种创建表的方式，包括使用表设计视图、使用数据表视图、使用表模板和使用 SharePoint 列表等方式。使用表设计视图创建表结构时，可详细设置各字段的字段名、数据类型、主键、有效性规则、长度、查阅向导等属性，非常灵活。

社团管理需要创建"社团信息表""班级简况表"等，这里使用表设计视图按照表 5-2～表 5-5 设计的表结构来创建社团管理所需的数据表。

创建表实际上是设计表的结构，即定义表的各字段的名称、数据类型、长度、主键等，创建后即可进行数据输入、编辑等数据管理操作。

（1）创建表

这里以创建"社团信息表"为例，说明表的创建过程，可以在创建空白数据库后（见图5-8）直接创建数据表，也可以按下列步骤创建。创建社团信息表的具体步骤如下。

① 打开社团管理数据库，单击"创建"选项卡"表格"组中的"表设计"按钮，如图5-9所示，然后进入设计视图，并默认新建"表1"，如图5-10所示。

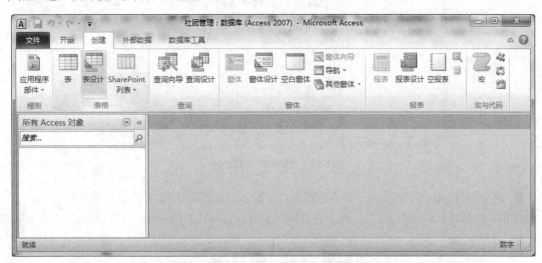

图 5-9　单击"表设计"按钮

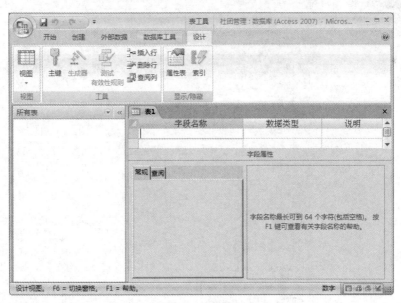

图 5-10　新建表 1

② 根据表5-2所示的社团信息表，首先输入字段名称"社团编号"，按回车键。光标自动进入数据类型列，默认是"文本"类型，此处采用默认的"文本"类型。

单击上部"工具"区中的"主键"按钮，将"社团编号"设为主键，在字段行的最左端会显示一个钥匙图标。然后在界面下方字段属性的"常规"选项卡的字段大小属性中，设置字段大小为5，如图5-11所示。

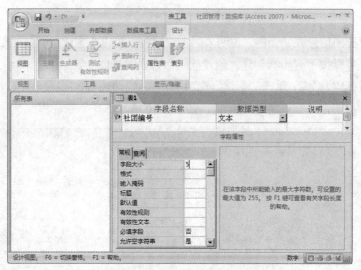

图 5-11　设置主键和字段大小

③ 单击"社团编号"字段下方的空白字段行，输入"社团名称"，并设置其类型和大小。

按同样方法依次建立其他字段，并设置其对应的数据类型和字段大小，要注意的是，"成立日期"字段为"日期/时间"类型，且除"社团编号"字段外，其他字段都不是主键，如图 5-12 所示。

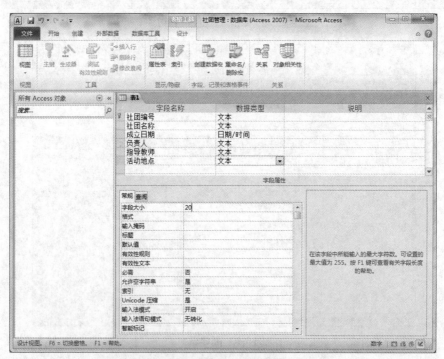

图 5-12　建立并设置其他字段

④ 单击"快速访问"工具栏上的"保存"按钮，弹出"另存为"对话框，将默认的"表 1"表名称改为"社团信息表"，单击"确定"按钮即保存表。然后单击"设计"选项卡"视图"组中的"视图"按钮，进入"社团信息表"的数据表视图，如图 5-13 所示。此时便可以进行该表的数据输入和编辑等操作了。

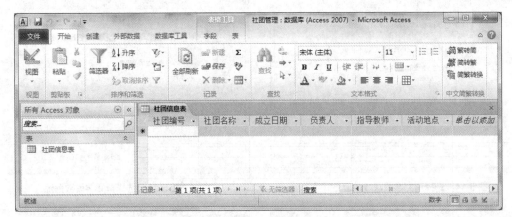

图 5-13　"社团信息表"数据表视图

按上述方法根据表 5-3～表 5-5 所示的表结构分别创建"班级简况表""社团成员信息表"和"社团成员组成表"，并设置相应字段为主键。注意在创建社团成员组成表时，需同时选中"社团编号"和"学号"字段再设置主键，将这两个字段同时设为复合主键。

创建后的表还可以随时再修改其结构，在 Access 主窗口中的表对象中选择要修改结构的表，打开其设计视图进行修改即可。但如果表中已存有数据，修改表结构可能会造成原有数据丢失。所以表结构要经过系统需求调研后严格定义，保存数据后尽量不要再修改。

（2）在相关表之间创建查阅字段列表

如表 5-4～表 5-5 所示，由于"班级编号"字段要参照"班级简况"中的"班级编号"字段，即"班级简况"中的"班级编号"主键在"社团成员信息表"中为外键，以建立两表之间的关系。这样"社团成员信息表"中的"班级编号"字段值必须是"班级简况表"中已存在的班级编号，即保证关系的完整性规则。

同样，"社团成员组成表"要通过"社团编号"字段与"社团信息表"建立关系，通过"学号"字段与"社团成员信息表"建立关系。即"社团成员组成表"的"社团编号"字段值必须是"社团信息表"中已有的社团编号，而其"学号"字段值必须是"社团成员信息表"中已有的学号。

可以在相关表之间创建查阅列表或通过图形化创建关系图来创建表间关系。下面通过"社团成员信息表"中的"班级编号"字段来介绍如何创建查阅列表字段。具体步骤如下。

① 打开社团管理数据库，在"设计"视图下打开"社团成员信息表"，并选择"班级编号"字段。

② 在数据类型中选择"查阅向导"选项，打开"查阅向导"的第一个对话框。选中"使用查阅字段获取其他表或查询中的值"单选按钮，如图 5-14 所示。

③ 单击"下一步"按钮，打开"查阅向导"的第二个对话框，在表列表框中选择"表：班级简况表"，如图 5-15 所示。

④ 单击"下一步"按钮，打开"查阅向导"的第三个对话框。在"可用字段"框中依次双击"班级编号"和"班级名称"字段，如图 5-16 所示。

⑤ 单击"下一步"按钮，打开"查阅向导"的第四个对话框。在第一个排序字段栏中选择"班级编号"，如图 5-17 所示。

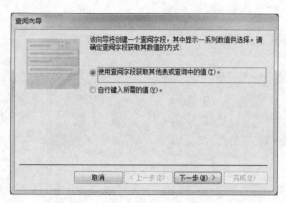

图 5-14　选择查阅字段获取数值方式

图 5-15　选择查阅字段数据源

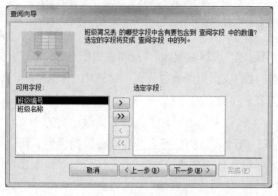

图 5-16　选择查阅字段

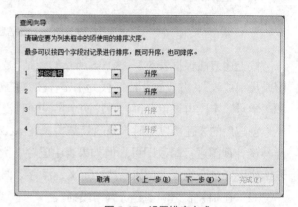

图 5-17　设置排序方式

⑥ 单击"下一步"按钮，打开"查阅向导"的第五个对话框，如图 5-18 所示。

⑦ 单击"下一步"按钮，打开"查阅向导"的第六个对话框，如图 5-19 所示，可勾选"启用数据完整性"复选框，以保证数据完整性。单击"完成"按钮。

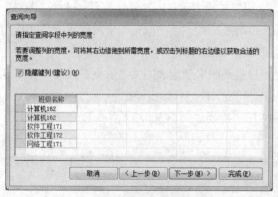

图 5-18　设置查阅字段宽度和隐藏键列

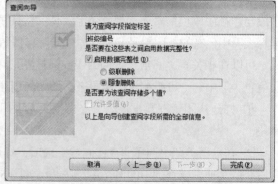

图 5-19　设置查阅列标签与数据完整性

⑧ 单击"完成"按钮，弹出"查阅向导"最后一个对话框，提示创建关系应先保存表，如图 5-20 所示，单击"是"按钮即可。

要注意的是，"社团成员信息表"的"班级编号"字段虽然已设为"查阅向导"类型，其数据类型仍显示为"文本"类型，但其属性中的"查阅"选项卡中的信息已反映了其值的查阅关系，如图 5-21 所示，可以看出其"班级编号"行的来源是一条 select 查询语句的查询结果。

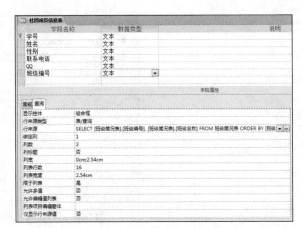

图 5-20　提示保存表　　　　　　　　　　图 5-21　查阅向导字段的行来源

按上述同样方法创建"社团成员组成表"的查阅字段列表，将其"社团编号"字段设为查阅"社团信息表"的"社团编号"和"社团名称"字段，将其"学号"字段设为查阅"社团成员信息表"的"学号"和"姓名"字段，并在图 5-18 所示的对话框中，不选中"隐藏键列（建议）"复选框，主要是考虑学生可能存在重名，这样在通过查阅输入学号时将同时显示参照表中的学号和姓名。

7. 表间关系

在前面创建的 4 个表之间存在参照引用关系，具体如下。

（1）"社团成员信息表"中的"班级编号"字段（外键）参照"班级简况表"中的"班级编号"字段（主键）。

（2）"社团成员组成表"中的"社团编号"字段（外键）参照"社团信息表"中的"社团编号"字段（主键）"，其"学号"字段（外键）参照社团成员信息表中的"学号"字段（主键）。

在 Access 中创建表时，可以通过查阅向导设置字段的查阅属性来建立表间关系，也可以先创建好相关表之后，使用创建关系工具来建立表间关系。

下面通过创建关系工具来建立上述表间关系。具体步骤如下。

① 打开社团管理数据库，单击"数据库工具"选项卡"关系"组中的"关系"按钮　，打开关系窗口，如图 5-22 所示。图 5-22 中表之间的连线即表示表之间通过连线两端的字段关联，说明通过前面在表间创建查阅列表字段后已建立了相关表之间的关系。

图 5-22　表间关系

② 如果有新的表要创建关系，单击"设计"选项卡"关系"组中的"显示表"按钮　或用鼠标右键单击关系视图，选择右键快捷菜单中的"显示表"菜单项，弹出"显示表"对话框，如图 5-23 所示，添加所需表到关系窗口中，然后在关系窗口中拖动某表中的关联字段到相关表的查阅字段上释放鼠标，在随后弹出的对话框中进行相应设置即可。这里不再详述。

图 5-23 "显示表"对话框

在"关系"窗口中用鼠标右键单击选中关系连线后,还可以重新编辑或删除表间关系。

建立表间关系后,在以后的相关表的数据输入等数据操作中将实施建立的完整性约束。

8. 表数据输入及数据管理

建立表结构后,可以向表中输入数据并进行数据管理,数据管理包括数据输入、修改、删除等操作。

在 Access 中,可以利用"数据表"视图直接输入数据,也可以从已有的表或其他数据源导入数据。这里只介绍通过"数据表"视图来输入数据。

现以"社团信息表"为例,说明使用数据表视图输入数据的过程。具体步骤如下。

① 打开社团管理数据库,双击"导航"窗格中的"社团信息表"选项,打开"社团信息表"的数据表视图,表以二维表格形式显示,在标题行下直接有一行空行(空记录)。

② 在第一条空记录的"社团编号""社团名称""成立日期"等字段中分别输入第一个社团的相应字段值,输入完一个字段后,按 Enter 键或 Tab 键移至下一字段。

③ 输完一条记录后,按 Enter 键或 Tab 键移至下一条记录,继续输入下一条记录。也可以使用鼠标来移动光标。

通常在输入一条记录的同时,Access 会自动添加一条新的空记录,且该记录的"选择器"上会显示一个星号 ∗ 。

注意输入记录时主键字段不能为空。在输入"日期/时间"类型的字段时,可以按格式直接输入,也可以通过日期时间选择对话框来选择输入。单击字段右边的日期选择按钮▦,将打开日期时间选择对话框,如图 5-24 所示,选择相应日期即可。

图 5-24 在"社团信息表"中输入"日期/时间"类数据

④ 输入图 5-24 所示的所有社团记录后，单击工具栏上的"保存"按钮，保存输入的数据。读者也可输入更多的社团信息。

"社团编号"字段左侧的加号⊞表示该字段与其他表有参照关系，单击⊞展开相应社团的成员信息。

按上述同样方法输入图 5-25 所示的"班级简况表"的所有班级记录。

对于"社团成员信息表"，因为前面已经将其"班级编号"设置为查阅"班级简况表""班级编号"字段（查阅列表字段为"班级编号"和"班级名称"字段），所以在输入其"班级编号"字段时，该字段将查阅"班级简况表"中的"班级编号"字段关联并显示"班级名称"（在创建查阅时隐藏了"班级编号"字段），所以输入时可直接从下拉列表框中选择相应班级即可，如图 5-26 所示，当然也可以直接输入。

在此输入图 5-26 所示的社团成员记录，读者也可以输入更多的社团成员记录。

图 5-25 "班级简况表"记录

图 5-26 输入"社团成员信息表"记录与"班级编号"查阅字段

类似"社团成员信息表"中的查阅字段，"社团成员组成表"中的"社团编号"字段的查阅字段为"社团信息表"中的"社团编号"和"社团名称"字段，其"学号"字段的查阅字段为"社团成员信息表"的"学号"和"姓名"字段。图 5-27 所示为输入其"学号"字段时的查阅选择情况。

图 5-27 输入"社团成员信息表"中的"学号"查阅字段

通过创建查阅列表可有效提高数据输入的效率和准确性，并保证关系完整性。

输入表数据并保存后，还可以再在数据视图下将其打开，进行数据添加、修改和删除等数据操作。

9. 创建查询

查询的主要目的是根据指定的条件对表或其他查询进行检索，筛选出符合条件的记录，构成一个新的数据集合，从而方便查看和分析数据表。

Access 中的查询包括选择查询、交叉表查询、操作查询、参数查询和 SQL 特定查询。选择查询是最常用的查询，是按给定的要求从数据源中检索数据，它不改变数据表中的数据；交叉表查询是对基表或查询中的数据进行计算和重构，可以简化数据分析；操作查询是在操作中通过查询生成的动态集对表中数据进行更改（包括添加、删除、修改及生成新表）的查询；参数查询是运行时需要用户输入参数的特殊查询；SQL 特定查询是使用 SQL 语句创建的结构化查询。这里只介绍常用的选择查询。

Access 中的查询有 5 种视图：设计视图、数据表视图、SQL 视图、数据透视表视图和数据透视图。

Access 提供了两种创建选择查询的方法，一种方法是使用"查询向导"，另一种是使用查询"设计视图"。查询向导方式操作简单、快速，但功能较差。查询设计视图方式功能丰富、灵活。所以这里介绍如何使用查询设计视图来创建查询。

（1）按社团查询其成员情况

这里以查询"IT 创业协会"成员信息为例来说明如何创建查询某一社团成员的查询，具体步骤如下。

① 打开社团管理数据库，单击"创建"选项卡"其他"组中的"查询设计"按钮，打开查询"设计"视图，同时弹出"显示表"对话框，如图 5-28 所示。

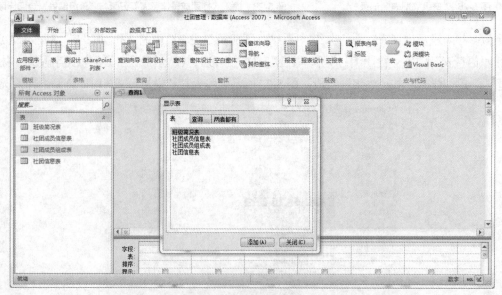

图 5-28　查询设计视图

② 在"显示表"对话框中依次选择、添加"社团成员组成表""社团成员信息表"和"班级简况表"到查询设计视图中，在查询设计视图字段列表区将显示所添加的表的字段列表和之前已创建的表之间的关系，如图 5-29 所示。然后关闭"显示表"对话框。

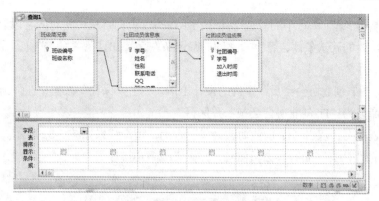

图 5-29　添加表

③ 在设计视图上半部的字段列表区中双击要查找的字段，将其添加到查询设计网格中（或拖动字段到查询设计网格中，亦可在"查询设计网格"的字段栏下拉列表框中选择）。这里查询的字段包括"社团成员组成表"的"社团编号"字段、"社团成员信息表"的"学号"等所有字段，"班级简况表"的"班级名称"字段等，如图 5-30 所示。

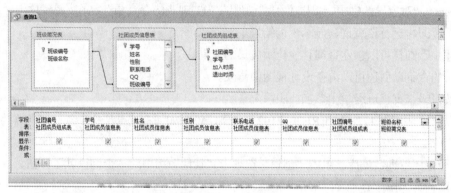

图 5-30　添加查询字段

④ 在查询设计网格中，可以根据需要设置"排序""显示""条件"和"或"行输入适当的内容。这里在"社团编号"字段的条件行输入"ZG704"（即查询"IT 创业协会"的会员），因为"社团编号"字段只作为条件而不需显示，所以取消选中其"显示"栏，并将"班级名称"字段的排序选为"升序"（查询结果将以班级名称升序列出），如图 5-31 所示。

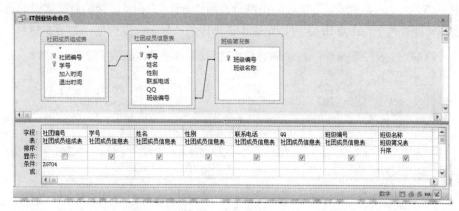

图 5-31　设置查询条件

153

查询设计网格中"显示"行中的复选框用来指示在执行查询时是否将对应字段显示出来。"条件"行用来设置对应字段的筛选条件，各字段之间的筛选条件是"并且"关系。"或"行用来设置同一字段"或"的筛选条件。

⑤ 至此完成"IT 创业协会会员"查询的设计工作，单击"保存"按钮，在弹出的"另存为"对话框中，将查询命名为"IT 创业协会会员"并保存。

切换到数据表视图，双击"IT 创业协会会员"查询，查询结果如图 5-32 所示。该查询按条件等设置返回了"IT 创业协会"的所有会员信息，并按班级名称排序。

图 5-32 "IT 创业协会会员"查询运行结果

在 Access 的对象导航栏中，可以看到刚创建的"IT 创业协会会员"已作为查询列出。打开查询的数据视图，即可运行该查询，显示查询结果。

按上述步骤同样可以创建查询其他社团成员的查询。

保存后的查询以后还可以再在设计视图中修改。

（2）按班级查询该班级学生参加社团情况

这里以"软件工程 172 班"（RB2017102）为例，说明如何查询某班级参加社团的学生情况。步骤如下。

① 打开社团管理数据库，单击"创建"选项卡"其他"组中的"查询设计"按钮 ，打开查询"设计"视图，并弹出"显示表"对话框。

② 在"显示表"对话框中依次选择、添加"社团成员信息表""社团成员组成表"和"社团信息表"。

③ 在设计视图的字段列表区中依次双击下列表中的相应字段，将字段添加到设计网格中。

"社团成员信息表"："学号""姓名""性别""联系电话""QQ""班级编号"字段。

"社团信息表"："社团名称"字段。

"社团成员组成表"："加入时间"和"退出时间"字段。

④ 将查询设计网格中"学号"字段的排序行设为"升序"，在"班级编号"字段的条件行输入"RB2017102"（即软件工程 172 班），并取消选中该字段的"显示"复选框，如图 5-33 所示。

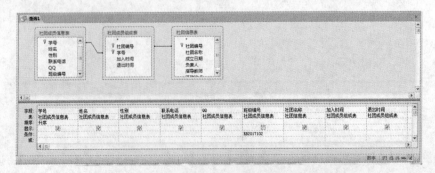

图 5-33 创建"软件工程 172 班学生参加社团情况"查询

⑤ 将查询保存为“软件工程 172 班学生参加社团情况”，并切换到数据表视图，查询结果如图 5-34 所示。查询出了软件工程 172 班所有参加社团的学生情况。

软件工程172班学生参加社团情况

学号	姓名	性别	联系电话	QQ	社团名称	加入时间	退出时间
201770403	韩中	男	78787878788	333333323	飘乐阁	2017/10/12	
201770403	韩中	男	78787878788	333333323	天下舞林	2017/11/12	
201770410	杨明	男	23445556778	223244445	天下舞林	2017/9/23	
201770410	杨明	男	23445556778	223244445	IT创业协会	2017/12/5	
201770425	杨小林	男	56567787888	986789760	IT创业协会	2017/10/2	

记录: 第 4 项(共 5 项)　无筛选器　搜索

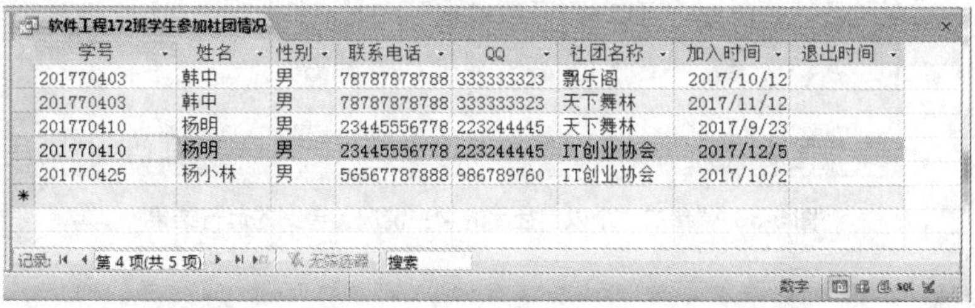

图 5-34　“软件工程 172 班学生参加社团情况”查询的运行结果

（3）查询参加两个以上社团的学生情况

查询可以完成多种功能，包括统计、创建新表等。现创建“查询参加两个以上社团的学生情况”的查询。步骤如下。

① 按创建查询的步骤打开查询设计视图，依次添加“社团成员组成表”“社团成员信息表”和“班级简况表”。

② 在设计视图的字段列表区中依次双击下列表中的相应字段，将字段添加到设计网格中。

“社团成员信息表”：“学号”“姓名”“性别”“QQ”“班级编号”字段，并将“学号”字段的排序设为升序。

“班级简况表”：“班级名称”字段。

“社团成员组成表”：“学号”字段，用于统计。

③ 单击“设计”选项卡“显示/隐藏”组中的“汇总”按钮 Σ，在设计窗格中出现“总计”行，在总计行“社团成员组成表.学号”字段的下拉列表中选择“计数”（默认为“Group By”），将其条件行设为“>1”，如图 5-35 所示。

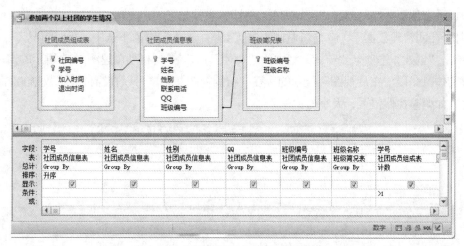

图 5-35　创建“参加两个以上社团的学生情况”查询

④ 将查询保存为“参加两个以上社团的学生情况”，并切换到数据表视图，查询结果如图 5-36 所示。查询出了参加两个以上社团的所有学生情况，“学号之计数”列即学生参加的社团数，自动赋予列名。

参加两个以上社团的学生情况

学号	姓名	性别	QQ	班级编号	班级名称	学号之计数
201670101	张迎春	女	565656566	计算机161	计算机161	3
201670108	王真	男	666666666	计算机161	计算机161	3
201670203	申中华	男	888888888	计算机162	计算机162	2
201770105	崔林丽	女	555555555	软件工程171	软件工程171	2
201770108	关正平	女	444444444	软件工程171	软件工程171	2
201770403	韩中	男	333333323	软件工程172	软件工程172	2
201770410	杨明	男	223244445	软件工程172	软件工程172	2

记录: 第 1 项(共 7 项) 无筛选器 搜索

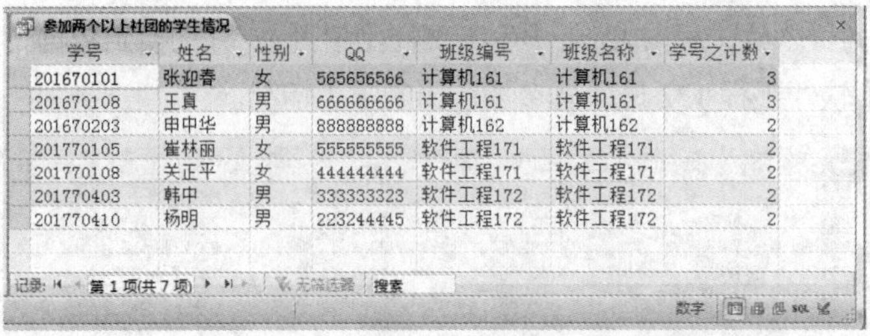

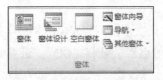

图 5-36 “参加两个以上社团的学生情况”查询的运行结果

10. 创建窗体

窗体的主要功能包括显示、输入和编辑数据、创建数据透视窗体图表、控制应用程序流程等。

Access 提供了 7 种类型的窗体：纵栏式窗体、表格式窗体、数据表窗体、主/子窗体、图表窗体、数据透视表窗体和数据透视图窗体，并提供了多种智能化的创建窗体的方法，可以快速创建窗体。

在 Access 窗口中，单击“创建”选项卡，在其“窗体”组中显示了多种创建窗体的命令按钮，如图 5-37 所示。

图 5-37 创建窗体的命令按钮

（1）使用窗体工具自动创建“班级简况-窗体”

使用窗体工具创建窗体非常简单，只需单击一次鼠标便可以自动创建窗体。使用该工具时，来自基础数据源的所有字段都放在窗体上。用户可以立即使用新建窗体，也可以在布局视图或设计视图中修改该窗体。

这里通过窗体工具自动创建“班级简况-窗体”，步骤如下。

① 打开社团管理数据库，在窗口左侧的导航窗格中“表”对象下选中“班级简况表”。

② 单击“创建”选项卡“窗体”组中的“窗体”按钮，自动创建图 5-38 所示的窗体。

创建窗体时是以“布局视图”显示的。在“布局视图”中，可以在窗体显示数据的同时，设计修改窗体，如调整控件位置、大小等。

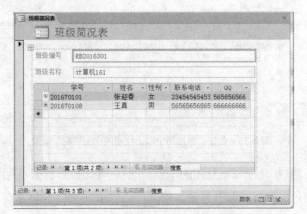

图 5-38 “班级简况-窗体”设计视图

③ 保存该窗体。

④ 切换到其窗体视图，运行窗体，如图 5-39 所示。

图 5-39　"班级简况-窗体"运行结果

由于在创建"班级简况表"时已将其与"社团成员信息表"建立了参照关系，创建的窗体也自动体现了表间关系，主窗体是班级简况记录，子窗体是对应班级的学生信息记录。通过主/子窗体下方的记录导航按钮可以对"班级简况表"和"社团成员信息表"中的记录进行浏览、修改、添加记录等操作，子窗体中的成员信息将随主窗体中的记录变化而变化。

（2）使用分割窗体工具创建"社团信息-分割窗体"

分割窗体可以同时提供数据的两种视图：窗体视图和数据表视图。两种视图采用同一数据源，并保持数据同步，即两种视图中的光标位置会保持同步定位在同一字段。因此可以在任一部分添加和删除数据。

这里通过分割窗体工具自动创建"社团信息-分割窗体"，步骤如下。

① 打开社团管理数据库，在窗口左侧的导航窗格中"表"对象下选中"社团信息表"。

② 单击"创建"选项卡"窗体"组中的"其他窗体"按钮下拉菜单中的"分割窗体"项，自动创建图 5-40 所示的窗体。

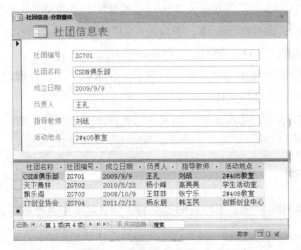

图 5-40　"社团信息-分割窗体"窗体

③ 保存该窗体为"社团信息-分割窗体"。

④ 切换到其窗体视图，运行窗体，如图 5-40 所示。

分割窗体的上部为窗体视图，下部为数据表视图，在数据视图中移动或通过记录导航栏中导航按钮可以定位到指定记录。

杰出人物

1981 年图灵奖获得者，关系数据库之父——埃德加·科德（Edgar Frank Codd）

埃德加·科德 1923 年生于英国多塞郡波特兰岛，曾就读于牛津大学，主修数学和化学。第二次世界大战中作为一名机长在英国皇家空军服役，1948 年成为 IBM 公司的一名 SSEC 程序员，后来参与了 IBM 第一台商用科学计算机 701 中逻辑设计等重要项目的开发，并为 IBM STRETCH 计算机发明了"多道程序设计"技术。1970 年，时任 IBM 圣约瑟研究实验室高级研究员的埃德加·科德发表了名为《用于大型共享数据库的关系模型》的论文，首次明确而清晰地提出了崭新的关系模型，并在 IBM Sysytem R 中实现。埃德加·科德随后又提出了关系代数和关系演算，为日后成为标准的结构化查询语言 SQL 奠定了基础。关系模型简单明了，有坚实的数学基础，一经提出，很快出现了一大批关系数据库系统并迅速商业化，使流行多年的基于层次模型和网状模型的数据库产品很快衰败，目前绝大多数数据库系统都是基于关系模型的。由于其对关系数据库的突出贡献，埃德加·科德被称为"关系数据库之父"，并因此获得了 1981 年的图灵奖。1983 年，ACM 把《用于大型共享数据库的关系模型》列为 1958 年以来最具里程碑式意义的 25 篇研究论文之一。

在计算机科学与技术专业的培养方案中都设有"数据库原理及应用"或类似课程，在该课程中会详细讲解数据库的原理，而且通常会结合一个实际的数据库管理系统来加深学生对于理论的理解，同时培养他们实际的数据库操作和编程能力。

5.3 多媒体技术及应用

多媒体技术是近年来迅速发展起来的热点技术，多媒体技术的应用使传统的计算机系统、视听设备等发生了巨大的变化，极大地扩展了计算机的应用空间。例如，现在的 PC 都是多媒体 PC，导购、导游系统是多媒体的，许多家庭娱乐设备也是多媒体的。多媒体技术的显著特点是改善了人机交互界面，集声、文、图、像处理于一体，更接近人们自然的信息交流方式。多媒体技术的应用如此广泛，极大地改变了人们的生活、学习、工作和娱乐方式。

多媒体的典型应用包括教育和培训、咨询和演示、娱乐和游戏、管理信息系统、视频会议、视频服务系统、多媒体通信、计算机支持协同工作等。

本节主要介绍多媒体技术的基本概念、超文本与超媒体、多媒体数据压缩技术和标准、多媒体创作和处理工具等。

5.3.1 多媒体技术概述

首先介绍什么是媒体和多媒体，媒体有哪些类型，什么是多媒体技术等。

1. 媒体及其分类

媒体（Medium）是存储、表示和传播信息的载体，如报纸、杂志、电视、广播、光盘等都是媒体。

现代科技的发展，赋予了"媒体"许多新的内涵，国际电报电话咨询委员会（CCITT）曾对媒体有以下分类。

（1）感觉媒体（Perception Medium）。是指直接作用于人的感官，使人能直接产生感觉的媒体，如语言、音乐、自然界的各种声音、图像、图形、文字及计算机中的数据、文件、文本等。感觉媒体又可分为视觉媒体、听觉媒体、触觉媒体、嗅觉媒体、味觉媒体等。

（2）表示媒体（Representation Medium）。是为了加工、处理和传输感觉媒体而人为研究、构造出来的一种媒体，也可以说是数字化后的感觉媒体，其目的是更有效地描述和传播感觉媒体，便于加工和处理。表示媒体有各种编码方式，如语言编码、文本编码、图像编码等。

（3）表现媒体（Presentation Medium）。是将感觉媒体转换成表示媒体，或将表示媒体转换成感觉媒体的物理设备，对应为输入表现媒体（如键盘、鼠标、话筒、摄像机等）和输出表现媒体（如显示器、音箱、打印机、绘图仪等）。

（4）存储媒体（Storage Medium）。用于存放表示媒体（感觉媒体数字化后的代码），以便在计算机中处理、加工和使用。此类媒体主要有磁盘、光盘、磁带等。

（5）传输媒体（Transmission Medium）。传播媒体是用来传输媒体的物理载体，是通信的信息载体，如光缆、导线、同轴电缆、无线电波等。

2. 超文本与超媒体

传统的文本如文章、书本、程序等，其特点是它在组织结构上是线性的和顺序的。而人类的记忆是联想式的，这种联想的特性构成了人类记忆的网状结构。1965 年 Ted Nelson 将其提出的非线性网络文本命名为"超文本"（Hypertext），并开始在计算机上实现该想法。

超文本结构类似人类的联想式记忆结构，它采用一种非线性的网状结构组织块状信息，没有固定的顺序，也不要求按顺序来读，如上网浏览的网页。

超文本与传统的文本文件相比，它们之间的主要差别是，传统文本是以线性方式组织的，而超文本是以非线性方式组织的。

超文本系统是能对超文本进行管理和使用的系统。

第一代超文本系统处理的对象只是文本和数字信息，第二代超文本系统处理的对象包括文本、图形、声音、动画、静态图像、视频等，为强调系统处理多媒体信息的能力而称为"超媒体系统（Hypermedia）"，即"超媒体=多媒体+超文本"。

3. 多媒体技术及其特点

多媒体是融合两种以上的媒体的信息交互和传播媒体，如文本加上声音、电视图像加上伴音、报纸上的文本配上照片等。但计算机多媒体技术中的多媒体有其特殊性。

多媒体技术定义：多媒体技术就是计算机交互式综合处理多种媒体信息——文本、图形、图像和声音，使多种信息建立逻辑链接，集成为一个系统并具有交互性。简而言之，多媒体技术就是计算机综合处理声、文、图信息的技术，具有集成性、实时性和交互性。

多媒体技术有 3 个显著的特点，即集成性、实时性和交互性。

（1）集成性（多样性）。集成性有两方面的含义，一方面是媒体信息的集成，即声音、文字、图像、视频等的集成。另一方面，是显示或表现媒体设备的集成，即计算机集成了文本输入、声音录放、视频录制、显示输出、打印输出等多种表现媒体设备。

（2）实时性。实时性是指在多媒体系统中的声音及活动的视频图像是强实时的，即系统提供了对这些媒体进行实时处理的能力。

（3）交互性。交互性是指用户可以交互地处理系统的媒体。

因为计算机的一个重要特性是"交互性"，使用它就比较容易实现人机交互功能。从这个意义上说，多媒体和目前大家所熟悉的电视、报纸、杂志等媒体是大不相同的。

4. 多媒体技术的发展历程

多媒体技术起源于 20 世纪 80 年代，1984 年，Apple 公司在 Macintosh 计算机中创造性地引入了位图、窗口、图标等技术，这些技术构成了图形用户界面（GUI），同时鼠标的引入，极大地方便了用户的操作，使系统的交互性大大增强。

1985 年，Microsoft 公司推出了 Windows 1.0 多任务的图形界面操作系统，支持多层窗口操作。

1985 年，Commodore 公司推出了世界上第一台多媒体计算机系统——Amiga 系统，配置了图形处理芯片、声音处理芯片和视频处理芯片，使计算机有了声和影。

1986 年，荷兰的飞利浦公司和日本的索尼公司联合推出交互式紧缩光盘系统（Compact Disc Interactive，CD-I），同时公布了所采用的 CD-ROM 光盘的数据格式，并成为国际标准。后来出现了多种类型的光盘。

1989 年，Intel 公司推出了采用交互式数字视频系统（Digital Video Interactive，DVI）的 Action Media 750 多媒体开发平台。

自 20 世纪 90 年代以来，多媒体技术逐渐成熟，开始从以研究开发为重心转移到以应用为重心，相关组织制定了多种多媒体标准和规范，多媒体技术进入标准化阶段。1990 年 10 月，微软公司提出了多媒体个人计算机标准（Multimedia Personal Computer）MPC 1.0 标准；1993 年由 IBM、Intel 等数十家软硬件公司组成的多媒体个人计算机市场协会（The Multimedia PC Marketing Council，MPMC）发布了多媒体个人计算机标准 MPC 2.0；1995 年 6 月，MPMC 又公布了 MPC 3.0。随着多媒体技术和计算机应用的日益广泛，多媒体已成为个人机的基本功能。因此，就没有再发布 MPC 新标准。同时 ISO 和 ITU 等组织也制定了一系列多媒体相关标准，如静态图像压缩标准 JPEG、动态图像（视频）压缩编码系列标准 MPEG 和 H.26X 视像压缩编码标准等。这些标准都获得了成功和广泛的应用。

多媒体各种标准的制定和广泛应用，极大地推动了多媒体产业的发展，多媒体技术进入了蓬勃发展阶段，一些多媒体标准和实现方法（如 JPEG、MPEG 等）已被做到芯片级，如 1997 年 Intel 公司推出的具有 MMX（多媒体扩展）技术的奔腾处理器、AC97 杜比数字环绕音响，还有 AGP 规格、MPEG-2、PC-98、2D/3D 绘图加速器等。近年来，MPEG 等多媒体标准已广泛应用于数字卫星广播、高清晰电视、数字录像机、数码相机、手机等。随着网络应用的日益广泛，多媒体技术也广泛应用于视频点播、电视机顶盒、视频电话、视频会议、虚拟现实等方面。

5.3.2　多媒体数据

因为用计算机来处理多媒体信息，首先要把这些信息数字化。所以，计算机内的多媒体数据除文本外，主要有数字声音、数字图像、矢量图形、数字动画和视频，它们是多媒体系统中的视听媒体元素。

1. 数字声音

声音是物体（如咽喉、琴弦）震动产生的，这种震动会引起周围空气的气压改变并产生波。这种光滑连续的声波是模拟信号，可以直接记录在模拟设备（如唱片）上。如果要在计算机中存储和处理声音，就必须对模拟的音频信号进行数字化。

模拟音频信号数字化的步骤如下。

① 采样。在时间轴上对信号离散化，即对连续信号按一定的时间间隔取样。

② 量化。在幅度轴上对信号数字化，即用一定的量化等级对模拟信号值进行量化。

③ 位模式。将量化值转换为二进制数值。

我们的歌声如何输入计算机并存储在计算机中呢？首先通过输入设备话筒将声音输入，模拟声音信号转换设备声卡将声音数字化，并将用二进制表示的声音数据存储于存储器中。之后就可以对该歌曲进行编辑、播放输出或发布了。

2. 数字图像

计算机中的图有两种表示方式，一种是图像，另一种是矢量图形。

图像是图的点阵表示法，是用具有颜色信息的点阵来表示的，如数码照片、数字录像等。它强调图由哪些点组成，并具有什么灰度或色彩。

图像的特点是能表现逼真的图像效果，但是文件比较大，且缩放时清晰度会降低并出现锯齿（走样）。

常用的图像输入设备有扫描仪（数字化输入印刷体图形）、数码相机（数字化输入客观世界中的真实对象）。输入的数字图像保存在存储器中，以后可以对它进行处理、使用或输出。

数字图像处理是对图像进行分析、加工和处理，使其满足视觉、心理以及其他要求的技术。基本的图像处理技术有：图像变换、图像增强、图像平滑、边缘锐化、图像分割、图像编码、图像识别等。

常见的图像文件格式有 JPEG、PCX、BMP、PSD、PIC、GIF 和 TIFF 等。典型的图像处理工具有 Photoshop 等，典型的图像处理编程软件有 Matlab（有强大的图像处理工具箱）等。与图像处理密切相关的学科分支有机器视觉和模式识别等。

3. 矢量图形

图形是指用参数法表示的图，如直线、圆、矩形、曲线和图表等。图形参数有形状参数（如点的坐标、尺寸等）和属性参数（如颜色、明暗等）。

图形的优点是文件较小，无论放大、缩小或旋转等都不会失真；缺点是难以表现色彩层次丰富的逼真图像效果，而且显示矢量图较费时间，主要用于 CAD、插图、文字和可以自由缩放的徽标等图形。

计算机图形学是研究通过计算机生成、处理、显示图形的原理、方法和技术的学科，主要内容包括图形的扫描转换、几何变换、区域填充、反走样、裁剪、消隐及真实感图形技术等。

计算机图形学已经广泛应用于 CAD 与 CAM、计算机艺术、计算机动画、计算机辅助教学、医疗诊断、科学计算可视化、管理和办公自动化、过程控制及系统环境模拟等领域。

常见的图形文件格式有 AI、DWG 等，典型绘图软件有 AutoCAD、3ds Max 等。

4. 数字动画和视频

视频是图像（帧）在时间上的表示，是以足够快的速度播放的一组图像帧，如电影。利用视觉暂留原理，视频播放可以使肉眼看到连续影像。视频的存储是将其中的每一幅图像或帧转化成一系列的位模式并存储的。

数字视频可以来源于数码摄像机、Web 摄像头、手机摄像，还可以来源于录像、电视、DVD 等。

动画是使用绘画手法创造生命运动的艺术。区别于传统的手工制作动画，数字动画是运用计算机等数字技术制作的动画，大多数的 3D 动画都属于数字动画。典型的数字动画制作软件有 Flash 等。

5.3.3 多媒体数据压缩技术

如果不进行压缩编码，数字化后的多媒体信息数据量是非常大的。多媒体数据通常存在各种各样的冗余，在不影响人们对媒体信息理解的前提下，可以对其进行压缩处理。目前已经研究了各种各样的多媒体信息压缩方法，根据压缩原理进行划分，大致可分为以下类型。

1. 预测编码

对于图像，预测编码是利用空间中相邻数据之间的相关性，利用过去和现在出现过的点的数据情况来预测未来点的数据。而对预测值与实际值的差值进行编码，从而降低编码后的数据量，实现压缩。常用的预测编码有差分脉冲编码调制（Differential Pulse Code Modulation，DPCM）和自适应差分脉冲编码调制（Adaptive Differential Pulse Code Modulation，ADPCM）。

2. 信息熵编码（统计编码）

信息熵编码是基于信息熵原理的，即给出现概率大的符号赋予短的码字，而给出现概率小的符号分配长的码字，从而降低编码后的总数据量。因为信息熵编码是基于信号的统计特性的，所以也称为统计编码。常用的信息熵编码主要有 Huffman（哈夫曼）编码、Shannon（香农）编码、行程编码（Run Length Code，RLC）和算术编码等。

3. 变换编码

变换编码不是直接对空域图像信号进行编码，而是首先将空域图像信号映射变换到另一个正交矢量空间（变换域或频域），产生一批变换系数，然后对这些变换系数进行编码处理。变换编码是一种间接编码方法，其中关键问题是在时域或空域描述时，数据之间相关性大，数据冗余度大；经过变换在变换域中描述，数据相关性大大减少，数据冗余量减少，参数独立，数据量少。再进行量化，编码就能得到较大的压缩比，从而达到压缩的目的。一般采用正交变换，如离散余弦变换（DCT）、离散傅里叶变换（DFT）、Walsh-Hadamard 变换（WHT）和小波变换（WT）等。

4. 子带编码

子带编码将图像数据从时域变换到频域后，按频域分成子带，然后对不同的子带使用不同的量化器进行量化，从而达到最优的组合。或者分步渐进编码，在初始时，对某一频带的信号进行解码，然后逐渐扩展到所有频带。随着解码数据的增加，解码图像也逐渐变得清晰。

5. 模型编码

编码时首先将图像中的边界、轮廓、纹理等结构特征找出来，然后保存这些结构信息。解码时根据结构和参数信息进行合成，恢复原图像。具体方法有轮廓编码、域分割编码、分析合成编码、识别合成编码、基于知识的编码和分形编码等。

5.3.4 多媒体技术标准简介

目前已有多种广泛应用的多媒体数据压缩编码/解码标准，这里介绍几种常用的多媒体技术国际标准。

1. JPEG

联合图像专家组（Joint Photographic Experts Group，JPEG）标准的全称为"多灰度静态图像的数字压缩编码"标准，是由 ISO 和 ITU 组织的联合图像专家组制定的静态图像压缩标准，适用于彩色和单色、多灰度连续色调的静态图像。目前数码相机、手机等设备广泛采用的.JPG/.JPEG 格式的图片即是用 JPEG 标准进行压缩的。

2. MPEG

动态图像专家组（Moving Picture Experts Group，MPEG）标准是由 ISO 组织的 MPEG 制定的有关数字运动图像及其伴音的压缩编码的一系列标准，包括 MPEG-1、MPEG-2、MPEG-4、MPEG-7 和 MPEG-21 等。

3. H.26X

H.26X 是 ITU 制定的一个系列标准，包括 H.261、H.262（即 MPEG-2）和 H.263。

H.261 标准的全称为"P×64 kbit/s 视听服务用视频编码方式"，又称为"P×64 kbit/s 视频编码标准"，当时是为 ISDN 提供电视服务而制定的，是一个面向可视电话和电视会议的视频压缩算法国际标准，其中 P 是可变参数（1～30），可适用于不同的应用。

H.263 是在 H.261 基础上制定的，适用于低速视频信号。

5.3.5　常用多媒体创作和处理工具

根据多媒体应用的需要，出现了许多多媒体创作和处理工具软件，如声音处理工具、图形图像制作和处理工具、动画制作工具、视频处理工具等。表 5-6 列出了目前常用的多媒体创作和处理工具。

表 5-6　　　　　　　　　　　　　　常用多媒体创作和处理工具

类型	软件	简介
MIDI 创作	Sonar	Cakewalk 公司的产品，其前身即著名的 Cakewalk，2000 年之后更名为 Sonar。Sonar 是用于制作与处理音乐的软件，功能强大，可以制作单声部或多声部音乐，可使用多种音色等
音频处理	Adobe Audition	其前身即著名的 Cool Edit Pro，被 Adobe 收购后更名为 Adobe Audition 并不断增强。Adobe Audition 是一个专业音频编辑和混合环境，具有先进的音频混合、编辑、控制和效果处理功能，最多混合 128 个声道，可编辑单个音频文件，创建回路并可使用 45 种以上的数字信号处理效果
	GoldWave	由 GoldWave 公司开发的一个数字音频编辑工具，虽然小巧，但功能强大，提供声音编辑、播放、录制和格式转换等多种功能，且内含丰富的音频处理特效
图形图像制作与处理	Photoshop	Adobe 公司推出的专业的平面图像设计和图像处理软件，功能强大、易于操作，是最常用的平面图像设计和处理工具之一，2013 年以后的版本为 Photoshop CC
	Fireworks	Adobe 公司的图像制作软件，主要用于制作与优化 Web 图像、快速构建网站与 Web 界面原型。可以与 Adobe Photoshop、Adobe Illustrator、Adobe Dreamweaver 和 Adobe Flash 等有效集成
	Illustrator	由 Adobe 公司开发的用于出版、多媒体和在线图像应用的矢量图像制作工具
	Corel Draw	由 Corel 公司开发的专业矢量图像制作工具，提供矢量动画、页面设计、网站制作、位图编辑和网页动画等多种功能
	美图秀秀	一款免费的图片处理软件，主要用于数码照片处理，提供图片特效、美容、拼图、场景、边框、饰品等功能，并提供更新的精选素材，简单实用

续表

类型	软件	简介
动画制作	Animate CC	由 Adobe 公司开发的 2D 矢量动画、图像制作工具，其前身即著名的 Adobe Flash Professional CC，是目前最常用的网页动画制作软件之一。Animate CC 增加了许多新特性，在继续支持 Flash SWF、AIR 格式的同时，还会支持 HTML5、WebGL 等
	3ds Max	是 Autodesk 公司的产品，是应用广泛的三维建模、动画、渲染软件，用于制作高质量的 3D 动画、游戏、3D 效果图等
	Maya	是 Autodesk 公司的产品，著名的专业级 3D 建模、动画制作、渲染软件，应用于影视广告、角色动画、电影特技等
视频影像处理	Premiere Pro	是由 Adobe 公司开发的专业非线性视频编辑处理软件，广泛应用于影视节目、广告片等视频节目制作
	会声会影	是 Corel 公司开发的一款功能强大的视频编辑软件，具有图像实时抓取、记录、编辑、格式转换、导出等功能，并提供 100 多种编制功能与效果，可直接制作成 DVD 和 VCD 光盘
Web 制作	Dreamweaver	是由 Macromedia 公司（2005 年被 Adobe 公司收购）开发的可视化的网页设计和网站管理工具，多年来一直是网页设计和制作的主要工具之一，目前版本为 Dreamweaver CC
	FrontPage	Microsoft Office 组件之一，是流行的网页设计制作、网站管理工具，虽然 Microsoft 已不再支持更新，但应用仍然广泛
多媒体演示文稿制作	PowerPoint	Microsoft Office 组件之一，是著名的幻灯片制作工具，支持多种媒体，用于制作幻灯、课件、演示文稿等
	WPS 演示	由金山软件公司自主研发的办公软件套装 WPS Office 的组件之一，是目前主要的演示文稿制作与演示工具之一，用于制作幻灯、课件、演示文稿等，支持多种格式媒体，提供多种特效，并可与手机共享播放

杰出人物

1988 年图灵奖获得者，计算机图形学之父——伊万· 萨瑟兰（Ivan Edward Sutherland）

伊万·萨瑟兰 1938 年出生于美国内布拉斯加州，从小就喜欢对原理刨根问底，他在高中最喜欢的课程是几何，自称图形思考者。当时，他在继电器计算机 SIMON 上编写了该机型历史上最长的一个程序。1959 年，萨瑟兰在卡内基·梅隆大学获得电气工程学士学位，第二年又在加州理工学院获得硕士学位，而后进入麻省理工学院攻读博士，师从信息论的开创者香农。经过 3 年的努力，1963 年，伊万·萨瑟兰完成了博士论文课题——三维的交互式图形系统，即著名的 Sketchpad 系统，这是第一个交互式绘图程序，奠定了计算机图形学、GUI 和 CAD/CAM 的基础。他还是虚拟现实技术的先驱，VLSI 设计方面的大师。由于对计算机图形处理研究的突出贡献，伊万·萨瑟兰被称为"计算机图形学之父"，并获得 1988 年图灵奖。

在计算机科学与技术专业培养方案中一般都设置有"多媒体技术及应用"或类似课程（有的作为选修课程），在该课程中会详细讲解多媒体技术的原理、实际应用及典型多媒体工具软件的使用等。

5.4 计算机网络及应用

在当今社会中，计算机网络起着非常重要的作用，对人类社会的进步做出了巨大的贡献。从某种意义上讲，计算机网络的发展水平不仅反映了一个国家的计算机科学和通信技术水平，而且已经成为衡量其国力及现代化程度的重要标志。

本节首先介绍计算机网络的基本知识，然后介绍计算机网络的体系结构、分类、应用等其他内容。

5.4.1 计算机网络的基本知识

1. 计算机网络的产生与发展

现代计算机网络诞生于 20 世纪 60 年代。当时美国国防部领导的高级研究规划局 ARPA（Advanced Research Project Agency）提出要研制一种全新型的、能够适应现代战争的、残存性很强的网络。于是在 1969 年，美国的 ARPANET 问世。

ARPANET 规模一直增长很快，1984 年 ARPANET 上的主机已超过 1 000 台。ARPANET 于 1983 年分解成两个网络。一个仍称为 ARPANET，是民用科研网；另一个是军用计算机网络 MILNET。

美国国家科学基金会 NSF 认识到计算机网络对科学研究的重要性，因此从 1985 年起，NSF 就围绕其 6 个大型计算机中心建设计算机网络。1986 年，NSF 建立了国家科学基金网 NSFNET，覆盖了全美国主要的大学和研究所。NSFNET 后来接管了 ARPANET，并将网络改名为 Internet，即因特网。1987 年，Internet 上的主机超过 1 万台。到了 1990 年，鉴于 ARPANET 的实验任务已经完成，在历史上起过非常重要作用的 ARPANET 正式宣布关闭。

1991 年，NSF 和美国的其他政府机构开始认识到，Internet 必将扩大其使用范围，不会仅限于大学和研究机构。世界上的许多公司纷纷接入 Internet，网络上的通信量急剧增加。Internet 的容量又满足不了需要了，于是美国政府决定将 Internet 的主干网转交给私人公司来经营，并开始对接入 Internet 的单位收费。

现在已经是 Internet 的时代，Internet 正在改变人们工作和生活的各个方面。它已经给很多国家（尤其是 Internet 的发源地美国）带来了巨大的利益，并加速了全球信息革命的进程。

表 5-7 所示是 Internet 上的网络数、主机数、用户数和管理机构数的简单概括。

表 5-7   **Internet 的发展概况**

年份	网络数	主机数	用户数	管理机构数
1980	10	10^2	10^2	10^0
1990	10^3	10^5	10^6	10^1
2000	10^5	10^7	10^8	10^2
2005	10^6	10^8	10^9	10^3

由于 Internet 存在着技术上和功能上的不足，加上用户数量猛增，Internet 不堪重负。因此，1996 年美国的一些研究机构和 34 所大学提出研制和建造新一代 Internet 的设想，同年 10 月，美国宣布：在 5 年内用 5 亿美元的联邦资金实施"下一代 Internet 计划"，即"NGI（Next Generation Internet Initiative）计划"。

NGI 计划要实现的一个目标是：开发下一代网络结构，以比现有的 Internet 高 100 倍的速率连接至少 100 个研究机构，以比现在的 Internet 高 1 000 倍的速率连接 10 个类似的网点。其端到端的传输速率要超过 100 Mbit/s～10 Gbit/s。另一个目标是：使用更加先进的网络服务技术，并开发许多带有革命性的应用，如远程医疗、远程教育、有关能源和地球系统的研究、高性能的全球通信、环境监测和预报以及紧急情况处理等。NGI 计划将使用超高速网络，能实现更快速的交换和路由选择，同时具有为一些实时（Real Time）应用保留带宽的能力。在整个 Internet 的管理和保证信息的可靠性和安全性方面也会有很大的改进。

2. 计算机网络的概念

计算机网络是计算机技术和通信技术紧密结合的产物。最简单的计算机网络就只有两台计算机和连接它们的一条链路，即两个节点和一条链路。最复杂的计算机网络就是 Internet，它由许多计算机网络通过路由器互连而成，因此也被称为"网络的网络"（Network of Networks）。

计算机网络是指把地理上分散的、多台独立工作的计算机，用通信设备和线路连接起来，按照网络协议（Network Protocol，NP）进行通信，以实现资源共享的大系统。

可以从以下 3 个方面理解计算机网络的概念。

（1）计算机网络建立的主要目的是实现计算机资源共享。计算机资源主要是指计算机的硬件、软件与数据。网络用户不但可以使用本地计算机资源，而且可以通过网络访问联网的远程计算机资源，还可以调用网络中几台不同的计算机共同完成某项任务。

（2）互连的计算机是分布在不同地理位置的多台独立的"自治计算机"。互联的计算机之间没有明确的主从关系，每台计算机既可以联网工作，也可以脱网独立工作，联网计算机可以为本地用户提供服务，也可以为远程网络用户提供服务。

（3）联网计算机之间的通信必须遵守共同的"网络协议"。网络中为进行数据传送而建立的规则、标准称为网络协议。这就和人们之间的对话一样，如果两人不懂得对方的语言，则无法进行交流。

3. 计算机网络的功能

计算机技术和通信技术的迅猛发展，不仅使计算机技术进入了网络时代，而且使计算机的作用范围超越了地理位置的限制，也增强了计算机系统本身的功能。计算机网络有如下的主要功能。

（1）资源共享

资源共享是计算机网络的重要功能。网络突破了地理位置的局限性，可以使网络资源得到充分利用。这些资源包括硬件资源、软件资源、数据资源和信道资源。

① 硬件资源：包括各种类型的计算机、大容量存储设备、计算机外部设备，如彩色打印机、绘图仪等。

② 软件资源：包括各种应用软件、工具软件、系统开发所用的支撑软件、语言处理程序、数据库管理系统等。

③ 数据资源：包括数据库文件、数据库、办公文档资料、企业生产报表等。

④ 信道资源：通信信道可以理解为电信号的传输介质。通信信道的共享是计算机网络中最重要的共享资源之一。

网络上的用户无论在什么地方，无论资源在哪里，都能使用网络中的程序、设备，尤其是数据。也就是说，用户使用千里之外的数据就像使用本地数据一样。

（2）数据通信

分布在不同区域的计算机系统通过网络进行数据传输是网络最基本的功能。通信通道可以传输各种类型的信息，包括数据信息和图形、图像、声音、视频流等各种多媒体信息，本地计算机要访问网络上另一台计算机的资源就是通过数据通信来实现的。

（3）提高系统的可靠性

在一些用于计算机实时控制和要求高可靠性的场合，通过计算机网络实现备份技术可以提高计算机系统的可靠性。

（4）集中管理

对地理位置分散的组织和部门，可通过计算机网络来实现集中管理，如数据库情报检索系统、交通运输部门的订票系统、军事指挥系统等。

（5）分布式网络处理和负载均衡

对于大型的任务或当网络中某台计算机的任务负荷太重时，通过网络和应用程序的控制和管理，将作业分散到网络中的其他计算机中，由多台计算机共同完成，或由网络中比较空闲的计算机分担负荷，这样，不仅可以降低软件设计的复杂性，而且可以大大提高工作效率和降低成本。

5.4.2　计算机网络的体系结构

人们在处理一个复杂的问题时，通常会把这个复杂的大问题分割成若干个容易解决的小问题。如果解决了这些小问题以及它们之间的关系，就完成了这个复杂问题的求解。

网络体系结构的设计思想和这种处理方式比较类似。大多数网络体系结构都进行分层设计，每层相当于不同的模块（小问题）。像这样的计算机网络层次结构及各层协议的集合称为计算机网络体系结构。

下面介绍两个著名的计算机网络体系结构：OSI 参考模型和 TCP/IP 参考模型。

1. OSI 参考模型

国际标准化组织 ISO 为了建立使各种计算机可以在世界范围内联网的标准框架，从 1981 年开始，制定了著名的开放式系统互联基本参考模型（Open Systems Interconnection Reference Model，OSI/RM）。"开放"是指只要遵守 OSI 标准，一个系统就可以与位于世界上任何地方的，也遵循同一标准的其他任何系统进行通信；"互联"是指将不同的系统互相连接起来，以达到相互交换信息、共享资源、分布应用和分布处理的目的。

OSI 参考模型分为 7 层：物理层、数据链路层、网络层、传输层、会话层、表示层、应用层，如图 5-41 所示。

```
┌─────────────┐
│    应用层     │
├─────────────┤
│    表示层     │
├─────────────┤
│    会话层     │
├─────────────┤
│    传输层     │
├─────────────┤
│    网络层     │
├─────────────┤
│   数据链路层   │
├─────────────┤
│    物理层     │
└─────────────┘
```

图 5-41　OSI 参考模型

OSI/RM 的最高层为应用层，面向用户提供应用服务；最低层为物理层，连接通信媒体实现数据传输。层与层之间的联系是通过各层之间的接口来进行的，上层通过接口向下层提出服务请求，而下层通过接口向上层提供服务。两个用户计算机通过网络进行通信时，除物理层之外，其余各对等层之间均不存在直接的通信关系，而是通过各对等层的协议来进行通信。例如，两个对等的网络层使用网络层协议通信，只有两个物理层之间才通过媒体进行真正的数据通信。

在实际中，当两个通信实体通过一个通信子网通信时，必然会经过一些中间节点。一般来说，通信子网的节点只涉及低 3 层的结构。下面简单介绍 OSI 参考模型各层的功能。

（1）物理层

物理层（Physical Layer）是整个 OSI 参考模型的最低层，主要功能是提供网络的物理连接，利用物理传输媒体透明地传送相邻节点之间的原始比特流。物理层的设计主要涉及物理层接口的机械、电气、功能和过程特性，以及物理层接口连接的传输媒体等问题。

物理层传送信息的基本单位是比特（bit，位）。

典型的物理层协议有 RS-232 系列、RS-449 接口标准和 X.21 建议书等。

（2）数据链路层

数据链路层（Data Link Layer）是 OSI 参考模型的第 2 层，在物理层提供比特流传输服务的基础上，在通信的实体之间建立数据链路连接，传送以帧为单位的数据，采用差错控制、流量控制方法，使有差错的物理线路变成无差错的数据链路。

数据链路层传送信息的基本单位是帧。

常见的数据链路层协议有两类：一类是面向字符的传输控制协议，如二进制同步通信协议规程（Binary Synchronous Communication，BSC）；另一类是面向比特的传输控制协议，如高级数据链路控制规程（High-level Data Link Control，HDLC）。

（3）网络层

网络层（Network Layer）是 OSI 参考模型的第 3 层，解决的是网络与网络之间，即网际通信问题。网络层的主要功能是提供路由选择，即选择到达目标主机的最佳路径，并沿该路径传送数据包。此外，网络层还要具备地址转换（将逻辑地址转换为物理地址）、流量控制和拥塞控制等功能，是 OSI 参考模型 7 层中最复杂的一层。

网络层传送信息的基本单位是分组（或称为数据包）。

典型的网络协议有 IP、国际电报电话咨询委员会（CCITT）的 X.25 协议等。

（4）传输层

传输层（Transport Layer）是 OSI 参考模型的第 4 层，主要功能是完成网络中不同主机上的用户或进程之间可靠的数据传输，传输层要决定对用户提供什么样的服务。最好的传输接是一条无差错的、按顺序传送数据的管道。传输层的主要任务是向用户提供可靠的端到端（End-to-End）服务，透明地传送报文。传输层除了向高层屏蔽下层数据通信的细节外，还要提供差错处理、流量控制、多路复用等功能，因而是计算机网络体系中最关键的一层。

传输层传送信息的基本单位是报文。

典型的传输层协议有 TCP、UDP 等。

（5）会话层

会话层（Session Layer）是 OSI 参考模型的第 5 层，用户或进程间的一次连接称为一次会话。例如，一个用户通过网络登录到一台主机，或者一个正在用于传输文件的连接等都是会话。其功能是提供一种有效的方法，以组织和协商不同计算机上的两个应用程序之间的会话，并管理其间的数据交换。会话层利用传输层来提供会话服务，负责提供建立、维护和拆除两个进程间的会话连接，当连接建立后，对何时、哪方进行操作等双方的会话活动进行管理。

（6）表示层

表示层（Presentation Layer）是 OSI 参考模型的第 6 层，主要用于解决用户信息的语法表示问题，包括数据格式变换、数据加密与解密、数据压缩与恢复，以及协议转换等。例如，并不是每个计算机都使用相同的数据编码方案，表示层可提供不兼容数据编码格式之间的转换，如把 ASCII 转换为扩展二进制交换码（EBCDIC）等。

表示层传送信息的基本单位也是报文。

（7）应用层

应用层（Application Layer）是 OSI 参考模型的最高层，直接面向用户以满足用户不同需求，是利用网络资源，唯一向应用程序直接提供服务的层，应用层提供的服务非常广泛，常用的有文件传输、数据库访问和电子邮件等。

应用层传送信息的基本单位是用户数据报文。

在整个 OSI 参考模型中，应用层包含的协议最多，典型的有 FTP、HTTP 等。

OSI 模型试图达到一种理想境界，但由于其在模型设计以及商家产品化等方面存在诸多问题，OSI 事与愿违地失败了。尽管 OSI 没有占领市场，但其作为国际标准，提出了计算机网络中的许多核心概念，成为其他网络体系结构参照、衡量的理想模型。

2. TCP/IP 参考模型

美国国防部高级研究计划局 ARPA 提出 ARPANET 研究计划的目的是希望美国境内的主机、通信控制处理机和通信线路如果在战争中部分遭到攻击而损坏时，其他部分仍能正常工作，同时也希望适应从文件传送到实时数据传输的各种应用需求，因此要求的是一种灵活的网络体系结构，实现异型网的互连（Interconnection）与互通（Intercommunication）。

OSI 的七层体系结构旨在指导计算机网络的设计，统一和发展全球的计算机网络。但由于市场、商业运作和技术等多方面的原因，OSI 体系结构最终并没有成功。而 Internet 在发展过程中形成了 TCP/IP（Transmission Control Protocol/Internet Protocol）体系结构，虽然 TCP、IP 都不是 OSI 标准，却成为目前最流行的商业化的协议，并被公认为当前的工业标准或"事实上的标准"。在 TCP/IP 出现之后，出现了 TCP/IP 参考模型（TCP/IP Reference Model）。

所以现在绝大多数的网络，以及覆盖全世界的 Internet 使用的网络体系结构都使用了 TCP/IP 参考模型。

TCP/IP 参考模型分 4 层：网络接口层、网络层、传输层、应用层，如图 5-42 所示。它与 OSI 的层次有所对应，但并不一样。

图 5-42　TCP/IP 参考模型

（1）网络接口层

在 TCP/IP 参考模型中，网络接口层是参考模型的最低层，负责通过网络发送和接收 IP 数据报。TCP/IP 参考模型允许主机连入网络时使用多种现成的、流行的协议，如局域网协议等。

（2）网络层

在 TCP/IP 参考模型中，网络层是参考模型的第 2 层，主要功能如下。

① 处理来自传输层的分组发送请求。在收到分组发送请求之后，将分组装入 IP 数据报，填充报头，选择发送路径，然后将数据报发送到相应的网络输出线路。

② 处理接收的数据报。接收到其他主机发送的数据报之后，检查目的地址，如需要转发，则选择发送路径并转发出去；如目的地址为本节点 IP 地址，则除去报头，将分组上交给传输层处理。

③ 处理互连的路径、流量控制与拥塞问题。

（3）传输层

在 TCP/IP 参考模型中，传输层是参考模型的第 3 层，负责应用进程之间的端到端通信。传输层的主要目的是在 Internet 中源主机与目的主机的对等实体间建立用于会话的端到端连接，在这点上，TCP/IP 参考模型与 OSI 参考模型的传输层功能相似。

（4）应用层

在 TCP/IP 参考模型中，应用层是参考模型的最高层。应用层包括了所有的高层协议，同时不断有新的协议加入。

TCP/IP 参考模型也是一个开放模型，能很好地适应世界范围内数据通信的需要。TCP/IP 协议簇是学习网络的重点，每层都有不同的协议，网络层的协议有网际协议（Internet Protocol，IP）、地址解析协议（Address Resolution Protocol，ARP）、反向地址解析协议（Reverse Address Resolution Protocol，RARP）和因特网控制报文协议（Internet Control Message Protocol，ICMP）等；传输层的协议有传输控制协议（Transmission Control Protocol，TCP）和用户数据报协议（User Datagram protocol，UDP）；应用层的协议有 HTTP、FTP、SNMP、Telnet 等，其中 IP 和 TCP 是其最重要的协议。

3. IP 地址与域名

（1）IP 地址

在 Internet 中，IP 地址用来唯一地标识网络中的一个特定主机。IP 地址是一个 32 位的二进制数，通常被表示成 4 个点分十进制整数，如"192.168.1.1"。IP 地址由网络号（Network ID）和主机号（Host ID）两部分组成，网络号用来标识互联网中的一个特定网络，而主机号则用来标识该网络中的一个特定主机，如图 5-43 所示。IP 地址现在由 Internet 名字与号码指派公司（Internet Corporation for Assigned and Numbers，ICANN）分配。我国用户可向亚太网络信息中心（Asia Pacific Network Information Center，APNIC）申请 IP 地址（需要缴费）。

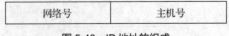

图 5-43　IP 地址的组成

早期用的分类 IP 地址被分为 5 类，每种类型都定义不同位数的网络号部分和主机号部分。一个 IP 地址的类型由最高位的几比特标识，如果第一比特值是 0，则为 A 类地址；如果前两比特值是"10"，则为 B 类地址；如果前三比特值是"110"，则为 C 类地址；如果前四比特值是"1110"，则为 D 类地址；如果前五比特值是"11110"，则为 E 类地址，如图 5-44 所示。

图 5-44　IP 地址的 5 种类型

IP 地址的编址方法经过了以下 3 个阶段。

① 分类的 IP 地址：这是最基本的编址方法，1981 年就通过了其标准协议。

② 子网划分：这是对分类 IP 地址的改进，1985 年通过其标准。

③ 构成超网：这是比较新的无分类编址方法，1993 年提出后很快得到推广应用。

（2）域名

计算机之间使用的 IP 地址不易记忆，于是用户采用主机名代替。

早在 ARPANET 时代，就开始使用一个称为 hosts 的文件，列出所有主机名和相应的 IP 地址。只要用户输入一个主机名，计算机就可以很快地从该文件将主机名转换成计算机能够识别的二进制 IP 地址。这个主机名就是现在 Internet 上通用的域名（Domain Name），把域名转换成 IP 地址的计算机称为域名服务器（Domain Name Server，DNS），该转换过程就称为域名解析或域名服务。

1993 年，Internet 开始采用层次结构的命名树作为主机的名字，并使用分布式域名系统 DNS，如图 5-45 所示。

······ 三级域名 . 二级域名 . 顶级域名

图 5-45　分布式域名结构

顶级域名（Top Level Domain，TLD）也称为"一级域名"，对于顶级域名的命名方法，Internet 国际特别委员会于 1997 年公布了一个报告，其中将顶级域名定义为 3 类。

① 国家顶级域名（nTLD）：国家顶级域名的代码由 ISO3166 规定，采用国家/地区名称缩写（如".cn"代表中国，".us"代表美国，".uk"代表英国等）的地理模式顶级域名。例如，域名"zut.edu.cn"是指中国的网站地址。

② 国际顶级域名（iTLD）：即以".int"为后缀的域名，专门为国际联盟、国际组织而设的一类顶级域名，如世界知识产权组织的域名为"wipo.int"。

③ 通用顶级域名（gTLD）：根据 1994 年公布的 RFC1591 规定，通用顶级域名是".com"表示公司企业，".net"表示网络服务机构，".org"表示非营利性组织，".edu"表示教育机构，".gov"表示政府部门，".mil"表示军事部门等组织模式顶级域名。

Internet 上域名的名字空间组成结构示意图如图 5-46 所示。

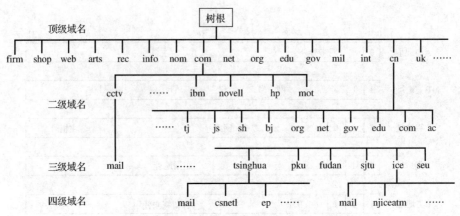

图 5-46　Internet 上域名的名字空间组成结构示意图

（3）域名系统 DNS

DNS 提供主机域名和 IP 地址之间的转换服务。DNS 采用客户/服务器模式，在 DNS 中客户程序称为名字解析器（Name Resolver），服务器程序称为名字服务器（Name Server）。

所谓的域名服务器，就是一个运行在指定主机上的服务器程序，由它负责完成"域名-IP 地址"映射。由于域名解析服务是该主机的唯一功能，有时也把运行域名服务器程序的主机称为域名服务器，该服务器通常保存它所管辖区域内的域名与 IP 地址的映射表。

请求域名解析服务的程序称为域名解析器。在 TCP/IP 域名系统中，一个域名解析器可以利用一个或多个域名服务器进行名字映射。在 Internet 中，对应于域名的层次结构，域名服务器也构成树状的层次结构。

5.4.3　计算机网络的分类

用户的需求不同，导致所组建的网络也不同，于是现实中就存在形形色色的网络。根据不同的分类原则，可以得到不同类型的计算机网络。

下面介绍计算机网络的 3 个分类体系。

1. 按网络拓扑分类

网络中各台计算机连接的形式和方法称为网络的拓扑结构，主要拓扑结构如图 5-47 所示。

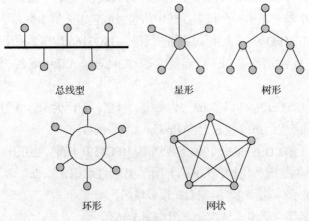

图 5-47　网络拓扑结构

总线型拓扑通过一条传输线路将网络中的所有节点连接起来，这条线路称为总线。网络中的各节点都通过总线进行通信。现在的网络已经很少使用该结构了。

星形拓扑中的各节点都与中心节点连接，呈辐射状排列在中心节点周围。网络中任意两个节点的通信都要通过中心节点转接。单个节点的故障不会影响网络的其他部分，但中心节点的故障会导致整个网络瘫痪。

环形拓扑中的各节点首尾相连形成一个闭合的环，环中的数据沿着一个方向绕环逐站传输。环形拓扑结构简单，但环中任何一个节点出现故障，都可能造成网络瘫痪。为保证环路正常工作，需要较复杂的环路维护处理。

树形拓扑由总线型拓扑演变而来。在树形拓扑中，节点按层次连接，信息交换主要在上、下节点之间进行。树形拓扑使用于汇集信息的应用要求。

在网状拓扑结构中，节点之间的连接是任意的，没有规律。网状拓扑的主要优点是系统可靠性高，但是结构复杂，必须采用高效控制方法。

2. 按网络的地理范围分类

根据地理范围的大小，网络可分为局域网（Local Area Network，LAN）、广域网（Wide Area Network，WAN）和城域网（Metropolitan Area Network，MAN）。

局域网一般用计算机通过高速通信线路相连，但在地理上则局限于较小的范围（如 1km 左右）。校园网、企业网就属于典型的局域网。

广域网的作用半径通常为几十到几千千米。广域网覆盖一个国家、一个地区或横跨几个洲。中国教育和科研计算网就属于典型的广域网。

城域网是地理范围在广域网和局域网之间的一种高速网络，例如，作用范围是一个城市的网络。城域网设计的目标是要满足几十千米半径范围内大量企业、机关、公司的多个局域网互连的需求，以实现大量用户之间的数据、语音、图形与视频等多种信息的传输功能。

3. 按网络的使用范围分类

从网络的使用范围可分为公用网（Public Network）和专用网（Private Network）。

公用网一般是国家的电信部门组建、管理和控制的网络，这里"公用"的意思就是所有愿意按邮电部门规定交纳费用的人，都可以使用网络内的传输和交换装置，如公共电话交换网（PSTN）、数字数据网（DDN）、综合业务数字网（ISDN）等。

专用网是某个部门为单位的特殊工作的需要而组建的网络。这种网络不向本单位以外的人提供服务，如军队、铁路、电力等系统都有本系统的专用网。专用网可以租用电信部门的传输线路，也可以自己铺设线路，但后者的成本较高。

除了以上介绍的按照网络拓扑、地理范围、使用范围进行分类外，还有其他一些分类方式，如根据网络的交换技术、通信介质、通信速率、通信传播方式等。

5.4.4　局域网的组成

局域网是人们日常工作使用的网络，局域网技术是在远程分组交换通信网络基础上发展起来的。1980 年 2 月，电气和电子工程师协会（IEEE）成立了局域网标准委员会，专门从事局域网标准化工作，并制定了 IEEE 802 标准。

总体来说，局域网由硬件系统和软件系统两大部分组成。

1. 局域网硬件系统

这里介绍的硬件在大多数局域网中都使用，但具体行业组建的局域网可能有涉及自己行业的设备，这些不在介绍之列。

（1）通信介质

通信设备的连接线称为通信介质（或传输介质）。通信介质包括有线介质（双绞线、同轴电缆、光纤）和无线介质。

双绞线由成对的铜线绞合在一起组成，如图 5-48 所示。铜线相互扭合，可以降低信号的干扰。双绞线现在大量用在电话线和计算机局域网中。

某些行业的网络和老的局域网使用同轴电缆。同轴电缆现在主要用于有线电视，它的高性能允许同时传送超过 100 个电视频道的信号（见图 5-49）。双绞线和同轴电缆是以金属"铜"作为导体的。

图 5-48　双绞线

图 5-49　同轴电缆

由于光纤有很多优点，所以光纤在通信系统中得到了广泛应用，其主要用于网络的骨干或核心部分，如图 5-50 所示。光纤多以玻璃纤维作为导体，新型的光纤有以塑料为导体的。

如果通信线路要经过一些高山、岛屿或者铺设有线介质既昂贵又费时，或者人们需要进行移动通信的时候，就可以利用无线介质来实现通信。例如，大家比较熟悉的卫星电视转播、移动电话、电视遥控器等都是利用无线介质进行通信的。人们现在已经利用了无线电、微波、红外线以及可见光这几个波段进行通信，紫外线和更高频率的波段目前还不能用于通信。

（2）网络连接和数据交换设备

网络是利用传输介质把网络设备连接起来的。

常用的局域网连接和数据交换设备有集线器、交换机、路由器、网卡等。

集线器（Hub）的外观如图 5-51 所示。集成器的作用就是将网络中的线缆集中起来，通过它实现物理上的连接，使连接在线缆两端的计算机能够相互通信。集线器也有数据交换的作用，但是数据交换的能力不强。

图 5-50　光纤

图 5-51　集线器

交换机（Switch）的外观如图 5-52 所示。交换机的作用就是使连入网络的计算机能够相互交换数据，它是局域网中最重要、使用最广泛的数据交换设备。交换机的数据交换能力比集线器强得多。

路由器（Router）的外观如图 5-53 所示。局域网的路由器多属于接入路由器，用于连接局域网和广域网。局域网接入 Internet，一般都用路由器来连接。

图 5-52　交换机

图 5-53　路由器

网卡的外观如图 5-54 所示。网卡是插入计算机中使计算机能够与集线器、交换机相连接的设备。

图 5-54　网卡

（3）网络数据存储与处理设备

网络数据存储与处理设备主要包括服务器和客户机等。

服务器就是提供各种服务的计算机，它是网络控制的核心。服务器上必须运行网络操作系统，它能够为客户机的用户提供丰富的网络服务，如文件服务、打印服务、Web 服务、FTP 服务、E-mail 服务、DNS 域名服务、数据库服务等。

当一台计算机连接到网络上，它便成为网络上的一个节点，该节点又称为客户机。客户机的配置通常要求不高，只要能运行常用的操作系统和相应的应用程序即可。

（4）其他辅助设备

局域网还需要一些辅助设备的支持，主要包括不间断电源（UPS）、机柜、空调、防静电地板等。

2. 局域网软件系统

硬件系统是网络的躯体，而软件系统是网络的灵魂。网络之所以有各种各样的功能，就是因为有软件的原因。

（1）协议

如果没有协议，网络就无法正常通信，也就没有了网络。协议并不是一套单独的软件，而是融合于所有的软件系统中，如网络操作系统、网络数据库系统、网络应用软件等。协议在网络中无处不在。

（2）网络操作系统

网络操作系统是指具有网络功能的操作系统，主要指服务器操作系统。服务器操作系统是指安装在服务器上，为其他计算机提供服务的操作系统。目前常见的服务器操作系统有 Linux、Windows Server 系列、UNIX、RHEL 等。

（3）其他软件系统

局域网中的软件还有客户机操作系统、数据库软件系统、网络应用软件系统（如网管软件、防火墙）、专用软件系统（如企业资源计划系统 ERP、办公自动化系统 OA）等。

3. 局域网产品

从 1969 年第一个计算机网络——远程通信交换网 ARPAnet 诞生到 20 世纪 70 年代后期，分组交换通信网络得到很大发展，并积累了很多经验。1972 年，Bell 公司提出了两种环型局域网技术。1973 年，AltoAloha 改名为"以太网"（Ethernet），由此，以太网诞生了。随后又出现了令牌环网、令牌总线网、光纤分布式数据接口（Fiber Distributed Data Interface，FDDI）、ATM 网等局域网产品。随着市场的竞争和选择，尤其是千兆以太网的出现，其他几种产品基本退出了局域网的市场，以太网占据了局域网市场的绝对份额。

1998 年 6 月，IEEE 802.3 委员会推出了千兆以太网的解决方案，制定了基于光纤和铜缆的 IEEE 802.3z 以太网标准和基于超五类非屏蔽双绞线的 IEEE 802.3ab 以太网标准。千兆以太网主要用在高速局域网和宽带城域网的主干网、高性能计算环境、分布式计算和多媒体应用中。

5.4.5　Internet 应用

目前，Internet 上的服务有很多，随着 Internet 商业化的发展，它所能提供的应用种类将会越来越多。下面介绍几种常用的 Internet 应用。

1. WWW 浏览

（1）Web 基础

World Wide Web，简称 WWW、Web、W3，中文称为"万维网"，是 Internet 上最方便和最受用户欢迎的信息服务。WWW 是欧洲核子物理实验室首先开发的基于超文本的信息查询工具，当用户浏览一个 WWW 网页时，可以从当前网页随意跳转到其他的网页。它提供了一种信息浏览的非线性方式，用户不需要遵循一定的层次顺序就可以在 WWW 的海洋中随意"冲浪"。

WWW 是 Internet 上集文本、声音、动画、视频等多种媒体信息于一身的信息服务系统，整个系统由 Web 服务器、浏览器（Browser）及通信协议 3 部分组成。WWW 采用的通信协议是超文本传输协议（HyperText Transfer Protocol，HTTP），它可以传输任意类型的数据对象，是 Internet 发布多媒体信息的主要应用层协议。

WWW 中的信息资源主要由一篇篇的网页为基本元素构成，网页采用超文本标记语言（HyperText Markup Language，HTML）来编写，HTML 描述 Web 页的内容、格式及 Web 页中的超链接。Web 页间采用超文本（HyperText）的格式互相链接。通过这些链接可从这一网页跳转到另一网页上，即所谓的超链接。

Internet 中的网站成千上万，为了准确查找，人们采用了统一资源定位器（Uniform Resource Locator，URL）来在全世界唯一标识某个网络资源。其描述格式为：<URL 的访问方式>://<主机>:<端口>/<路径>，默认端口号在 URL 中可省略。例如，访问中原工学院网站的 URL 可为"HTTP://www.zzti.edu.cn"。

（2）Web 浏览器

用户计算机中浏览 Web 页面的客户程序称为 Web 浏览器，目前常用的 Web 浏览器主要有国产的 360 安全浏览器、搜狗高速浏览器和傲游浏览器等，国外的主要有微软 IE 浏览器、谷歌 Chrome 浏览器、Mozilla Firefox（火狐）浏览器和苹果 Safari 浏览器等。

用户可以自定义浏览器，图 5-55 所示为设置 IE 浏览器的 Internet 属性的对话框。

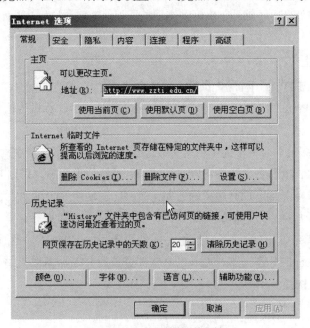

图 5-55　自定义浏览器的属性

2. 信息搜索

Internet 上的信息资源浩如烟海，如果用户毫无根据地寻找需要的信息，好比大海捞针。搜索引擎可以帮助用户迅速找到想要的信息。

专门提供信息检索功能的服务器叫搜索引擎，搜索引擎大多都具有庞大的数据库，可利用 HTTP 访问这些数据库，它是万维网环境中的信息检索系统（包括目录服务和关键字检索两种服务方式）。

搜索引擎按其工作方式主要分为全文搜索引擎、目录索引类搜索引擎、元搜索引擎和垂直搜索引擎。

搜索引擎是在 Internet 上查找信息的必备工具，目前常用的搜索引擎主要有百度、谷歌、搜狗、必应、雅虎等。

3. 电子邮件

电子邮件又称 E-mail，是目前 Internet 上使用最频繁的应用之一，它为 Internet 用户之间发送和接收信息提供了一种快捷、廉价的现代通信手段。传统通信需要几天完成的传递，电子邮件系统仅需要用几分钟甚至几秒就可以完成。现在，电子邮件系统不但可以传输各种格式的文本信息，而且可以传输图像、声音、视频等多种信息。

邮件服务器是 Internet 邮件服务系统的核心，它的作用与邮政系统的邮局相似。一方面，邮件服务器负责接收用户送来的邮件，并根据收件人地址发送到对方的邮件服务器中；另一方面，它负责接收由其他邮件服务器发来的邮件，并根据收件人地址分发到相应的电子邮箱中。

每个电子邮箱都有一个邮箱地址，称为电子邮件地址。电子邮件地址的格式是固定的，并且在全球范围内是唯一的。用户的电子邮件地址的格式为：用户名@主机名。其中"@"符号读音为"at"。主机名是指拥有独立 IP 地址的计算机的名字，用户名是指在该计算机上为用户建立的电子邮件账号。例如，在"zzti.edu.cn"主机上，有一个名为"zhangsan"的用户，那么该用户的 E-mail 地址为zhangsan@zzti.edu.cn。

可以使用浏览器来处理电子邮件，也可以使用电子邮件的客户端程序（如 Outlook、Foxmail）来处理。

4. 文件的下载与上传

文件传输服务是由 FTP 应用程序提供的，而 FTP 应用程序遵守的是 TCP/IP 协议簇中的文件传输协议（File Transfer Protocol，FTP），它允许用户将文件从一台计算机传输到另一台计算机上，并且能保证传输的可靠性。

在 Internet 中，许多公司、大学的主机上有数量众多的各种程序与文件，这是 Internet 的巨大而宝贵的信息资源。使用 FTP 服务，用户可以方便地访问这些信息资源。采用 FTP 传输文件时，不需要对文件进行复杂的转换，因此 FTP 服务的效率比较高。在使用 FTP 服务后，等于使每个联网的计算机都拥有一个容量巨大的备份文件库。

可以使用浏览器来完成 FTP 服务，但是一般使用专用的 FTP 客户程序上传或下载文件，如WS_FTP、CuteFTP、LeapFTP 等软件。使用 FTP 软件登录到 FTP 服务器上之后，对服务器的操作就像对本地机一样方便、快捷。

5. 网友交流

（1）BBS

电子公告牌系统（Bulletin Board System，BBS）是一种电子信息服务系统。它向用户提供了一块公共电子白板，每个用户都可以在上面发布信息或提出看法，早期的 BBS 由教育机构或研究机构管理，许多网站上都建立了自己的 BBS 系统（也称为网络论坛），供网民通过网络来结交更多的朋友，表达更多的想法。目前国内的 BBS 已经日渐衰落。

（2）聊天室

聊天室（Chat Room）是一个网上空间，为了保证谈话的焦点，聊天室通常有一定的谈话主题。任何一个连入 Internet、使用正确的聊天软件，并且渴望谈论的人都可以享受其乐趣。聊天室有语音聊天室和视频聊天室等分类。现在很多网站都有自己的聊天室，如搜狐、新浪、网易等。

聊天也可以使用专用的聊天软件，如 QQ、微信等。

（3）博客

博客（Blog）是一种通常由个人管理、不定期张贴新文章的网站。博客上的文章通常根据张贴时间，以倒序方式由新到旧排列。许多博客专注在特定的课题上提供评论或新闻，其他则被作为比较个人的日记。一个典型的博客结合了文字、图像、其他博客或网站的链接及其他与主题相关的媒体。能够让读者以互动的方式留下意见，是许多博客的要素。大部分的博客内容以文字为主，仍有一些博客专注在艺术、摄影、视频、音乐等各种主题。博客是社会媒体网络的一部分。

（4）微博

微博，即微博客（MicroBlog）的简称，是一种通过关注机制分享简短实时信息的广播式的社交网络平台。最早也是最知名的微博是美国的 Twitter，根据相关公开数据，截至 2016 年 3 月，Twitter 在全球注册用户已达 3.2 亿。2009 年 8 月，我国最大的门户网站之一新浪网推出"新浪微博"内测版，成为门户网站中第一家提供微博服务的网站，微博正式进入中文上网主流人群视野。

微博草根性很强，广泛分布在桌面、浏览器、移动终端等多个平台上，有多种商业模式并存，但无论哪种商业模式，都因其信息获取的自主性、微博宣传的影响力、内容短小精悍、信息共享便捷迅速等特点深受用户的青睐。

据中国互联网络信息中心（CNNIC）2018 年 8 月调查报告显示，截至 2018 年 6 月，我国微博用户数达到 3.37 亿。

6. 电子商务与电子政务

（1）电子商务

电子商务是利用计算机技术、网络技术和远程通信技术，实现整个商务（买卖）过程中的电子化、数字化和网络化。

电子商务是运用数字信息技术，对企业的各项活动进行持续优化的过程。电子商务涵盖的范围很广，一般可分为 5 种模式：企业对企业（Business-to-Business，B2B）、企业对消费者（Business-to-Consumer，B2C）、消费者对消费者（Consumer-to-Consumer，C2C）、企业对政府（Business-to-Government，B2G）、业务流程（Businessprocess），其中主要的有 B2B、B2C 和业务流程 3 种模式。

随着国内 Internet 使用人数的增加，利用 Internet 进行网络购物并以银行卡付款的消费方式已日渐流行，市场份额也在迅速增长，电子商务网站也层出不穷。电子商务最常见的安全机制有安全套接层协议（Secure Sockets Laye，SSL）及安全电子交易协议（Secure Electronic Transaction，SET）两种。

一般的电子商务过程可分为交易准备、贸易协商、合同签订、合同执行 4 个阶段。参与电子商务的主要有客户、商家、认证中心和银行 4 方。银行之间由金融专用网连接，电子商务在 Internet 上工作，金融专用网与 Internet 通过安全保卫作用的支付网关连接。

目前，电子商务的应用行业非常广泛，如网上商店、虚拟市场、网上购物、网上银行、电子支付、个人理财、网上证券交易等。国内主要的电子商务网站有淘宝网、阿里巴巴、当当、京东商城、凡客、易趣、麦考林等。

（2）电子政务

电子政务作为电子信息技术与管理的有机结合，成为当代信息化最重要的领域之一。所谓电子政务，就是应用现代信息和通信技术，将管理和服务通过网络技术集成，在互联网上实现组织结构和工作流程的优化重组，超越时间、空间及部门之间的分隔限制，向社会提供优质和全方位的、规范而透明的、符合国际水准的管理和服务。我国 1999 年启动的"政府上网工程"就是要大力推进我国的电子政务建设，为社会提供便捷的政府服务。

电子政务分为：政府对政府（Government to Government，G2G）、政府对企业（Government to Business，G2B）、政府对公众（Government to Citizen，G2C）、政府对公务员（Government to Employee，G2E）几种。

电子政务的主要内容有：政府从网上获取信息，推进网络信息化；加强政府的信息服务，在网上设有政府自己的网站和主页，向公众提供可能的信息服务，实现政务公开；建立网上服务体系，使政务在网上与公众互动处理，即"电子政务"；将电子商业用于政府，即"政府采购电子化"。

Internet 还提供了很多服务，如 IP 电话、IP 传真、视频会议、视频点播、网络游戏等已经得到了广泛应用。随着 Internet 的发展，它还会涌现很多目前想象不到的应用。

7. "互联网+"

"互联网+"代表一种新的经济形态，即充分发挥互联网在生产要素配置中的优化和集成作用，将互联网的创新成果深度融合于经济社会各领域之中，提升实体经济的创新力和生产力，形成更广泛的以互联网为基础设施和实现工具的经济发展新形态。

通俗来说，"互联网+"就是"互联网+各个传统行业"，但这并不是简单的两者相加，而是利用信息通信技术以及互联网平台，让互联网与传统行业进行深度融合，创造新的发展生态，比如"互联网+搜索"，诞生了百度；"互联网+交易手段"，诞生了支付宝；"互联网+商场"，诞生了淘宝、京东；"互联网+视频"，于是你习惯了在爱奇艺、优酷上观看节目；"互联网+社交"，我们的生活里出现了微信、微博、QQ 等。

"互联网+"将互联网作为当前信息化发展的核心特征，提取出来，并与工业、商业、金融业等服务业全面融合。这其中的关键就是创新，只有创新才能让这个"+"真正有价值、有意义。正因如此，"互联网+"被认为是创新下的互联网发展新形态、新业态，是知识社会创新推动下的经济社会发展新形态演进。"互联网+"有以下 6 大特征。

（1）跨界融合。"+"就是跨界，就是变革，就是开放，就是重塑融合。敢于跨界了，创新的基础就更坚实；融合协同了，群体智能才会实现，从研发到产业化的路径才会更垂直。融合本身也指身份的融合、客户消费转化为投资、伙伴参与创新等，不一而足。

（2）创新驱动。粗放的资源驱动型增长方式早就难以为继，必须转变到创新驱动发展这条正确的道路上来。这正是互联网的特质，用所谓的互联网思维来求变、自我革命，也更能发挥创新的力量。

（3）重塑结构。信息革命、全球化、互联网业已打破了原有的社会结构、经济结构、地缘结构、文化结构。权力、议事规则、话语权不断在发生变化。互联网+社会治理、虚拟社会治理与传统的社会治理会有很大的不同。

（4）尊重人性。人性的光辉是推动科技进步、经济增长、社会进步、文化繁荣最根本的力量，互联网力量强大也来源于对人性最大限度的尊重、对人体验的敬畏、对人的创造性发挥的重视，如 UGC、卷入式营销、分享经济。

（5）开放生态。"互联网+"的生态是非常重要的特征，而生态的本身就是开放的。推进"互联网+"，其中一个重要的方向就是要把过去制约创新的环节化解掉，把孤岛式创新连接起来，让研发由人性决定的市场驱动，让创业并努力者有机会实现价值。

（6）连接一切。连接是有层次的，可连接性是有差异的，连接的价值是相差很大的，但是连接一切是"互联网+"的目标。

"互联网+"行动计划将重点促进以云计算、物联网、大数据为代表的新一代信息技术与现代制造业、生产性服务业等的融合创新，发展壮大新兴业态，打造新的产业增长点，为大众创业、万众创新提供环境，为产业智能化提供支撑，增强新的经济发展动力，促进国民经济提质增效升级。

5.4.6　移动互联网与物联网

1. 移动互联网

移动互联网（Mobile Internet，MI）就是将移动通信和互联网二者结合起来，成为一体，是互联网的技术、平台、商业模式和应用与移动通信技术结合并实践的活动的总称。4G 时代的开启以及移动终端设备的凸显必将为移动互联网的发展注入巨大的能量，移动互联网产业必将带来前所未有的飞跃。

移动互联网是一种通过智能移动终端，采用移动无线通信方式获取业务和服务的新兴业务，包含终端、软件和应用 3 个层面。

（1）终端层包括智能手机、平板电脑、电子书、MID 等。

（2）软件包括操作系统、中间件、数据库和安全软件等。

（3）应用层包括休闲娱乐类、工具媒体类、商务财经类等不同应用与服务。

移动互联网是一个全国性的、以宽带 IP 为技术核心的，可同时提供话音、传真、数据、图像、多媒体等高品质电信服务的新一代开放的电信基础网络，是国家信息化建设的重要组成部分。

根据工信部统计，截止到 2017 年 2 月底，我国移动互联网用户规模达到 11.2 亿，手机上网用户近 10.6 亿。

2017 年，我国移动互联网市场规模达到 8.2 万亿元人民币。预计到 2020 年，中国移动互联网市场规模有望达到 19 万亿元人民币。移动购物依然是我国移动互联网市场中占比最高的部分，2017 年，我国移动支付交易规模超过 100 万亿元。移动生活服务则是市场份额增长最快的大类，移动旅游、移动团购和移动出行领域是移动生活服务增长的主要来源。

2. 物联网

物联网（Internet of Things，IoT）是新一代信息技术的重要组成部分，也是信息化时代的重要发展阶段。顾名思义，物联网就是物物相连的互联网。这有两层意思：其一，物联网的核心和基础仍然是互联网，是在互联网基础上的延伸和扩展的网络；其二，其用户端延伸和扩展到了任何物品与物品之间，进行信息交换和通信。物联网通过智能感知、识别技术与普适计算等通信感知技术，广泛应用于网络的融合中，也因此被称为继计算机、互联网之后世界信息产业发展的第三次浪潮。物联网是互联网的应用拓展，与其说物联网是网络，不如说物联网是业务和应用。因此，应用创新是物联网发展的核心，以用户体验为核心的创新是物联网发展的灵魂。

物联网是在计算机互联网的基础上，利用 RFID（射频自动识别）、无线数据通信等技术，构造一个覆盖世界上万事万物的"Internet of Things"。在这个网络中，物品（商品）能够彼此进行"交流"，而无须人的干预。其实质是利用 RFID 技术，通过计算机互联网实现物品（商品）的自动识别和信息的互连与共享。而 RFID 正是能够让物品"开口说话"的一种技术。在"物联网"的构想中，RFID 标签中存储着规范而具有互用性的信息，通过无线数据通信网络把它们自动采集到中央信息系统，实现物品（商品）的识别，进而通过开放性的计算机网络实现信息交换和共享，实现对物品的"透明"管理。

与传统的互联网相比，物联网有其下列鲜明的特征。

（1）物联网是各种感知技术的广泛应用。物联网上部署了海量的多种类型传感器，每个传感器都是一个信息源，不同类别的传感器捕获信息的内容和格式不同。传感器获得的数据具有实时性，按一定的频率周期性地采集环境信息，不断更新数据。

（2）物联网是一种建立在互联网上的泛在网络。物联网技术的重要基础和核心仍旧是互联网，通过各种有线和无线网络与互联网融合，将物体的信息实时准确地传递出去。在物联网上的传感器定时采集的信息需要通过网络传输，由于其数量极其庞大，形成了海量信息，在传输过程中，为了保障数据的正确性和及时性，必须适应各种异构网络和协议。

（3）物联网不仅仅提供了传感器的连接，其本身也具有智能处理的能力，能够对物体实施智能控制。物联网将传感器和智能处理相结合，利用云计算、模式识别等各种智能技术，扩充其应用领域。从传感器获得的海量信息中分析、加工和处理出有意义的数据，以适应不同用户的不同需求，发现新的应用领域和应用模式。

物联网用途广泛，遍及智能交通、物流管理、环境保护、政府工作、公共安全、平安家居、智能消防、工业监测、老人护理、个人健康、花卉栽培、水系监测、食品溯源、敌情侦查和情报搜集等多个领域。

5.4.7　网站创建与网页制作

政府、公司、组织、个人都可以在 Internet 上建立自己的网站，加强对外交流。网站开发需遵守实用第一的原则。网站不能只求美观，特别是商业网站，一定要实用第一，技术美观等次之。

1. 网站创建

（1）网站的主题和名称

网站的主题也就是网站的题材。主题定位要小，内容要精。如果想制作一个包罗万象的站点，把所有认为精彩的东西都放在上面，那么往往会事与愿违，给人的感觉是没有主题，没有特色。网站名称也是网站设计的一部分。与现实生活中一样，网站名称是否易记，对网站的形象和宣传推广也有很大影响。

（2）网站创建四要素

创建网站的四要素是网站结构、网站内容、网站功能和网站服务。

① 网站结构是为了向用户表达信息所采用的网站布局、栏目设置、信息的表现形式等。

② 网站内容是用户通过网站可以看到的信息，也就是希望通过网站向别人传递的信息，网站内容包括所有可以在网上被用户通过视觉或听觉感知的信息，如文字、图片、视频、音频等。

③ 网站功能是发布各种信息、提供服务等必需的技术支持系统。

④ 网站服务即网站可以提供给用户的价值，如问题解答、优惠信息、资料下载等，网站服务是通过网站功能和内容实现的。

2. 网页制作

网页是一种可以在互联网上传输，能被浏览器认识和翻译成页面并显示出来的文件，网页是网站的基本构成元素。因为整个网站是由许多网页和其他软件、文档组成的，所以网页的设计最终影响网站的设计。一般网页上都会有文本和图片等信息，而复杂一些的网页上还会有声音、视频、动画等多媒体内容。网页通常分为动态网页和静态网页两种。

（1）静态网页的制作

静态网页是不能随时改动的，是一次性写好放在服务器上进行浏览的，如果想改动，必须在页面上修改，然后再上传服务器覆盖原来的页面，这样才能更新信息，比较麻烦，使用者不能随时修改。

静态网页的本质是 HTML 代码。网页制作工具可以进行可视化的网页设计和编辑。常用的网页制作工具有 Microsoft 公司的 FrontPage 及 Adobe 公司的 Dreamweaver，其中 Dreamweaver、Fireworks 和 Flash 软件并称为"网页制作三剑客"。

（2）动态网页的制作

动态页面是可以随时改变内容的，有前后台之分，管理员可以在后台随时更新网站的内容，前台页面的内容也会随之更新，比较简单易学。

假如要在网站上查询从上海到北京的所有列车，这就属于动态网页的范畴。动态网页最突出的优势是能够进行人机交互。动态网页技术主要涉及动态网页语言、编程语言、Web 服务器和数据库等。

网站的建设需要不同类型的专业人员。例如，有的人负责创意和构思，有的人负责界面和图形处理，有的人负责动画，有的人负责程序设计等。网站的建设也需要各种计算机软件，如安全方面的软件。总之，网站的建设是一个系统的工作。

在计算机科学与技术专业培养方案中一般都设置有"网页设计与制作""计算机网络原理""TCP/IP 原理与应用"和"局域网技术与组网工程"等课程，在这些课程中会详细讲解网站设计的思想、方法、工具；数据通信、计算机网络体系结构、网络工作原理、网络程序设计；局域网的协议、局域网的设备、局域网的规划设计及局域网的组建等具体内容。

5.5 计算机网络安全技术

随着计算机及网络技术的飞速发展，信息和网络已经成为人类进步和社会发展的重要基础。计算机网络大规模的普及一方面给人们带来了巨大的好处；另一方面也带来了计算机网络信息安全的问题。本节主要介绍计算机网络安全涉及的几个重要问题，引起大家对计算机网络安全的重视。

5.5.1 计算机网络安全概述

1. 网络安全的重要性

信息是社会发展所需的重要战略资源。在信息时代的今天，任何一个国家的政治、军事和外交都离不开信息，经济建设、科学发展和技术进步也同样离不开信息。如果网络中的信息安全不解决，国家安全就会受到威胁，电子政务、电子商务、电子银行、网络科研等都将无法正常进行。"信息战""信息武器"也正深刻地影响着军队和国家的安全。

2. 网络安全属性

不管网络入侵者怀有什么样的阴谋诡计，采用什么手段，他们都要通过攻击网络信息的以下几种安全属性来达到目的。

（1）完整性

完整性是指信息在存储或传输的过程中保持不被修改、不被破坏、不被插入、不延迟、不乱序和不丢失。信息战的目的之一就是破坏对方信息系统的完整性，甚至摧毁对方的信息系统。

（2）可用性

可用性是指信息可被合法用户访问，即合法用户在需要时就可以访问所需的信息。对可用性的攻击就是阻断信息的正常使用，例如，破坏网络和有关系统的正常运行就属于这种类型的攻击。

（3）保密性

保密性是指信息不泄露给非授权的个人和实体，不供其使用。信息的泄密可能给个人、企业和国家带来不可预料的损失。

（4）可控性

可控性是指授权机构可以随时控制信息的机密性。美国政府所倡导的"密钥托管""密钥恢复"等措施就是实现信息安全可控性的例子。

（5）不可抵赖性

不可抵赖性也称为不可否认性，是指在网络信息系统的信息交互过程中，所有参与者都不能否认或抵赖曾经完成过的操作和承诺。通常采用数字签名和可信第三方等方法来保证信息的不可抵赖性。

网络安全的内在含义就是采用一切可能的方法和手段，千方百计保住网络信息的上述"五性"安全。

3. 影响网络安全的因素

影响网络安全的因素主要有以下几种。

（1）局域网存在的缺陷和 Internet 的脆弱性。

（2）网络软件的缺陷和 Internet 服务中的漏洞。

（3）薄弱的网络认证环节。

（4）没有正确的安全策略和安全机制。

（5）缺乏先进的网络安全技术和工具。

（6）没有对网络安全引起足够的重视，没有采取得力的措施，以致造成重大经济损失。这是最重要的一个原因。

4. 安全策略

安全策略是指在一个特定的环境里，为保证提供一定级别的安全保护所必须遵守的规则。在安全策略模型中，安全环境主要由下列 3 部分组成。

（1）威严的法律

安全的基石是社会法律、法规。通过建立与信息安全相关的法律、法规，使不法分子慑于法律，不敢轻举妄动，对计算机犯罪依法进行惩罚。

我国 2016 年 11 月 7 日正式发布了《中华人民共和国网络安全法》，自 2017 年 6 月 1 日起施行，这是我国第一部有关网络安全方面的法律。

（2）先进的技术

先进的安全技术是信息安全的根本保障，用户对自身面临的威胁进行风险评估，决定其需要的安全服务种类，选择相应的安全机制，然后集成先进的安全技术。

（3）严格的管理

各网络使用机构、企业和单位应建立适合的信息安全管理办法，加强内部管理，建立审计和跟踪体系，提高整体信息安全意识。

因此，为了保证计算机信息网络的安全，必须高度重视，从法律、技术和管理层面上采取一系列安全和保护措施。

5.5.2 保密技术

密码是一门古老的技术，自从人类社会有了战争就出现了密码。那些机密的信息不管是存储还是在网络上传输，都需要保证其安全性。

1. 一般的数据加密解密模型

首先介绍几个基本概念。

① 明文（Plaintext）：信息的原始形式。

② 密文（Ciphertext）：明文经过变换加密后的形式。

③ 加密（Encryption）：由明文变为密文的过程称为加密，加密通常由加密算法来实现。

④ 解密（Decryption）：将密文变成明文的过程称为解密，解密通常由解密算法来实现。

⑤ 密钥：为了有效控制加密和解密的实现，在其处理过程中要有通信双方掌握的专门信息参与，这种专门信息称为密钥（Key）。密钥就是变换过程中的参数，像是打开迷宫的钥匙。

一般的数据加密解密模型如图 5-56 所示。明文 X 用加密算法 E 和加密密钥 K 得到密文 $Y=E_k(X)$。在传送过程中可能出现密文截获者。到了接收端，利用解密算法 D 和解密密钥 K 解出明文为 $D_k(Y)=X$。加密密钥和解密密钥可以是一样的，也可以是不一样的（即使不一样，二者之间也具有某种关联性）。密钥通常是由一个密钥源（如程序）提供。当密钥需要向远地传送时，一定要通过一个安全信道。

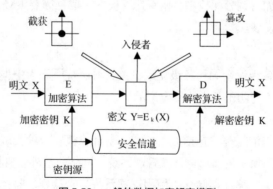

图 5-56 一般的数据加密解密模型

密码编码学（Cryptography）是设计密码体制的学科。密码分析学是在未知密钥的情况下，从密文推演出明文或密钥的学科。这有点像交战的双方，一方是设计算法保护自己的信息不被对手破解；另一方是利用各种破解技术破解对方的信息。密码编码学与密码分析学合起来就是密码学（Cryptology）。

2. 密钥密码体制

在 20 世纪 70 年代后期，美国的数据加密标准（Data Encryption Standard，DES）和公开密钥密码体制（Public Key Crypto-System）的出现，成为近代密码学发展史上的两个重要里程碑。

（1）秘密密钥密码体制

秘密密钥密码体制就是加密密钥和解密密钥相同的密码体制，通常用来加密带有大量数据的信息或文件，可以实现高速加密。秘密密钥密码体制中的发送者和接收者之间的密钥必须安全传送，而双方用户通信所用的密钥必须妥善保管。典型实例有美国的 DES 和瑞士的 IDEA（国际数据加密算法）。

DES 的密钥长度为 64 位。IDEA 的密钥长度为 128 位。由于保密技术的算法都是公开的，所以保密的关键取决于密钥的长度。对于当前计算机的能力，一般认为只要选择 1 024 位长的密钥就可认为是无法破解的。

（2）公开密钥密码体制

公开密钥密码体制的概念是由 Stanford 大学的研究人员 Diffie 和 Hellman 于 1976 年提出的。所谓公开密钥密码体制，就是加密密钥与解密密钥不一样，是一种由已知加密密钥在计算机上无法推导出解密密钥的密码体制。

在公开密钥密码体制中，加密密钥（即公开密钥）PK 是公开的，任何人都可以得到，而解密密钥（即秘密密钥）SK 是需要保密的。加密算法和解密算法也都是公开的。

著名的 RSA 公开密钥密码系统是由李维斯特（R.Rivest）、萨莫尔（A.Shamir）、阿德曼（L.Adleman）于 1977 年提出的。RSA 算法的取名就是来自这 3 位发明者姓氏的第一个字母。

如果老师利用 RSA 算法产生了一个密钥对（PK 和 SK），老师就可以把 PK 公开给他的学生，譬如通过老师的网页，自己保留 SK。学生可以用 PK 和加密程序把他们的作业进行加密，通过电子邮件发给老师，老师可以通过 SK 和解密程序打开学生的作业。学生之间利用 PK 是不能互相解密的，也就是说，一个学生加密的作业，另一个学生用 PK 是打不开的。

公开密钥密码体制另一个重要的应用领域就是数字签名。数字签名的作用与手写签名相同，只是数字签名用于电子文档，手写签名用于纸质文档。数字签名能够唯一地确定签名人的身份。

保密技术还有很多，如密钥分配技术、密钥托管技术、信息摘要（Message Digest）和数字证书等，并且保密技术一直在发展。

3. 保密产品

保密检查工具是针对各级保密局和各级党政机关、科研院所、大中型企业、军工企业等基层保密干部，进行安全保密检查与防范工作的安全产品。

保密产品大致可以分为以下 4 类。

（1）计算机保密检查与消除类。包括涉密和非涉密计算机安全检查取证系统、计算机终端保密检查工具、存储介质信息消除工具、可信终端管理系统、网络非法外联监控系统等。

（2）计算机安全防护类。移动存储介质使用管理系统、光盘刻录监控与审计系统、终端综合防护与文件保护系统。

（3）互联网搜索器类。代表产品为 Internet 信息保密检查搜索器。

（4）手机木马及无线网络安全类。手机隐患复现及检查系统。

5.5.3　网络攻击和防御技术

计算机安全协会、研究机构、法律机关的调查表明，越来越多的机构、企事业单位遭受非法用户的访问或者攻击，造成了巨额的损失。所以对计算机系统的保护也越来越重要，防御技术就有了用武之地。

1. 常见的攻击威胁

要建立防御系统，就需要知道谁是攻击者，其有什么样的攻击手段，以及服务和计算机可能被利用的薄弱点或漏洞。

（1）黑客

黑客是指通过网络非法进入他人的计算机系统，获取或篡改各种数据，危害信息安全的入侵者或入侵行为。

黑客攻击的步骤包括：收集信息和系统扫描，探测系统安全弱点，实施攻击。

黑客常用的攻击方法有获取口令、WWW 欺骗技术、电子邮件攻击、网络扫描、网络嗅探、拒绝服务（Denial of Service，DoS）攻击和缓冲区溢出攻击等。

（2）心怀不满的员工

谁会设法从机构内部访问客户信息、财务文件、工作记录或者其他敏感信息呢？心怀不满的员工可能会这么做。他们通过偷窃信息来报复公司，或者将这些信息提供给别的公司甚至其他国家。

2. 常用的防御技术

不要期望单一的安全防御方法可以独立地为一个计算机系统或网络提供安全的保护。通常需要多种协同工作的方法，构成一个立体的防御体系，才能抵御不同的威胁。

（1）软件系统安全

由于像操作系统、数据库、浏览器等许多软件都存在一些明显的或潜在的安全漏洞，所以要及时安装这些软件发布的补丁、服务包，弥补安全漏洞。此外，停止任何不需要的计算机服务和禁用 Guest 账户也可以使操作系统更安全。

（2）防火墙（Firewall）

防火墙是一个或一组在两个网络之间执行访问控制策略的软硬件系统，目的是保护网络不被可疑信息侵扰。图 5-57 所示是天融信公司开发的一款防火墙的硬件部分。

图 5-57　天融信的防火墙硬件部分

防火墙就像在 Internet 和网络之间设置的一道安全门。防火墙一般具有以下功能：所有通过网络的信息都应该通过防火墙；管理进出网络的访问行为；封堵某些禁止的服务；记录通过防火墙的信息内容和活动；对网络攻击行为进行检测和警告等。这样防火墙就可以把不符合安全策略或规则的信息过滤掉，只有那些安全的信息才可以进出网络。

例如，Norton Personal Firewall 安装配置完成以后，就为计算机网络设置了一道门槛。连接到 Internet 之后，如果有外部非法连接企图进入计算机网络，它就会自动弹出一个警告对话框，如图 5-58 所示。

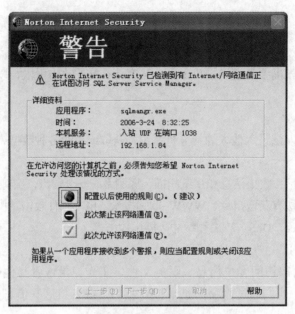

图 5-58　防火墙的警告

在这个对话框中能够知道企图与系统建立连接的站点名称、IP 地址、时间、所使用的端口号等有用的信息，同时提供了 3 个解决方案：配置以后使用规则、此次禁止该网络通信和此次允许该网络通信。在用户正常使用网络下载软件、浏览工具或者是 QQ 之类的软件时，对方站点必然要和用户建立一个连接，此时用户可以选择"此次允许该网络通信"选项，不过建议还是配置一个规则，以便以后正常使用；对于来历不明的连接，就选择"此次禁止该网络通信"选项。

（3）入侵检测系统 IDS（Intrusion Detection System）

防火墙和防病毒软件构成了公司网络的一个防御措施，而 IDS 提供了强大的辅助级防御手段。就像家里或者公寓中的防盗报警器一样，IDS 包含的传感器可以检测未经授权的人何时试图进行访问。防盗报警器和 IDS 都会通知是否有人企图入侵，以便采取适当的策略。但是与防盗报警器不同的是，可以配置一些 IDS，使它们以实际阻止攻击的方式响应。入侵检测包括监视网络通信、检测对系统或者资源进行未授权访问的企图、通知适当人员以采取对策。入侵检测包括 3 个核心活动：预防、检测和响应。

图 5-59 所示是东软公司的入侵检测系统 NetEye IDS 的解决方案。

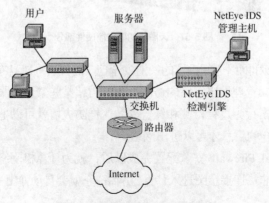

图 5-59　东软公司的 IDS 解决方案

其中，检测引擎记录和分析网络中的所有数据包，根据规则判断是否有异常事件发生，并及时报警和响应，同时记录网络中发生的所有事件，以便事后重放和分析。管理主机上运行图形化管理软件，该软件可以查看分析一个或多个检测引擎，进行策略配置、系统管理、显示攻击事件的详细信息和解决对策。

除了以上介绍的一些防御技术外，还有一些其他传统技术也提供防御功能，如物理安全、口令安全、病毒防护等。另外，人的管理和安全制度也是安全防御的重要组成部分。总之，攻击和防御是一个永恒的话题。

近年来，随着现代信息技术及通信网络技术的迅猛发展，涌现出大量面向各种通信网络环境的应用，如电子商务、电子政务、移动计算、云计算、网格计算等，由此产生的计算环境的安全问题也面临着严峻考验。传统的安全解决方案如防火墙、入侵检测、防病毒软件等虽然在一定程度上可以减少安全隐患，但并不能从根本上解决系统安全问题。因此，近年来了出现了可信计算、云安全、电子取证、蜜罐网络和信息安全风险评估等网络安全新技术。

5.5.4　虚拟专用网

1. VPN 的产生

虚拟专用网（Virtual Private Network，VPN）是由市场需求和网络技术的发展共同推动产生的。首先，如军队、银行等专用网比较安全可靠，服务质量高，但是其建设规模比较庞大，费用比较昂贵，一般企业无法承受；其次，一般企业想得到类似专用网的服务，而又想只支付类似公用网（如Internet，费用低、不安全）的相对低廉的费用；最后，各种信息安全技术和网络技术的发展可以保证信息在公用网上安全地传输。

"虚拟"表示不存在，因为 VPN 并不是为用户建立的实际的专用网，它的信息传输是通过公用网进行的。"专用"表示对用户而言，使用 VPN 就像使用专用网，得到专门的服务一样。

VPN 在依赖 Internet 进行通信的商业机构中起着越来越重要的作用。VPN 使用 Internet 上可用的相同的公共通信平台为两台计算机或者两个计算机网络提供了一种安全通信的途径。

VPN 实现的方法有很多，如可以利用点对点隧道协议（PPTP）、第 2 层隧道协议（L2TP）、安全IP 协议（IPSec）、多协议标签交换（MPLS）等来实现。

2. VPN 的基本用途

（1）通过 Internet 实现远程用户访问

如图 5-60 所示，VPN 支持以安全的方式通过公共互连网络远程访问企业资源。例如，业务员在外地做销售的时候，为了及时了解公司关于某一产品的内部报价，该业务员（即 VPN 用户）就可以首先拨通本地 ISP 的网络接入服务器 NAS，然后 VPN 软件利用与本地 ISP 建立的连接在拨号用户和企业 VPN 服务器之间创建一个跨越 Internet 或其他公共互连网络的安全"隧道"。这样，VPN 用户就可以安全、及时地取得公司的重要信息。

（2）通过 Internet 实现网络互连

如果一个大的公司或集团在多个地方有分公司，就可以采用 VPN 把总公司和分公司的网络互连起来，如图 5-61 所示。

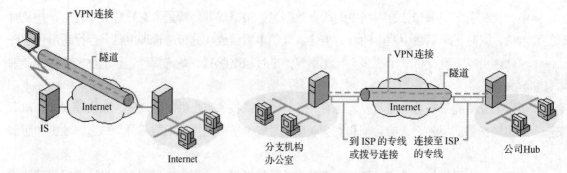

图 5-60　通过 Internet 实现远程用户访问　　　　图 5-61　通过 Internet 实现网络互连

　　分支机构和企业端路由器可以使用各自本地的专用线路通过本地的 ISP 连通 Internet。VPN 软件使用与本地 ISP 建立的连接和 Internet，在分支机构和企业之间创建一个虚拟专用网络。

　　（3）连接企业内部网络

　　如图 5-62 所示，在企业的内部网络中，考虑到一些部门可能存储有重要数据，为确保数据的安全性，也可以采用 VPN 方案。

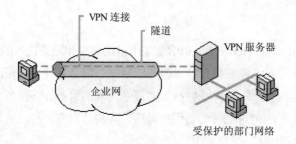

图 5-62　连接企业内部网络

　　使用一台 VPN 服务器既能实现与整个企业网络的连接，又可以保证保密数据的安全性。企业网络管理人员使用 VPN 服务器，指定只有符合特定身份要求的用户才能连接 VPN 服务器获得访问敏感信息的权利。此外，可以对所有 VPN 数据进行加密，从而确保数据的安全性。没有访问权限的用户无法看到部门的局域网络。

5.5.5　审计与监控技术

　　网络系统的安全与否是一个相对的概念，没有绝对的安全。审计和监控的作用是检验系统的工作是否正常，定期检查和跟踪与安全有关的事件。

　　1. 安全审计技术

　　信息安全审计是对每个用户在计算机系统上的操作做完整的记录，当违反安全规则的事件发生后，可以有效追查责任。安全审计系统是事前控制人员或设备的访问行为，并能事后获得直接电子证据，防止抵赖的系统。

　　信息安全审计过程的实现可分成 3 步：①收集审计事件，产生审计记录；②根据记录进行安全分析；③采取处理措施。

　　总之，安全审计可以起到以下作用：对潜在的攻击者起到威慑或警告作用；对已经发生的系统破坏行为提供有效的追究证据；提供有价值的系统日志，帮助系统管理员及时发现系统入侵行为或潜在的系统漏洞；提供系统运行的统计日志，使系统管理员能够发现系统性能上的不足。

2. 监控技术

信息监控技术主要负责对网络信息进行搜集、分析和处理，并从中识别和提取出网络活动信息中隐含的特定活动特征。IDS 就是监控技术的一个实例。

网络入侵检测和监控不仅能够对付来自内部的攻击，而且能够阻止外部的入侵。网络监控对网络攻击入侵行为提供最后一级的安全保护。它提供对企业网络通信活动的监控，捕获和分析整个网段传输的数据包，检测和识别可疑的网络通信活动，并在这种非授权访问发生时响应实时，阻止非法存取企业数据和资源。

5.5.6　计算机病毒及恶意代码

随着网络技术的发展，病毒由单机病毒发展成了以木马、僵尸程序等恶意代码形式的网络病毒，成为计算机网络的主要威胁。

1. 计算机病毒的定义

计算机病毒的概念最早是由美国计算机病毒研究专家科恩（F.Cohen）于 1983 年提出的。1994年 2 月 18 日，我国正式颁布实施了《中华人民共和国计算机信息系统安全保护条例》，在该条例的第二十八条中给出了病毒的定义："计算机病毒，是指编制或者在计算机程序中插入的破坏计算机功能或者毁坏数据，影响计算机使用，并能自我复制的一组计算机指令或者程序代码。"

2. 计算机病毒的特征

传统意义上的计算机病毒一般具有以下几个特点。

（1）传染性

计算机病毒的传染性是指病毒具有把自身复制到其他程序中的特征。是否具有传染性是判断一个可疑程序是否是病毒的主要依据。

（2）潜伏性

这是传统病毒的主要特点，网络时代的病毒如木马病毒也越来越注重这一特征。计算机病毒的潜伏性是指病毒具有依附其他媒体寄生的能力。大部分病毒在感染系统后一般不会马上发作，否则就容易暴露自身。因此，它会通过各种方式隐藏自身，只有在满足一定条件后病毒才会爆发。

（3）可触发性

计算机病毒因某个事件或某个数值出现，诱发病毒进行感染或破坏，称为病毒的可触发性。每个病毒都有自己的触发条件，这些条件可能是时间、日期、文件类型或特定的数据。例如，以名人的生日为触发时间，等计算机的时钟到了这一天，病毒就会发作。

（4）破坏性

病毒破坏文件或数据，甚至损坏主板，干扰系统正常运行，称为计算机病毒的破坏性。病毒的破坏程度取决于病毒制造者的目的和技术水平。轻者只是影响系统的工作效率，占用系统资源，造成系统运行不稳定；重者则可以删除系统的重要数据，甚至攻击计算机硬件，导致整个系统瘫痪。

网络时代，计算机病毒由于应用环境的变化，其隐藏方式、传播方式也发生了相应的变化。因此，网络病毒又增加很多新的特点。

（1）主动通过网络和邮件系统传播。

（2）计算机病毒的种类呈爆炸式增长。

（3）变种多。

（4）融合多种网络技术，并被黑客使用。

3. 几种典型的计算机病毒

下面介绍 Windows 系统下的几种典型计算机病毒。

（1）宏病毒

宏病毒一般不感染可执行文件，只感染文档文件。与一般的病毒相比，宏病毒的编写更为简单，它主要是利用软件本身提供的宏能力来设计病毒。例如，宏病毒 Concept 寄生在微软的 Word 文档中，Laroux 寄生在 Excel 电子表格中。

（2）文件型病毒

文件型病毒主要感染可执行文件，Windows 环境下主要为.EXE 文件，另外还有命令解释器 COMMAND.COM 文件。文件型病毒的宿主不是引导区，而是一些可执行程序。

（3）脚本病毒

脚本病毒依赖一种特殊的脚本语言（如 VBScript、JavaScript 等）起作用，同时需要应用环境能够正确识别和翻译这种脚本语言中嵌套的命令。例如，"爱虫"病毒、U 盘寄生虫以及 Real 脚本病毒等。

4. 恶意代码及其他攻击方式

（1）网络蠕虫

网络蠕虫是一种智能化、自动化并综合网络攻击、密码学和计算机病毒技术，不需要计算机使用者干预即可运行的攻击程序或代码。它会自动扫描和攻击网络上存在系统漏洞的节点主机，通过网络从一个节点传播到另外一个节点。

（2）木马程序

木马的全称是"特洛伊木马"，来源于希腊神话。网络世界的特洛伊木马是指隐藏在正常程序中的一段具有特殊功能的恶意代码，是具备破坏和删除文件、发送密码、记录键盘和 DoS 攻击等特殊功能的后门程序。

木马是近几年比较流行的，且危害程度比较严重的恶意软件，常被用作网络系统入侵的重要工具和手段。

（3）网络钓鱼

网络钓鱼是通过发送声称来自银行或其他知名机构的欺骗性垃圾邮件，或者伪装成其 Web 站点，意图引诱收信人或网站浏览者给出敏感信息（如用户名、密码、账号或者银行卡详细信息）的一种攻击方式。

（4）僵尸网络

通过各种手段在大量计算机中植入特定的恶意程序，使控制者能够通过相对集中的若干计算机直接向大量计算机发送指令的攻击网络。攻击者通常利用这样大规模的僵尸网络实施各种其他攻击活动。之所以用"僵尸网络"这个名字，是因为众多的计算机在不知不觉中如同古老传说中的僵尸群一样被人驱赶和指挥着，成为被人利用的一种工具。

（5）浏览器劫持

浏览器劫持是指网页浏览器（如 IE 等）被恶意程序修改的行为，恶意软件通过浏览器插件、浏览器辅助对象、Winsock SPI 等形式篡改用户的浏览器，使用户的浏览器配置不正常，被强行引导到特定网站，取得商业利益。常见现象为主页及互联网搜索页变为不知名的网站、经常莫名弹出广告网页、输入正常网站地址却连接到其他网站、收藏夹内被自动添加陌生网站地址等。

（6）流氓软件

流氓软件是介于计算机病毒和正规软件之间的软件，同时具备正常功能（下载、媒体播放等）和恶意行为（弹广告、开后门），给用户带来实质危害。

5. 计算机病毒的防范

针对目前日益增多的计算机病毒和恶意代码，根据所掌握的病毒的特点和病毒未来的发展趋势，国家计算机病毒应急处理中心与计算机病毒防治产品检验中心制定了以下的病毒防治策略，供计算机用户参考。

建立病毒防治的规章制度，严格管理；建立病毒防治和应急体系；进行计算机安全教育，提高安全防范意识；对系统进行风险评估；选择经过公安部认证的病毒防治产品（如病毒卡、防病毒与杀毒软件）；正确配置，使用病毒防治产品；正确配置系统，减少病毒侵害事件；定期检查敏感文件；适时进行安全评估，调整各种病毒防治策略；建立病毒事故分析制度；确保恢复，减少损失。

5.6　计算机热点技术及应用

促进新一代信息技术为设备赋智、为企业赋值、为产业赋能，从而引领行业全面发展，为中国经济高质量发展提供强大动能。当代发展最快而且对人类生活影响最大的学科无疑是计算机科学与信息技术了，计算机科学围绕信息、知识、智能等主题发展迅速，已经成为推动社会进步的重要引擎。云计算、大数据、虚拟现实、人工智能等都是当前计算机行业研究及应用的热点技术。基于大数据的云计算、人工智能等前沿技术的交叉研究会使计算机技术取得一定的突破发展，进而极大地改变我们的现实世界。

5.6.1　云计算技术及应用

1. 云计算的概念

计算正在发生变革，它将转化为一种商业化服务模式，像提供水、电、煤气和电话等基础设施服务一样来交付计算服务。在这种模式下，用户根据需求获得计算服务，而不需要知道该服务由哪里提供，这种计算模式就是云计算。2006 年，Google 首次提出了"云计算"的概念，短短数年，云计算给信息技术领域带来了巨大的变革，云计算被称为继个人计算机、互联网之后的第三次信息化革命。

云计算作为一种基于网络的、按需获取计算资源服务的新计算模式，体现了网格计算、分布计算、并行计算、效用计算等技术的融合与发展。云计算是一种能够便捷地按需访问共享可配置计算资源池的服务模式，计算资源池包括网络、服务器、存储、应用、服务等。这种模式只需要很少的管理工作或与服务供应商的较少交互就可以快速提供和发布这些服务。云计算将计算任务分布在由大量计算机构成的资源池上，使各种应用系统能够根据需要获取计算力、存储空间和信息服务。云计算将所有的计算资源集中起来，并由软件实现自动管理，无须人为参与，有利于创新并降低成本。

目前云计算尚无统一的定义，不同的组织从不同的角度给出了不同的定义。早期的一个通用且概括的简单定义是：云计算是指任何能够通过有线或无线网络提供计算和存储服务的设施和系统。美国国家标准与技术研究院对云计算的定义是：云计算是一种通过互联网提供可定制的 IT 资源与能力池，按需使用、按需付费的模式，与服务提供商进行很少的交互。

2. 云计算的特点

云计算的核心思想是将大量利用网络连接的计算资源统一管理和调度，构成一个计算资源池给用户提供按需服务。云计算的主要服务形式有：基础设施即服务（Infrastructuer as a Service，IaaS）、平台即服务（Platform as a Service，PaaS）、软件即服务（Software as a Service，SaaS）。按照部署方式，云计算可以分为私有云、公有云和混合云。

云计算的主要特点如下。

（1）超大规模

云具有超级大的规模，例如，亚马逊、IBM、微软等公司的云拥有几十万台服务器，而 Google 云计算拥有超过百万台的服务器。云能赋予用户前所未有的计算能力。

（2）基于虚拟化技术

虚拟化是云计算的核心技术，是将硬件、环境、存储、网络等计算基本构件进行抽象化的方法。虚拟化的目的在于屏蔽底层网络基础设施的差异，简化网络资源的管理，提高资源使用率。云计算支持用户随时、随地地使用各种终端获取服务。云计算所请求的资源都来自云，而非固定的有形的实体。

（3）提高设备计算能力

云计算把大量计算资源集中到一个公共资源池中，通过多主租用的方式共享计算资源。整体的资源调控降低了峰值荷载，提高了空闲主机的运行效率，从而提高资源的总体利用率。

（4）可靠性高

云使用了数据多容错性、计算节点可互换等措施用于保障服务的高可靠性，使用云计算比使用本地计算机更加可靠。

（5）减少设备依赖性

虚拟化将云平台上的应用软件和下层的基础设备隔离。技术设备的维护者看不到设备中运行的具体应用。对软件层的用户基础设备层则是透明的，用户看到虚拟化层中虚拟出来的各类设备。这种架构减少了设备依赖性，也为动态资源配置提供了可能。

（6）通用性强

云计算不针对特定的应用，在云的技术支撑下可以构造出千变万化的应用，同一片云可以同时支撑不同的运行程序。

（7）可扩展性高

云的规模可以动态伸缩，满足不同应用和用户规模增长的需要。

（8）弹性服务

云平台管理软件将整合的计算资源根据应用访问的具体情况进行动态调整，弹性的云服务可帮助用户在任意时间得到满足需求的计算资源。

（9）按需使用、按量付费

云是一个庞大的资源池，用户按需购买，就像水费、电费和气费一样按量计费。

（10）性价比高

云的容错措施使云可由极其低价的节点构成，云的自动化管理使数据中心管理成本大为降低，云的公用性和通用性使资源的利用率大幅提升；云设施可以构建在电力资源丰富的地区，从而大大降低能源成本。因此，云具有很高的性价比。

3. 主流云计算技术

自从 Google 提出云计算的观念以来，云计算已经实现由概念构想到行业应用的转化。下面简要概述主流的云计算技术。

（1）Google 云计算技术

除了搜索引擎，Google 还有 Google Maps、Google Earth、YouTube、Gmail 等业务，共性在于拥有海量数据，面对海量数据存储和快速处理问题，面向全球众多终端用户提供实时服务。Google 研发出简捷高效的技术让百万台低端计算机协同工作，这些技术称为 Google 云计算技术，包括文件系统 GFS、分布式计算编程模型 MapReduce、分布式锁服务 Chubby、分布式结构化数据表 Bigtable 等。

（2）IBM 云计算技术

IBM 的全方位云计算解决方案以 "Smart Business"（智慧商务）为品牌，主要包括 Smart Business 系列解决方案的咨询、设计、实施、运维等端到端服务，根据不同行业、不同场景分为开发测试云、桌面云、存储云、分析云等。这些解决方案侧重于帮助客户搭建公有云、私有云和混合云环境。软件产品包括协作 SaaS 应用软件 LotusLive、PaaS 中间件弹性扩展平台软件 WVE、IaaS 基础架构虚拟化软件 PowerVM、云计算管理平台软件 TSAM 等一系列涵盖 SaaS/PaaS/IaaS 的端到端软件产品。硬件产品包括整合存储云平台 XIV、SAN 存储虚拟化管理平台 SVC 等。

（3）微软云计算技术

微软也推出了自己的云计算平台 Windows Azure，允许用户使用非微软编程语言和框架开发自己的应用程序。Windows Azure 平台属于 PaaS 模式，包括一个云计算操作系统和一系列为开发者提供的服务，由 4 个部分组成：Windows Azure、SQL Azure、App Fabric、Marketplace。这 4 个部分均运行于微软的 6 个数据中心。开发者能够通过云平台指定某个数据中心，从而运行应用程序和存储数据。

（4）阿里云计算技术

阿里云又称为电子商务云，它是依托于云计算架构开发可扩展、高可靠、低成本的基础设施服务，支撑包括电子商务在内的互联网应用的发展，从而降低进入电子商务生态圈的门槛和成本，并提高效率。由于 Google App Engine 实现的是 Python/Java 的托管，而国内广大的独立软件开发商更多是使用 PHP/.NET，于是阿里开发了一种类似 Google App Engine 的 XEngine 平台，可以托管 PHP 应用程序。XEngine 是一个分布式的服务器体系，选择空闲应用容器，部署应用并开始提供服务。阿里的 PHP Wind 也是阿里发展云计算的一个重要平台，提供了统一的建站工具及各种接口，方便中小网站在平台上建立自己的网站和应用，并享受淘宝、支付宝等的数据和服务。

5.6.2　大数据技术及应用

1. 大数据的概念

大数据一词最早出现于 20 世纪 90 年代，随着云计算和物联网的不断发展，大量数据源的出现导致非结构化和半结构化数据迅速增长，大量数据已远远超越当前人们所处理的范围，逐渐探索出大数据这样一个新领域。

大数据之"大"，不仅指其容量，还体现在多样性、处理速度和复杂度等方面，目前业界尚无确切统一的定义，麦肯锡的定义为：大数据指需要处理的资料量规模巨大，无法在合理时间内，通过当前主流的软件工具撷取、管理、处理并整理的资料，它成为帮助企业经营决策的资讯。

大数据具有"4V"特性，即数据规模大（Volume）、数据种类多（Variety）、处理速度快（Velocity）、价值密度低（Value）。狭义的大数据主要是指大数据相关的关键技术及其在各个领域中的应用，是指从各种类型的数据中快速获取有价值的信息的能力。广义的大数据包括大数据技术、大数据工程、大数据科学和大数据应用等相关领域。

2. 大数据相关技术

大数据技术就是从各种类型的数据中快速获取有价值信息的技术。大数据领域已经涌现出大量新的技术，它们成为大数据采集、存储、处理和呈现的有力武器。大数据处理相关的技术一般包括：大数据采集、大数据准备、大数据存储、大数据分析与挖掘、大数据展示与可视化等。

大数据采集是通过 RFID 射频数据、传感器数据、视频摄像头的实时数据、来自历史视频的非实时数据，以及社交网络交互数据、移动互联网数据等方式获得的各种类型的结构化、半结构化及非结构化的海量数据。大数据采集是大数据知识服务体系的根本，大数据采集方法主要包括系统日志采集、网络数据采集、数据库采集和其他数据采集。

大数据准备主要完成对数据的抽取、转换和加载等操作。因获取的数据可能具有多种结构和类型，数据抽取过程可以帮助用户将这些复杂的数据转化为单一的或便于处理的结构，以达到快速分析处理的目的。

大数据对存储管理技术带来的挑战在于其扩展性，首先是容量方面的可扩展，其次是数据格式的可扩展。传统的关系数据库采用结构化数据表的存储方式，对非结构化数据进行管理时缺乏灵活性。目前主要的大数据组织存储工具有 HDFS、NoSQL、NewSQL、HBase、MongoDB 等。

大数据分析与挖掘技术是基于商业目的，收集、整理、加工和分析数据，提炼有价值信息的过程。数据分析通过分析手段、方法和技巧对准备好的数据进行探索、分析，从中发现其因果关系和内部联系。数据挖掘是从大量的、不完全的、有噪声的、模糊的和随机的由实际应用产生的数据中，提取隐含在其中的但又是潜在有用的信息和知识的过程。

大数据可视化技术可以提供更为清晰直观的数据表现形式，将错综复杂的数据和数据之间的关系，通过图片、映射关系或表格，以简单、友好、易用的图形化、智能化的形式呈现给用户，供其分析使用。

3. 大数据的应用

大数据应用自然科学的知识来解决社会科学中的问题，在许多领域具有重要的应用。目前大数据应用基本呈现出互联网领先，其他行业积极效仿的态势，而各行业数据的共享开放已逐渐成为趋势。互联网拥有大量的数据和强大的技术平台，同时掌握大量用户行为数据，能够进行不同领域的纵深研究，因此互联网企业开展大数据应用具有得天独厚的优势。Google、Twitter、Amazon、新浪、阿里等互联网企业已经广泛开展定向广告、个性推荐等较为成熟的大数据应用。大数据的研究与应用不是单一化的，应该与领域知识相结合，根据不同的应用需求和不同的领域环境，大数据的获取、分析与反馈的方式也不尽相同。我国已经形成大数据的"生产与集聚层—组织与管理层—分析与发现层—应用与服务层"产业链。

日常生活中大数据的应用体现在以下方面：购物网站的商品推荐、利用大数据预测天气情况以提高天气预报的准确度、利用大数据掌握路况以预防或缓解交通拥堵、金融领域利用大数据预测股市股价、医疗领域利用大数据预防病毒爆发、预测糖尿病等。此类大数据应用的例子数不胜数，充分说明技术改变生活。

5.6.3　虚拟现实技术及应用

1. 虚拟现实的概念

虚拟现实（Virtual Reality，VR）就是借助于计算机技术及硬件设备，实现一种人们可以通过视、听、触、嗅等手段所感受到的虚拟环境，故虚拟现实技术又称为灵境或幻境技术。虚拟现实是计算机与用户之间的一种更为理想化的人机交互形式，计算机产生一种人为的虚拟环境，这种虚拟环境是通过计算机图形构成的三维数字模型，利用仿真、传感技术等模拟人的视觉、听觉、触觉等感官功能，创建一种适人化的多维信息空间，使人能够沉浸在计算机生成的虚拟境界中，并能够通过语言、手势等自然方式与之进行实时交互，从而使用户在视觉、听觉、触觉等方面产生身临其境的感觉。例如，可以使用鼠标、游戏杆或其他跟踪器，在计算机上随意"游览"校园，任意进入各教学楼或实验中心，"参观"其布局和设置，或者在计算机上"游览"旅游胜地的美丽风光，借助于传感手套，还可以触摸和操作该环境中的物体。

2. 虚拟现实技术

虚拟现实技术是许多相关学科领域交叉、集成的产物，它综合利用了计算机图形学、仿真技术、多媒体技术、人工智能技术、计算机网络技术、并行处理技术和多传感器等技术。一般来说，一个完整的虚拟现实系统由虚拟环境，以高性能计算机为核心的虚拟环境处理器，以头盔显示器为核心的视觉系统，以语音识别、声音合成与声音定位为核心的听觉系统，以方位跟踪器、数据手套和数据衣为主体的身体方位姿态跟踪设备，以及味觉、嗅觉、触觉与力觉反馈系统等功能单元构成。

虚拟现实技术的主要特征有多感知性、沉浸性和交互性。虚拟现实视景仿真技术是计算机生成的随时间变化的三维图形生成技术，它是 VR 技术的基础支撑技术，其核心是三维图形引擎技术。视景仿真技术是虚拟现实技术中最为前沿的应用领域，实现了具有身临其境之感的人机交互环境。常用的虚拟现实系统编程和建模工具有 3ds Max、Maya、Cult3D、Web3D 和虚拟现实建模语言 VRML。

目前对虚拟现实视景仿真系统平台的研究主要集中在两个方面，一是建立通用的虚拟现实视景仿真系统平台，二是集中在虚拟现实视景仿真中的某些技术细节部分，使仿真效果更加逼真。只有将两个方面的研究成果结合起来，才能构造出强大的虚拟仿真引擎。国外对虚拟仿真引擎的研究已经比较成熟，大都偏重于图形引擎和三维声音引擎，对物理引擎的研究尚处于起步阶段。国外应用较广的虚拟现实引擎有 OpenGL、Vega、VR JUGGLER、VESS 等。我国 VR 技术与发达国家相比还有一定差距，对 VR 的研究主要集中于推广和研发一些 VR 应用系统，对虚拟现实底层的支撑技术研究不足，这些已经引起政府和科研部门的重视。

3. 虚拟现实的应用

由于能够再现真实的环境，并且人们可以介入其中参与交互，所以虚拟现实系统可以在许多方面得到广泛应用。随着各种技术的深度融合、相互促进，虚拟现实技术在教育、军事、工业、艺术、娱乐、医疗、城市仿真、科学计算可视化等领域的应用都有极大的发展。在教育领域中，虚拟现实技术能将三维空间的事物清楚地表达出来，能使学习者直接、自然地与虚拟环境中的各种对象进行交互作用，这种呈现多维信息的虚拟学习和培训环境，将为学习者掌握一门新知识、新技能提供最直观、最有效的方式，虚拟现实技术在诸如虚拟实验室、立体观念、生态教学、特殊教育、仿真实验、专业领域的训练等应用中具有明显的优势，从而使教学和实验效果事半功倍。在医学教育和培训方面，医生见习和实习复杂手术的机会是有限的，而在 VR 系统中却可以反复实践不同的操作。VR 技术能对危险的、不能失误的、却很少或难以提供真实演练的操作反复地进行十分逼真的练习。在军事领域，虚拟现实的最新技术成果往往被率先应用于航天和军事训练，利用虚拟现实技术可以模拟新式武器如飞机的操纵和训练，以取代危险的实际操作。

5.6.4 人工智能技术及应用

1. 人工智能的概念

1956 年夏天，麦卡锡（J.McCarthy）组织了一次达特茅斯学术研讨会，会上第一次正式使用人工智能（Artificial Intelligence，AI）这一术语，这标志着人工智能学科诞生，麦卡锡也被称为人工智能之父。

人工智能的定义可分为两个部分："人工"和"智能"。"人工"相对好理解一些，就是人造的、人为的，区别于天然的。但关于"智能"，目前尚无统一的结论，一般认为智能是知识与智力的总和，知识是一切智能行为的基础，智力是获取知识并运用知识求解问题的能力。由于人们存在对智能的不同理解，人工智能现在也没有统一的定义。美国斯坦福大学人工智能研究中心尼尔逊教授认为，人工智能是关于知识的学科，即怎样表示知识以及怎样获得知识并使用知识的科学。美国麻省理工学院的温斯顿教授认为，人工智能就是研究如何使计算机去做过去只有人类才能做的智能工作。不管具体说法如何，人工智能就是研究人类智能活动的规律，构造具有一定智能的人工系统，研究如何让计算机去完成以前只有人的智力才能胜任的工作，即研究如何应用计算机的软硬件去模拟人类某些智能行为的基本理论、方法和技术。

人工智能是计算机科学的一个分支，是研究开发用于模拟、延伸和扩展人类智能的理论、方法、技术及应用系统的一门技术。作为一门前沿交叉学科，研究领域十分广泛，推动科学与文明的发展与进步。

2. 人工智能研究的基本内容

人工智能是一门新兴的边缘学科，是自然科学和社会科学的交叉学科，它吸取了自然科学和社会科学的最新成果，以智能为核心，形成了具有自身研究特点的新体系。人工智能的研究涉及广泛的领域，包括知识表示、搜索技术、机器学习、求解数据和知识不确定问题的各种方法等。

知识表示是人工智能中一个十分重要的研究领域。所谓知识表示，实际上是对知识的一种描述，或者是一组约定，一种计算机可以接受的用于描述知识的数据结构。知识表示是研究机器表示知识的可行的、有效的、通用的原则和方法。常用的知识表示方法有逻辑模式、产生式系统、框架、语义网络、状态空间、面向对象和连接主义等。

从一个或几个已知的判断逻辑地推论出一个新的判断的思维形式称为推理，这是事物的客观联系在意识中的反映。自动推理是知识的使用过程，人解决问题就是利用以往的知识，通过推理得出结论。自动推理是人工智能研究的核心问题之一。

3. 人工智能的应用

人工智能的研究是与具体的应用领域结合进行的，其应用领域十分广泛，主要有以下方面：问题求解、机器学习、专家系统、自动定理证明、自然语言处理、自动程序设计、模式识别、计算机视觉、机器人学、人工神经网络、智能检索、智能控制、数据挖掘、知识发现、人工生命等。

自然语言处理是人工智能应用领域中的一个重要方向，研究能够实现人机之间利用自然语言进行有效通信的各种理论和方法，包括自然语言理解和自然语言生成两个部分。由于自然语言文本和对话广泛存在的歧义性和多义性，通用的、高质量的自然语言处理系统仍是较长时期的研究目标。但是针对一定应用、具有自然语言处理能力的实用系统已经出现，有些已商品化，甚至开始产业化，典型的例子有：多语种数据库和专家系统的自然语言接口、各种机器翻译系统、全文信息检索系统、自动文摘系统等。

机器学习的研究是根据生理学、认知科学等对人类学习机理的了解，建立人类学习过程的计算模型或认识模型，发展各种学习理论和学习方法，研究通用的学习算法并进行理论上的分析，建立面向任务的具有特定应用的学习系统。如今机器学习发展迅猛，其应用遍及人工智能的各个分支，如专家系统、自动推理、模式识别等。

人工神经网络是人工智能研究的主要途径之一，也是机器学习中非常重要的一种学习方法。人工神经网络是以联结主义研究人工智能的方法，以对人脑和自然神经网络的生理研究成果为基础，抽象和模拟人脑的某些机理和机制。人工神经网络可不依赖于数字计算机模拟，采用独立电路实现，极有可能产生一种新的智能系统体系结构。

5.6.5 新技术应用典型案例

1. AlphaGo

AlphaGo 是一款由 Google 旗下 DeepMind 公司开发的著名的围棋人工智能程序，是第一款击败人类职业围棋选手、战胜围棋世界冠军的人工智能程序（见图 5-63）。2016 年 3 月，AlphaGo 以 4∶1 总比分战胜围棋世界冠军李世石。2016 年年末到 2017 年年初，AlphaGo 与中日韩数十位围棋高手对决，连续 60 局无一败绩。2017 年 5 月，AlphaGo 以 3∶0 总比分战胜排名世界第一的围棋世界冠军柯洁。

AlphaGo 用到了很多新技术，如神经网络、深度学习、监督学习、增强学习、蒙特卡洛树搜索等，其主要工作原理是深度学习。深度学习是指多层人工神经网络以及训练神经网络的方法，犹如生物神经大脑的工作机理一样，通过合适的矩阵数量，多层组织链接在一起，形成神经网络，大脑进行精准复杂的处理。AlphaGo 是通过两个不同神经网络大脑合作下棋，分别是落子选择器和棋局评估器。两个大脑是多层神经网络，进行层层分类和逻辑推理。在新版本的 AlphaGo 中，这两个神经网络合二为一，能够得到更高效的训练和评估。AlphaGo 具有自我学习的能力，能够进行自我对弈。随着自我对弈的增加，神经网络逐渐调整，提升预测下一步的能力，能够保证最终赢得比赛，如图 5-64所示。

由于具有人工智能，会自己进行学习，只要给它资料就可以移植，Google 计划将 AlphaGo 与医疗、机器人等结合，在不久的将来，AlphaGo 将会做出更加显赫的成绩，人工智能学科将有更大的突破。

图 5-63　AlphaGo 对弈

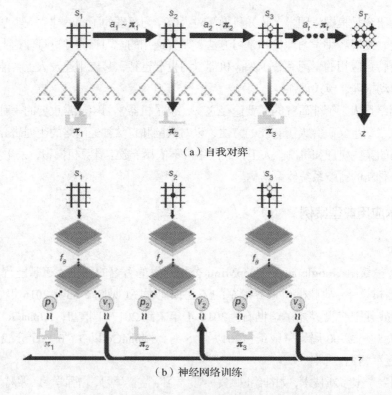

图 5-64　深度学习示意图

2. 无人驾驶汽车

无人驾驶汽车是一种智能汽车，又称轮式移动机器人，它主要依靠车内安装的智能驾驶仪实现无人驾驶，智能驾驶仪其实是一种智能计算机系统。无人驾驶汽车的技术原理是通过其车载传感系统感知道路环境，自动规划行车路线并控制车辆到达预定目标。它利用车载传感器所感知的道路、车辆位置和障碍物信息，控制车辆的转向和速度，从而使车辆安全、可靠地在道路上行驶。无人驾驶汽车集自动控制、体系结构、人工智能、视觉计算等众多技术于一体，是计算机科学、模式识别和智能控制技术高度发展的产物。

　　从 20 世纪 70 年代开始，美国、英国、德国等发达国家就已经开始进行无人驾驶汽车的研究，在可行性和实用化方面都取得了突破性的进展，其中 Google 公司作为最先发展无人驾驶技术的公司，无人驾驶技术是领先的（见图 5-65）。它研制的全自动驾驶汽车能够实现自动启动、行驶与停车。和传统汽车不同，Google 无人驾驶汽车行驶时不需要人来操控，这意味着方向盘、油门、刹车等传统汽车必不可少的配件，在 Google 无人驾驶汽车上通通看不到，软件和传感器取代了它们。Google 无人驾驶汽车通过摄像机、雷达传感器和激光测距仪来"看到"其他车辆，并使用详细的地图来导航。Google 通过搭载在汽车上的各种传感器收集信息，并将地图数据与交通模型比对，一旦出现足够大的偏离，汽车便会自动向司机发出警告，提醒司机人为控制。手动驾驶车辆收集来的信息数量巨大，必须将这些信息进行处理转换，Google 数据中心将这一切变成了可能，它的数据处理能力非常强大。目前面临的难题是自动驾驶汽车和人驾驶的汽车如何共处而不引起交通事故的问题。

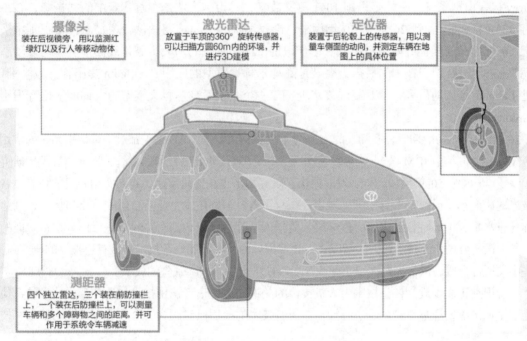

图 5-65　Google 无人驾驶汽车示意图

　　目前，国内的百度、长安等企业以及国防科技大学、军事交通学院等军事院校的无人驾驶汽车的研发技术位于前列。百度深度学习研究院开发的百度无人驾驶汽车已经将视觉、听觉等识别技术应用在无人汽车系统研发中，其无人车可自动识别交通指示牌和行车信息，具备雷达、相机、全球卫星导航等电子设施，并安装同步传感器。车主只要向导航系统输入目的地，汽车即可自动行驶，前往目的地。在行驶过程中，汽车会通过传感设备上传路况信息，在大量数据基础上进行实时定位分析，从而判断行驶方向和速度。由国防科技大学自主研制的红旗 HQ3 无人车，2011 年 7 月 14 日首次完成了从长沙到武汉 286km 的高速全程无人驾驶实验，创造了我国自主研制的无人车在复杂交通状况下自主驾驶的新纪录，标志着我国无人车在复杂环境识别、智能行为决策和控制等方面实现了新的技术突破，达到世界先进水平。

3. 自动语音识别技术

自动语音识别技术的目标是让机器通过识别和理解过程将人类语音中的词汇内容转换为计算机可读的输入，如按键、二进制编码或者字符序列，即让机器听懂人类的语音。所谓听懂，有两层意思，一是指把用户所说的话逐词逐句转换成文本；二是指正确理解语音中包含的要求，做出正确的应答。语音识别涉及的领域包括信号处理、模式识别、概率论和信息论、发声机理和听觉机理、人工智能等。语音识别技术目前在桌面系统、智能手机、导航设备等嵌入式领域均有一定程度的应用。

一个完整的基于统计的语音识别系统可大致分为三部分：语音信号预处理与特征提取、声学模型与模式匹配、语言模型与语言处理。

一般来说，语音识别的方法有 3 种：基于声道模型和语音知识的方法、模板匹配的方法以及利用人工神经网络的方法。最早的基于电子计算机的语音识别系统是由 AT&T 贝尔实验室开发的 Audrey 语音识别系统，它能够识别 10 个英文数字，其识别方法是跟踪语音中的共振峰，该系统具有 98% 的正确率。到 20 世纪 50 年代末，伦敦学院的 Denes 将语法概率加入语音识别中。20 世纪 60 年代，人工神经网络被引入了语音识别。这一时代的两大突破是线性预测编码及动态时间规整技术。语音识别技术的最重大突破是隐马尔科夫模型的应用。从 Baum 提出相关数学推理，经过 Labiner 等人的研究，李开复最终实现了第一个基于隐马尔科夫模型的大词汇量语音识别系统 Sphinx。

20 世纪 90 年代前期，许多知名的大公司（如 IBM、苹果、AT&T）都对语音识别系统的实用化研究投以巨资，其中 IBM 公司于 1997 年开发出汉语 ViaVoice 语音识别系统。我国语音识别研究工作起步于 20 世纪 50 年代，近年来发展很快。研究水平也从实验室逐步走向实用。目前我国语音识别技术的研究水平已经基本上与国外同步，在汉语语音识别技术上还有自己的特点与优势，并达到国际先进水平。中科院自动化所、声学所、清华大学等科研机构都有实验室进行语音识别方面的研究。科大讯飞公司作为我国最大的智能语音技术提供商，在智能语音技术领域有着长期的研究积累，并在中文语音合成、语音识别、口语评测等多项技术上拥有国际领先的成果。

语音识别正逐步成为信息技术中人机接口的关键技术，语音识别技术与语音合成技术结合使人们能够甩掉键盘，通过语音命令进行操作。语音技术的应用已经成为一个具有竞争性的新兴高技术产业。

4. 机器翻译技术

自 20 世纪 40 年代后期开始，机器翻译一直是人工智能领域的重要研发项目，具有重要的科研价值和实用价值。机器翻译技术的目标在于实现能把一种自然语言的文本翻译为另一种自然语言文本的软件。机器翻译技术的发展一直与计算机技术、信息论、语言学等学科的发展紧密相随。从早期的词典匹配，到词典结合语言学专家知识的规则翻译，再到基于语料库的统计机器翻译，随着计算机计算能力的提升和多语言信息的爆发式增长，机器翻译技术逐渐走出象牙塔，开始为普通用户提供实时便捷的翻译服务。机器翻译差不多已涵盖了自然语言处理的所有技术，涉及自然语言的分析、转换与生成。机器翻译是深度学习技术与 NLP 结合使用最活跃的、最充满希望的一个方向。从最初完全基于靠人编纂的规则的机器翻译方法，到后来基于统计的 SMT 方法，再到现在神经机器翻译 NMT，机器翻译技术在过去 60 多年的时间里一直不断更新，特别是在深度学习技术进入人们视野之后，机器翻译的准确率不断刷新。

整个机器翻译的过程可以分为原文分析、原文译文转换和译文生成 3 个阶段。在具体的机器翻译系统中，根据不同方案的目的和要求，可以将原文译文转换阶段与原文分析阶段结合在一起，而把译文生成阶段独立起来，建立相关分析独立生成系统。在这样的系统中，原语分析时要考虑译语的特点，而在译语生成时则不考虑原语的特点。在研究多种语言对一种语言的翻译时，宜于采用这样的相关分析独立生成系统。也可以把原文分析阶段独立起来，把原文译文转换阶段同译文生成阶段结合起来，建立独立分析相关生成系统。在这样的系统中，原语分析时不考虑译语的特点，而在译语生成时要考虑原语的特点，在研究一种语言对多种语言的翻译时，宜于采用这样的独立分析相关生成系统。还可以把原文分析、原文译文转换与译文生成分别独立开来，建立独立分析独立生成系统。在这样的系统中，分析原语时不考虑译语的特点，生成译语时也不考虑原语的特点，原语译语的差异通过原文译文转换来解决。在研究多种语言对多种语言的翻译时，宜于采用这样的独立分析独立生成系统。

图 5-66 为以搜狗语音翻译技术为例介绍的语音翻译技术示意图。

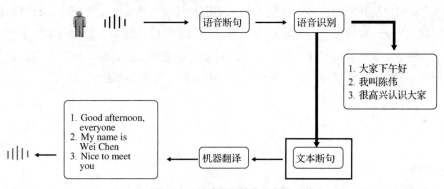

图 5-66 语音翻译技术示意图

2013 年以来，随着深度学习的研究取得较大进展，基于人工神经网络的机器翻译逐渐兴起。其技术核心是一个拥有海量节点神经元的深度神经网络，可以自动从语料库中学习翻译知识。一种语言的句子被向量化之后，在网络中层层传递，转化为计算机可以"理解"的表示形式，再经过多层复杂的传导运算，生成另一种语言的译文。实现了"理解语言，生成译文"的翻译方式。这种翻译方法最大的优势在于译文流畅，更加符合语法规范，容易理解。相比之前的翻译技术，质量有"跃进式"的提升。

加拿大蒙特利尔大学的机器学习实验室，发布了开源的基于神经网络的机器翻译系统 GroundHog；2015 年，百度发布了融合统计和深度学习方法的在线翻译系统；Google 也在此方面开展了深入研究。我国机器翻译研究起步于 1957 年，中国社会科学院语言研究所、中国科学技术情报研究所、中国科学院计算技术研究所等都在进行机器翻译的研究，机器翻译系统的规模正在不断扩大，内容正在不断完善。近年来，我国的互联网公司也发布了互联网翻译系统，如"百度翻译""有道翻译"等。科大讯飞的翻译机可实现中文与全球 33 种语言的即时翻译，可识别多种中国方言，并支持拍照翻译，为亚洲博鳌论坛的指定翻译机。图 5-67 所示为讯飞翻译机 2.0。

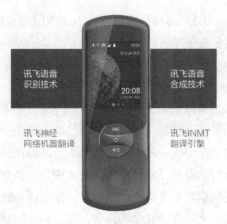

图 5-67　讯飞翻译机

本章小结

本章首先介绍了计算机主要的应用领域，以及计算机在这些领域中的典型应用，然后介绍了数据库系统的基本知识及其应用、多媒体技术基本知识及多媒体技术的主要应用、计算机网络的基本原理及其应用，以及计算机安全及病毒防治，最后介绍了目前计算机的热点技术。上述每一节内容都对应了一门课程，在计算机科学与技术专业培养方案中通常都会开设，所以本章只是简要介绍，要系统、详细地了解，还需要努力、认真学习相应的课程，并多多实践。

习题

一、简答题

1. 什么是数据库？什么是数据库管理系统？什么是数据库系统？

2. 简述数据管理技术的几个发展阶段。

3. 简述数据库系统的体系结构。

4. DBMS 的含义是什么？RDBMS 的含义是什么？

5. SQL 有哪些功能和特点？

6. Access 数据库有哪些对象？

7. 在 Access 中，什么是查询？什么是窗体？有哪些类型的查询？

8. 什么是数据挖掘？

9. 什么是决策支持系统？简述其系统组成。

10. 什么是多媒体技术？并简述你所知道的多媒体技术的实际应用。

11. 多媒体数据主要有哪些压缩编码方法？

12. 什么是虚拟现实技术？虚拟现实技术有哪些特征？

13. 查阅资料，简述两种流行的多媒体创作工具的主要功能。

14. 计算机网络体系结构的设计思想是什么？

15. Internet 常用的服务有哪些？

16. 局域网中都有哪些硬件设备？

17. 常见的密钥密码体制有哪些？

18. 虚拟专用网可以在什么地方使用？

19. 计算机病毒有哪些特性？

二、实践题

1. 网络配置、管理与应用实践

（1）通过"网上邻居→属性→本地连接→TCP/IP"查看本机的 IP 地址、子网掩码、网关、DNS 服务器，并记录下这些项。

（2）通过"开始→运行→cmd"或者"开始→程序→附件→命令提示符"进入命令提示符窗口，然后分别用"Ipconfig"和"Ipconfig /all"命令来查看本机的地址及网卡的 MAC 地址，并理解这些项的含义。

（3）双击任务栏右边的两个计算机相连的小图标打开本地连接窗口，在"常规"选项卡中，选中"属性"，在弹出的对话框中，选择"此连接使用下列项目"中的"Internet 协议（TCP/IP）"，然后对各项进行认识和了解。

（4）将任务栏右边的两个计算机相连的图标（即"本地连接"图标）先隐藏起来，然后再显示出来。

（5）在网上搜索 IP 地址的组成和分类方法，然后分析出自己所用计算机的 IP 地址是如何组成的，属于哪一类。

（6）对 Internet Explorer 进行设置，如主页、安全、连接等，理解"连接→局域网设置"中各项的含义。

（7）在网上查找域名的组成及结构，并举例。

（8）在网上查找 URL 地址的组成形式，并举例。

（9）查询"郑州—上海"的列车车次、时刻和价格等。

（10）查出手机号码 13598026148 的归属地，查出 IP 地址 210.33.20.10 的所在地。

（11）进入水木清华、南京大学小百合等 BBS 网站，浏览其中的内容。

（12）把自己计算机上的某个文件夹设置为"共享文件夹"，让其他同学来访问这个文件夹。

2. 数据库基础实践：设计一个基于 Access 的简易学生成绩管理系统

目前高校都采用学分制，学生学籍管理也都采用计算机管理。一个学生可以选多门课程，但一个学生一门课程只能选一次。多个学生可以选择同一门课程。要求用 Access 设计一个简单的学生成绩管理系统，主要有下列功能。

（1）学生选修课程和考试成绩维护（包括输入、修改、删除）。

（2）课程信息维护。

（3）学生信息维护。

（4）按学号查询学生选修的课程和考试成绩。

（5）按班级、学生个人或课程对成绩进行排序、筛选和查询。

（6）对学生的基本情况进行查询。

根据系统功能要求应建下列 4 个数据表。

（1）班级简况表：存储班级基本信息，包括班级编号（主键）、班级名称字段。

（2）学生信息表：存储学生的基本信息，包括学号（主键）、班级编号、姓名、性别、出生日期等字段。

（3）课程信息表：存储课程的基本信息，包括课程号（主键）、课程名称、学分等字段。

（4）选课及成绩表：存储学生所选课程及所选课程的对应成绩，包括学号、课程号、考试成绩和考试日期等。

上述 4 个表各字段的数据类型、长度等属性请根据系统要求自行确定。

上述 4 个表间的联系是："班级简况"表和"学生信息"表通过班级编号建立一对多联系。"学生信息"表和"选课及成绩"表通过学号建立一对多联系。"课程信息"表和"选课及成绩"表通过课程号建立一对多联系。表关系图如图 5-68 所示。

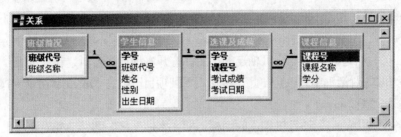

图 5-68　表关系图

第6章　计算机专业的学习与择业

　　如何进行大学的学习？学成之后可以从事哪些工作？可以考取哪些专业资格证书？如何考研？工作中应该遵守哪些法律法规和什么样的职业道德？本章将讨论这些问题。

本章知识要点：

- 计算机专业的学习
- 计算机专业岗位与择业
- 信息产业的法律法规及道德准则

6.1　计算机专业的学习

6.1.1　计算机专业的学习特点及要求

　　大学是人生中最关键的阶段之一，从入学的那天起，每位大学生就应当为自己的大学生活制订全面而正确的学习规划，以期在大学四年宝贵的时光中获取最大的收获，为自己的人生之路奠定坚实的基础。

　　1. 大学生的学习方法

　　关于教与学有个形象的比喻：小学是"抱"着走，中学是"牵"着走，大学是"领"着走。该比喻形象地描述了随着学生的成长，学习越来越多地要依靠自己。

　　（1）大学新生的学习适应期

　　大学新生满怀好奇和兴奋的心情开始了大学生活，不久便会发现大学的学习与中学的学习有很大的差异。中学老师会一遍又一遍重复每一节课的关键内容，但大学老师在一个课时里通常要讲授课本中几十页的内容；中学生在学习知识时更多的是追求"记住"知识，而大学生就应当要求自己"理解"知识并善于提出问题；中学老师通常会布置具体的学习任务并督促和指导学生完成，但大学老师只会充当引路人的角色。对于习惯中学学习模式的大学新生来说，可能一时难以适应大学的学习模式。所以，从踏入大学校门那天起，每位学生就开始了大学学习的适应期。学生需要正确认识这个适应期并力求尽快适应。

新生中普遍存在上大学前后的"动机落差"、缺乏自我控制能力、缺乏远大的理想、没有树立正确的人生观等现象，这直接导致了大学生学习动力不足。而动力不足从根本上会影响学生学习的积极性和主动性。所以，学生首先要明确"为什么要上大学"，给自己做人生和职业规划，这样学习动力不足的问题才可能从根本上得到解决。

大学里的学习气氛是外松内紧的。虽然这里很少有人监督你、很少有人主动指导你、没有人给你制订具体的学习目标、考试一般不公布分数、不排红榜……但这里绝不是没有竞争。每个人都在独立地面对学业；每个人都有自己设定的目标；每个人在和自己的昨天比，和自己的潜能比，也暗暗地与别人比。在大学里，竞争是潜在的、全方位的。

进入大学后，以教师为主导的教学模式变成了以学生为主导的自学模式。教师在课堂上讲授知识后，学生不仅要消化理解课堂上学习的内容，而且要大量阅读相关方面的书籍和文献资料。可以说，自学能力的高低成为影响学生成绩最重要的因素。这种自学能力包括：能独立确定学习目标，能对教师所讲内容提出质疑，能主动查询有关文献，确定自修内容，将自修的内容表达出来与人探讨，写学习心得或学术论文等。从大学的第一天开始，学生的学习就必须从被动转为主动。

大学新生还要改变一些原有的观念，在大学里，考试分数并不是衡量个人水平和能力最重要的指标，人们更看重的是综合能力的培养和全面素质的提高。

因此，中学的学习方法在大学里是完全不适用的。从旧的学习方法向新的学习方法过渡，这是每个大学生都必须经历的过程。新生们应尽早做好思想准备，积极观察、思考，寻求适合自己的学习方法，尽快实现从中学到大学的过渡。

（2）自修之道

教育家斯金纳（B. F. Skinner）有句名言："如果我们将学过的东西忘得一干二净，最后剩下来的东西就是教育的本质了。"所谓"剩下来的东西"，其实就是自学的能力，即举一反三或无师自通的能力。"师傅领进门，修行在个人"这句俗语也强调了自学的重要性和必要性。

大学老师只是引路人，学生必须自主地学习、探索，并进行实践。

当今社会，信息技术的发展日新月异，谁也不能保证大学里所教的任何一项技术在 5 年以后仍然适用，也不能保证学生可以学会每一种技术和工具，但能保证的是，学生将学会思考，并掌握学习的方法，这样，无论 5 年以后出现什么样的新技术或新工具，都能游刃有余。

大学不是"职业培训班"，而是一个让学生适应社会，适应不同工作岗位的平台。在大学期间，学习专业知识固然重要，但更重要的还是要学习独立思考的方法，培养举一反三的能力，只有这样，大学毕业生才能适应瞬息万变的未来世界。

待毕业生走上工作岗位后，自学能力就显得更为重要了。微软公司曾做过一个统计：在每一名微软员工所掌握的知识内容里，只有大约 10%是员工在过去的学习和工作中积累得到的知识，其他知识都是在加入微软后重新学习的。这一数据充分表明，一个缺乏自学能力的人是难以在微软这样的现代企业中立足的。

自学能力必须在大学期间开始培养，很多问题都有不同的思路或观察角度。在学习知识或解决问题时，不要总是死守一种思维模式，不要让自己成为课本或经验的奴隶。只有在学习中敢于创新，善于从全新的角度出发思考问题，学生潜在的思考能力、创造能力和学习能力才能被真正激发出来。

2. 计算机专业的学习内容

在提倡素质教育的今天，大学不仅传授给学生知识，更重要的是培养学生的综合素质和各种能力。

（1）课程知识的学习

专业培养方案中规定了大学四年的学习课程，一般分为基础课、专业课、选修课等几种类型。

① 对基础课程的学习

如果说大学是一个学习和进步的平台，那么，这个平台的地基就是大学里的基础课程。所以，在大学期间，同学们一定要学好基础知识，其中包括数学、英语、计算机和互联网的使用，以及专业基础课程。在科技发展日新月异的今天，应用领域里很多看似高深的技术在几年后就会被新的技术或工具取代。只有牢固掌握基础知识才可以受用终身。如果没有打下良好的基础，大学生们也很难真正理解高深的应用技术。

计算机科学与技术学科最初来源于数学学科和电子学科，计算机专业的知识体系是建立在数学基石之上的，所以该学科的学生必须具有扎实的数学基础。要想学好计算机专业，至少要把高等数学、离散数学、线性代数、概率统计学好；要想进一步攻读计算机科学专业的硕士或博士学位，还需要具有更高的数学素养。同时，数学也是人类几千年积累的智慧结晶，学习数学知识可以培养和训练人的思维能力。通过学习几何，可以学会用演绎、推理来求证和思考的方法；通过学习概率统计，可以知道该如何避免钻进思维的死胡同，该如何让自己面前的机会最大化。所以，大学生们一定要用心把数学学好，不能敷衍了事。学习数学也不能仅仅局限于选修多门数学课程，而是要知道自己为什么学习数学，要从学习数学的过程中掌握认知和思考的方法。

21 世纪最重要的沟通语言之一是英语。有些同学在大学里只为了考过四级、六级而学习英语，有些同学仅仅把英语当作一种求职必备的技能来学习。其实，学习英语的根本目的是掌握一种重要的学习和沟通工具。在未来的几十年里，世界上最全面的新闻内容、最先进的思想和最高深的技术，以及大多数知识分子间的交流都将用英语进行。因此，除非甘心做一个与国际脱节的人，否则，英语学习是至关重要的。在软件行业里，不但编程语言是以英语为基础设计出来的，最新的教材、论文、参考资料、用户手册等资源也大多是用英语编写的。因此，对于计算机类专业的学生来讲，学好英语尤其重要。

信息时代已经到来，大学生在信息科学与信息技术方面的素养已成为其进入社会的必备基础之一，所以，所有大学生都应该能熟练使用计算机、互联网、办公软件和搜索引擎，都应该能熟练地在网上浏览信息和查找专业知识。在 21 世纪，使用计算机和网络就像使用纸和笔一样是人人必备的基本功。不学好计算机，就无法快捷全面地获得自己需要的知识或信息。

计算机专业有许多基础课程，但许多大学生只热衷于学习最新的语言、技术、平台、标准和工具，因为很多公司在招聘时都会要求具有这些方面的基础或经验。这些新技术虽然也应该学习，但是计算机基础课程的学习更为重要，因为语言和平台的发展日新月异，但只要学好基础课程（如计算机组成原理、数据结构、数据库原理、操作系统、编译原理等）就可以以不变应万变。我们可以把这些基础课程生动地比喻为计算机专业的"内功"，而把新的语言、技术、平台、标准和工具比喻为"外功"。那些只懂得追求新技术的学生最终只会略懂皮毛，没有"内功"的积累，他们是不可能成为真正的高手的。

② 专业课程的学习

大学教育是专业教育，不同的专业有不同的专业课，但不论何种专业的大学生对待本专业课程的学习态度大体是一致的，那就是不管喜欢与否，都要尽力把专业课学好。

要想学好专业课，应该做到：学习目标明确具体，不断提高学习动机和学习兴趣，主动克服各种学习困难，做到直接学习和间接学习相结合，学习拓展知识、多进行实践。

快乐和兴趣是一个人成功的关键。如果对某个领域充满激情，就有可能在该领域中发挥自己所有的潜力，甚至为它废寝忘食。这时候，就不再是为了成功而学习，而是为了"享受"而学习了。

计算机的专业课程大多数实践性和应用性较强。在学习这些课程时，一方面要重视理论知识的学习，另一方面要注重实践应用，应该利用网络和出版物查看一些相关资料，了解这些知识有哪些应用，是如何应用的，并和有兴趣的同学一起创造条件动手探索实践。

③ 选修课程的学习

大学生对待选修课的学习一般说来兴致较高，认为选修课可以开眼界、长见识、扩展自己的知识面，而且选修课的学习要求相对不严，大学生较少产生腻烦的心理。但选修课在大学生心目中的地位和分量远不如专业课和基础课，大学生真正投入学习选修课的时间并不多。学习目的较模糊、学习动机不强、学习态度既不消极也不太积极、上课时注意力集中程度不高、认知能力也较少充分发挥等是选修课学习中普遍存在的现象。

大学生应该充分珍惜这些选修课程的学习机会，真正达到拓宽知识面、了解前沿知识的目的。因此，对待选修课的学习，应该注意不要仅停留在浅层的了解和获知上，更要杜绝为了获得学分才选修某些课程以及"选而不修"等不正常现象。

④ 实践能力的培养

有句关于实践的谚语是："我听到的会忘掉，我看到的能记住，我做过的才真正明白。"大学生应该懂得一个学科的知识、理论、方法与具体的实践、应用是如何结合起来的，工科的学生更是如此。

无论学习何种专业、何种课程，如果能在学习中努力实践，做到融会贯通，就可以更深入地理解知识体系，牢牢记住学过的知识。因此，建议同学们多选些与实践相关的专业课。实践时，最好是几个同学合作，这样，既可以通过实践理解专业知识，也可以学会如何与人合作，培养团队精神。如果有机会在老师手下做些实际的项目，或者走出校门打工，只要不影响学业，这些做法都是值得鼓励的。

有人说，学计算机就是一个"try"的过程。实践经验对于软件开发来说更是必不可少。微软公司希望应聘程序员的大学毕业生最好有十万行的编程经验。理由很简单：实践性的技术要在实践中提高。计算机归根结底是一门实践的学问，不动手是永远也学不会的。因此，最重要的不是在笔试中考高分，而是有较强的实践能力。

学知识是为了用知识，应用中应追求创新。创新意识和创新能力也应该是大学生在实践中努力培养的。

在专业培养方案中除了理论教学方案外，还制定有实践教学方案，一般有课程实验、课程设计、各种实习实训、毕业设计等形式。学生应该重视这些实践教学环节，在老师的亲自指导下逐渐培养自己的实践能力。另外，还可以通过参加老师的研究课题，甚至从打工、自学或上网的过程中寻求学习和实践的机会。

（2）课外的广泛学习

大学教育是专业教育，目的是培养某一领域的高级专业人才。学生们在大学期间要学习的内容非常广泛，可以说几乎是无限的，可以用多、专、杂、广来概括。只要愿意学，大学里就有学不完的内容。如果说，在中学，我们的学习要精益求精，那么在大学，我们的学习就要多多益善了，而这种多主要体现在课外学习上。

现在的大学人才培养观是坚持面向现代化、面向世界、面向未来，以培养大学生的思想政治素质为核心，以培养创新精神和实践能力为重点，普遍提高在校大学生的人文素养和科学素质，造就"有理想，有道德，有文化，有纪律"，德智体美等全面发展的社会主义建设者和接班人。所以，大学生在课外除了要学习知识和技术外，更要注重素质的培养。可以给自己制定一个大学四年的素质培养规划，比如参加一次专业技能培训、参加一次创业实践或创业培训、完成一件创新作品、参加一次学科竞赛、参加一次青年志愿者社会公益活动、参加一次社会实践和社会调查、参加一次国际交流活动、参加一次前沿学术活动、获得一本职业资格等级证书、担任一届学生干部、获得一次表彰和奖励等。

3. 大学的学习环境

大学生在一个开放而充实的环境中生活和学习，这个环境由老师、图书馆、网络、社团、出版物，甚至社会等元素组成。学生在学习过程中应该充分、有效地利用好这一宝贵的学习环境。

（1）老师

大学生应当充分利用学校里的人才资源，通过各种渠道学习知识。"三人行必有我师"，大学生的周围到处是良师益友。除了资深的教授以外，大学里的青年教师、博士生、硕士生甚至自己的同班同学都是很好的知识来源和学习伙伴。每个人对问题的理解和认识都不尽相同，只有互帮互学，大家才能共同进步。只要珍惜这些难得的机会，大胆发问，经常切磋，就能学到有用的知识和方法。

（2）图书馆

图书馆是知识的海洋，大学生应该充分利用图书馆，培养独立学习和研究的能力，为适应今后的工作或进一步深造做准备。

图书馆是课堂学习的延伸。除了学习规定的课程，大学生还要学会到图书馆查阅书籍和文献，以便接触到更广泛的知识和研究成果。例如，在一门课上发现了自己感兴趣的课题，就应当积极去图书馆查阅相关文献，了解这个课题的来龙去脉和目前的研究动态。

图书馆是培养大学生学习能力的最佳场所。通过阅览图书馆中各种不同的书籍，可以打破学科的思维定式，培养灵活多变的学习心理，激发大学生的创造性思维。

现在的图书馆除了拥有丰富的纸质图书外，还提供有丰富的数字资源，如数字图书馆、移动图书馆，其中有丰富的电子图书及学术文献。熟练和充分地利用图书馆资源，是大学生，特别是那些有志于科学研究的大学生的必备技能之一。

（3）网络及在线课程

互联网是一个巨大的资源库，大学生应该充分利用网络进行学习。搜索引擎应该成为学生不可或缺的学习工具，学生可以借助搜索引擎在网上查找各类信息，把搜索引擎作为课外学习的基本工具之一。除搜索引擎外，网上还有许多网站、社区，尤其是有着丰富学习资源的校园网，这些都是很好的学习园地。

另外，网络上的在线课程更是一类重要的学习资源。2011 年教育部启动了国家精品开放课程建设，包括精品视频公开课与精品资源共享课，它们是以普及共享优质课程资源为目的、体现现代教育思想和教育教学规律、展示教师先进教学理念和方法、帮助学习者自主学习、通过网络传播的开放课程。除了这些国家级的精品课程，各省和各高校也建设有省级和校级的精品课程，这些精品共享课程使学生能够享受到其他高校尤其是高水平大学的优秀教师资源，是学生课下自主学习的另一种宝贵资源。

近年来，大规模在线开放课程（Massive Open Online Course，简称 MOOC 或慕课）等新型在线开放课程在世界范围内迅速兴起。MOOC 是任何人都可以注册使用的在线教育新模式，被称为是人类印刷术以来关于教育的重要发明。MOOC 于 2012 年由哈佛、MIT 等国际名校牵头创建，并于一两年内席卷全球。2013 年被称为我国慕课的元年，国内一流院校纷纷宣布加入慕课行列，开始了我国慕课的新纪元。

目前，国外慕课平台的三大巨头是 Coursera、EDX、Udacity，其他的还有 FutureLearn、Open2Study、Canvas、NovoEd、iVersity 等。国外的学习平台虽然课程多，合作学校名气大，但毕竟都是英文授课，我国学生学习起来难免吃力。国内也有不少 MOOC 平台，其中比较知名的有以下几个。

① MOOC 中国：合作的高校有 140 多所，在线教育资源比较丰富。

② 中国大学 MOOC：这是由网易与高教社携手爱课程网推出的在线教育平台，旨在推广教育部国家精品开放课程。平台资源丰富，课程数过千，内容以基础科学为主，其次是工程技术类，包括计算机科学等。

③ 学堂在线：这是由清华大学主办的 MOOC 平台，同时还开发了其移动终端 App。学堂在线的课程数量与"中国大学 MOOC"大致相当，也一样提供电子学历证书。

如果仅仅为了学习职业技能，用户选择的余地会更大一些，比如腾讯的精品课、百度的传课、网易的云课堂等，但这些网站提供的教育资源往往是收费的，针对性强，如平面设计、网络编程等。

（4）社团

无论是计算机的硬件系统还是软件项目，通常都是由具有一定规模的项目组（团队）来开发的，因此计算机专业的学生应重视培养自己的团队意识和团队合作能力。大学社团是学生自愿组织的群众性团体，组织开展健康、积极有益的课外文化、科技体育、艺术等活动。大学里有各种各样的社团，社团是微观的社会，参与社团是步入社会前最好的磨炼。学生在社团里可以培养自身的团队合作能力和领导才能，也可以发挥专业特长。

（5）出版物

计算机领域有许多学术出版物，如各种学术期刊和杂志，其中发表的学术论文是计算机科学与技术的最新应用或研究成果，可以把它们作为课本知识的有效补充。课堂上学习的是最基础的知识，学习课程的同时查阅一些与课程相关的学术论文，既可以了解所学知识是如何用来解决实际问题的，又可以了解该领域的新理论、新技术以及研究热点等。学生了解了这些知识，一方面能更加明确学习这些知识的目的，另一方面也有助于进一步开展研究性学习。

（6）社会

社会是个大学堂。大学生在学成之后要从事工作，服务于社会。社会需要什么样的人才，需要什么样的知识和技术等，这些应直接指导高校的人才培养。所以，学生应尽早地、尽可能多地接触社会、了解社会、从社会中学习，以便将来更好地为社会服务。

在不影响学业的前提下，学生可以做些社会调研、到企业实习等。毕业设计和毕业实习等一些实践教学环节也可以在企业里完成。

总之，学生在大学四年里，如果能培养良好的学习方法、利用好丰富的学习环境、学到扎实的基础知识和专业知识、得到综合素质的全面培养，就能成为一个有潜力、有思想、有价值、有前途的中国未来的主人翁。

创立了微软亚洲研究院、担任过 Google 全球副总裁兼中国区总裁、创办了创新工场的李开复博士，长期以来致力于帮助中国青年学生成长。这里推荐读者阅读李开复写给中国学生的 7 封信，以及出版的 3 本书《与未来同行》《做最好的自己》《一网情深》。

6.1.2　计算机专业的考研提示

1. 考研的意义

因为大学后的学历教育还有硕士研究生、博士研究生。所以本科教育有两种产品形式：就业和深造。大学所学的知识仅仅是一个专业最基础的知识，无论从事何种工作都是不够的，尤其是从事计算机科学技术的研究性工作。硕士研究生、博士研究生是继续深入、系统地学习和钻研学科理论及技术的学习阶段。如果心怀远大的专业理想，就应该选择继续深造。图灵奖获得者的高学历学位就能够说明这一点，另外，很多人工作几年后又回头来考研也从一个侧面说明了深造的必要性和重要意义。

2. 考研信息的获取

学生一旦决定了要考研，就应该上网了解和查看各高等院校及科研院所的招考信息，如招生简章、研究方向、考研指南、复习指导等有关考研信息，以及最新的考试大纲。获取考研信息的官方渠道一是高校的院系官网或研招办官网，另一个是中国研究生招生信息网，该网站是隶属于教育部以考研为主题的官方网站，是教育部唯一指定的研究生入学考试网上报名及调剂的网站。它既是各研究生招生单位的宣传咨询平台，又是研究生招生工作的政务平台，它将电子政务与社会服务有机结合，贯穿研究生招生宣传、招生咨询、报名管理、生源调剂、录取检查整个工作流程，实现了研究生招生信息管理一体化。

由于缺乏专业知识，大学低年级学生尚不能决定要报考的学校和方向，但可以在学习过程中有意识地去了解、去认识。例如，通过专业书籍、报刊、网上资料和信息、社会需求、中国计算机学会、各专业委员会网站和信息、计算机科学技术的发展和研究动态等逐渐形成自己的认识，也可以与在读或已毕业的硕士研究生、博士研究生交流，请教学识渊博的老师们等，另外，还要结合自己的专业兴趣，做出最终的决定。

计算机专业的硕士研究生入学考试采取的是全国统一考试，考试科目为思想政治理论、英语、数学、计算机学科专业基础综合，其中全国统考的计算机学科专业基础综合试卷包含数据结构、计算机组成原理、操作系统、计算机网络 4 门专业课程。但是，有些学校的计算机学科专业基础综合采取自主命题（校考），包含的科目和考试大纲因学校不同而不同，学校招生简章上会有说明。

3. 考研的准备

一旦考研目标确定下来，在四年的大学学习中除了正常的学习外，还应为考研制定一套学习和复习规划。

　　首先，在教师教授考研课程时就应充分利用教师资源将这些课程学好。实际上，考研规划应开始于入学那天，因为第一学期开设的课程中就有考研课程，如英语、数学等。有了目标，学习这些课程的时候就要有较高的定位，而不仅是为了通过考试。应比其他同学有意识地深入学习，多阅读些课外资料、多做些练习、多请教老师。对以后开设的考研基础课和专业课也同样要有意识地学扎实、学透彻，为考研打下坚实的基础。

　　然后，就是考前的系统复习阶段。系统性地复习应开始于大三，入学考试是在大四上学期期末。建议学生制定好复习计划，使复习有步骤、有秩序地进行。复习时与其他考研同学，尤其是考相同课程的同学相互交流、相互帮助、相互鼓励，会有更好的效果。此外，还应多关注目标院校和专业的论坛，上面会有很多学长、学姐的经验分享。通过这些论坛，可以了解到考研政策、参考书目、复习重点、模拟试题等各类信息。注意，应兼顾好正常学业学习和考研复习。考研学习是考验耐力、体力、努力的持久战，需要坚定的信念和顽强的毅力来支撑。

　　推荐访问"中国研究生招生信息网"，查看各大高校和科研院所的招生简章、考研指南、复习指导等有关的考研信息，了解计算机及相关专业的招收方向和考试科目。

6.1.3　计算机学科竞赛

　　学科竞赛可以有效培养学生专业学习的兴趣，是快速提高学生工程实践能力和创新能力的有效途径。面向大学生有很多学科竞赛，如果能在大赛中脱颖而出，获得高层次奖励，将会有效促进个人的高质量就业或升学。

　　面向大学生的学科竞赛有很多，除了国家级的学科竞赛外，各省、各高校也会举办许多相关的学科竞赛。这里主要介绍与计算机类专业相关的全国性的大学生学科竞赛。

1. 中国"互联网+"大学生创新创业大赛

　　中国"互联网+"大学生创新创业大赛由教育部、国家发展和改革委员会、工业和信息化部、人力资源和社会保障部、国家知识产权局、中国科学院、中国工程院、共青团中央等多个部门共同主办，是目前我国涉及领域最广、参与人数最多、影响力最大的大学生竞赛活动。该大赛2015年开始举办第一届，每年一届。

　　中国"互联网+"大学生创新创业大赛旨在深化高等教育综合改革，激发大学生的创造力，培养造就"大众创业、万众创新"的生力军；鼓励广大青年扎根中国大地了解国情民情，在创新创业中增长智慧才干，在艰苦奋斗中锤炼意志品质，把激昂的青春梦融入伟大的中国梦。

　　中国"互联网+"大学生创新创业大赛重在把大赛作为深化创新创业教育改革的重要抓手，引导各高校主动服务国家战略和区域发展战略，积极开展教育教学改革探索，切实提高高校学生的创新精神、创业意识和创新创业能力。推动创新创业教育与思想政治教育紧密结合、与专业教育深度融合，促进学生全面发展，努力成为德才兼备的有为人才。推动赛事成果转化和产学研用紧密结合，促进"互联网+"新业态形成。以创新引领创业、以创业带动就业，努力形成高校毕业生更高质量的创业就业新局面。

　　参赛项目要求能够将移动互联网、云计算、大数据、人工智能、物联网等新一代信息技术与经济社会各领域紧密结合，培育新产品、新服务、新业态、新模式；发挥互联网在促进产业升级以及信息化和工业化深度融合中的作用，促进制造业、农业、能源、环保等产业转型升级；发挥互联网在社会服务中的作用，创新网络化服务模式，促进互联网与教育、医疗、交通、金融、消费生活等深度融合。

根据参赛项目所处的创业阶段、已获投资情况和项目特点，大赛分为创意组、初创组、成长组、就业型创业组。参赛对象包括在校本专科生、研究生，或毕业 5 年以内的毕业生。

2. "挑战杯"全国大学生系列科技学术竞赛

"挑战杯"全国大学生系列科技学术竞赛（以下简称"挑战杯"）是由共青团中央、中国科协、教育部、全国学联、举办地人民政府共同主办的全国性的大学生课外学术实践竞赛。"挑战杯"竞赛共有两个并列项目，一个是"挑战杯"全国大学生课外学术科技作品竞赛（通常称为"大挑"），另一个是"挑战杯"中国大学生创业计划竞赛（通常称为"小挑"）。这两个项目的全国竞赛交叉轮流开展，每个项目每两年举办一届，"挑战杯"系列竞赛被誉为中国大学生学生科技创新创业的"奥林匹克"盛会，是目前国内大学生最关注、最热门的全国性竞赛，也是全国最具代表性、权威性、示范性、导向性的大学生竞赛。

（1）"挑战杯"全国大学生课外学术科技作品竞赛

"挑战杯"全国大学生课外学术科技作品竞赛旨在全面展示我国高校育人成果，该活动坚持"崇尚科学、追求真知、勤奋学习、迎接挑战"的宗旨，引导广大在校学生崇尚科学、追求真知、勤奋学习、迎接挑战，培养跨世纪创新人才。

"挑战杯"全国大学生课外学术科技作品竞赛 1989 年在清华大学举办第一届，截止到 2017 年已举办了 15 届，形成了校级、省级、全国的三级赛事。

（2）"挑战杯"中国大学生创业计划竞赛

"挑战杯"中国大学生创业计划竞赛的宗旨是"崇尚科学、追求真知、勤奋学习、锐意创新、迎接挑战"，其目的是引导和激励高校学生实事求是、刻苦钻研、勇于创新、多出成果、提高素质，培养学生创业精神和实践能力，并在此基础上促进高校创业活动蓬勃开展，发现和培养一批在创业方面有作为、有潜力的优秀人才。

该竞赛要求参赛者组成学科交叉、优势互补的竞赛团队，就一项具有市场前景的技术产品或服务，以获得风险资本的投资为目的，完成一份完整的创业计划书。该竞赛于 1999 年在清华大学举办了首届赛事。

3. ACM 国际大学生程序设计竞赛

ACM 国际大学生程序设计竞赛（ACM International Collegiate Programming Contest，ACM-ICPC 或 ICPC）是由国际计算机协会（ACM）主办的，一项旨在展示大学生创新能力、团队精神和在压力下编写程序、分析和解决问题能力的年度竞赛。ACM-ICPC 于 1977 年在美国举办了首届总决赛，后来成为一年一届的多国参与的国际性比赛。经过多年的发展，已成为全球最具影响力的大学生程序设计竞赛。

ACM-ICPC 自 1996 年起在中国设立了预选赛赛区，并设置了多个赛点，由各大学轮流主办地区性竞赛。

ACM-ICPC 以团队的形式代表各学校参赛，每队由至多 3 名队员组成。每位队员必须是在校学生，有一定的年龄限制，并且每年最多可以参加 2 站区域选拔赛。比赛时需要每队使用 1 台计算机在 5 小时内用 C、C++、Pascal 或 Java 中的一种语言编写程序解决 7～13 个问题。最后的获胜者为正确解答题目最多且总用时最少的团队。

4. 中国大学生计算机设计大赛

中国大学生计算机设计大赛由教育部高等学校大学计算机课程教学指导委员会主办。

大赛的目的是提高大学生的综合素质，进一步推动高校本科面向 21 世纪的计算机教学的知识体系、课程体系、教学内容和教学方法的改革，引导学生踊跃参加课外科技活动，激发学生学习计算机知识技能的兴趣和潜能，为培养德智体美全面发展、具有运用信息技术解决实际问题的综合实践能力、创新创业能力，以及团队合作意识的人才服务。

参赛对象是本科各专业学生，参赛内容目前分设软件应用与开发类、微课与课件类、数字媒体设计类普通组、数字媒体设计类专业组、计算机音乐创作类、数字媒体设计类中华民族文化组、软件服务外包类等类组。竞赛过程分初赛和决赛两个阶段，初赛主要通过省级（直辖市、自治区级）预赛和国赛网评的方式筛选作品，决赛采用现场演示和答辩方式。

中国大学生计算机设计大赛始创于 2008 年，每年举办一次，决赛时间一般在当年 7 月至 8 月。

5. "中国软件杯"全国大学生软件设计大赛

"中国软件杯"大学生软件设计大赛是由工业和信息化部、教育部和江苏省人民政府共同创办的面向中国高校在校学生（含高职）的公益性软件设计大赛。大赛秉承"政府指导、企业出题、高校参与、专家评审、育才选才"的方针，以"催生多重效应，引领产业创新"为宗旨，创造了产学融合的新平台。大赛自 2011 年开始举办，每年一届。

"中国软件杯"全国大学生软件设计大赛最大的特色是"企业出题"，即所有题目都是由企业根据实际应用需求提出，以寻求实际解决方案。该大赛"政产学研用"联动，即由政府指导、企业出题、学生参赛、高校及企业专家共同评审。大赛整个过程覆盖我国软件产业人才培养的每一环节，创建以"产学研用"为核心的软件人才培养新模式。

6. "蓝桥杯"全国软件和信息技术专业人才大赛

"蓝桥杯"全国软件和信息技术专业人才大赛（简称"蓝桥杯"）由工业和信息化部人才交流中心主办，教育部全国高等学校学生信息咨询与就业指导中心为支持单位。大赛旨在提高学生自主创新意识和工程实践能力，促进高校计算机、软件及电子专业就业指导工作。"蓝桥杯"每年举办一次，分为省地区赛、国家赛两个比赛阶段。

"蓝桥杯"分为个人赛和团队赛两大项。个人赛包含：软件类、电子类和设计类等。个人赛设置如下。

（1）软件类分为 C/C++ 程序设计、Java 软件开发。

（2）电子类分为嵌入式设计与开发、单片机设计与开发。

（3）设计类分为智能手机应用设计、品牌设计。

团队赛参赛作品每年限定主题，每个参赛队针对主题独立设计一个具有创新性和实用性的应用系统或软件架构。参赛方案应面向真实应用，需综合考虑业务模型、技术实现方案、商业可行性等各种因素，提供完整解决方案或设计思路。

"蓝桥杯"参赛对象包括有正式全日制学籍并且符合相关报名要求的研究生、本科生及高职高专学生。

6.1.4　计算机专业资格认证

资格证书是从事某种职业所应具备的条件或资格证明，不同专业有不同的专业资格证书，专业资格证书需要通过专业资格认证考试才能获得。在校期间如果能考取一些专业证书，来证明自己拥有相应的知识和专业能力，就能在就业大潮和考研升学中增加自己的竞争力。

目前，IT 认证考试种类繁多，有国外的、国内的认证考试，有行业性资格认证，也有各商业公司自行设立的资格认证。下面介绍几种影响较大的 IT 认证。

1. 微软认证

微软认证是微软公司设立的推广微软技术、培养系统网络管理和应用开发人才的完整技术金字塔证书体系，它得到了全世界 90 多个国家的认可。微软认证计划结构包括 3 个级别：微软技术专员（Microsoft Technology Associate，MTA）、微软认证系统工程师（Microsoft Certified Systems Administrator，MCSA）和微软认证解决方案专家（Microsoft Certified Solutions Expert，MCSE）。

2. IBM 认证

IBM 根据其产品分类设置以下专业认证项目。

（1）DB2 认证：主要考核基于 DB2 关系型数据库的解决方案专业能力。

（2）IBM/Notes 认证：主要考核 IBM Domino/Notes 电子商务平台上解决方案专业能力。

（3）WebSphere 认证：主要考核基于 WebSphere 的应用开发能力。

3. Oracle 认证

Oracle（甲骨文）公司是全球最大的企业级软件公司，其主要产品是 Oracle 数据库。Oracle 认证主要是 Oracle 数据库管理。Oracle 证书分为 3 类：Oracle 认证专员（Oracle Certified Associate，OCA）、Oracle 认证专家（Oracle Certified Professional，OCP）和 Oracle 认证大师（Oracle Certified Master，OCM）。

4. Cisco 认证

Cisco（思科）认证是由网络领域著名的厂商——Cisco 公司推出的，是互联网领域的国际权威认证。思科认证有思科认证网络工程师（Cisco Certified Network Associate，CCNA）、思科认证资深网络工程师（Cisco Certified Network Professional，CCNP）、思科认证网络设计师（Cisco Certified Design Associate，CCDA）、思科认证资深网络设计师（Cisco Certified Design Professional，CCDP）、思科认证资深安全工程师（Cisco Certified Security Professional，CCSP）、思科认证资深互联网工程师（Cisco Certified Internetwork Professional，CCIP）、思科认证互联网专家（Cisco Certified Internetwork Expert，CCIE）、思科认证语音工程师（Cisco Certified Voice Professional，CCVP）等，包括多种级别、不同内容、不同方向的认证。

5. Adobe 认证

Adobe 认证已经成为中国数字艺术教育市场主流的行业认证标准。Adobe 认证包括 Adobe 产品技术认证、Adobe 动漫技能认证、Adobe 平面视觉设计师认证、Adobe eLearning 技术认证、Adobe RIA 开发技术认证。

6. HP 认证

HP 认证是惠普公司培训事业部推出的一项面对 IT 界专业人员的高水平技术认证，在业界具有很强的权威性。其主要对象为系统管理员与网络管理员等 IT 专业技术人员。HP 认证方案包括 2 个认证等级：IT 专家和 IT 高级专家。

7. Linux 认证

Linux 认证是指获得 Linux 培训后通过考试得到的资格。目前国际上广泛承认的 Linux 认证有 Linux Professional Institute（LPI）、Sair Linux 和 GNU、Linux+和 Red Hat Certified Engineer。

8. CIW 认证

CIW（Certified Internet Webmaster）是世界上具有权威地位的、超越厂商背景的、唯一针对互联网专业人员的国际权威认证，它由 3 个国际性的互联网专家协会认可并签署：国际 Webmaster 协会（IWA）、互联网专家协会（AIP）和国际互联网证书机构（ICII）。该证书认可了 IT 行业中担任网络管理、安全管理、站点设计、站点开发及 Java 程序等职务的专业人员的职业技能资格。

9. Red Hat 认证

Red Hat（红帽）认证是由目前最大的 Linux 软件产品供应服务商——Red Hat 公司推出的。红帽认证分为 3 个层次：初级的 RHCSA、中级的 RHCE、高级的 RHCA。

10. 华为认证

华为认证是华为公司推出的覆盖 IP、IT、CT 以及 ICT 融合技术领域的认证体系，是唯一的 ICT 全技术领域认证体系。

华为认证主要有华为认证网络工程师（Huawei Certified Network Associate，HCNA）、华为认证网络资深工程师（Huawei Certified Network Professional，HCNP）、华为认证互联网专家（Huawei Certified Internetwork Expert，HCIE）。

11. 计算机技术与软件专业技术资格（水平）考试

从参加考试的人数、考试合格证书效力及社会对考试的认同程度来看，计算机认证考试中最具影响力的当属全国计算机技术与软件专业技术资格（水平）考试。

计算机技术与软件专业技术资格（水平）考试（简称计算机与软件考试）是原中国计算机软件专业技术资格和水平考试（简称软件考试）的完善与发展。这是由国家部委组织的国家级考试，其目的是科学、公正地对全国计算机与软件专业技术人员进行职业资格、专业技术资格认定和专业技术水平测试。它并不针对某一家公司的某一个产品进行培训认证，因此考察全面、综合性很强，与一般的企业认证有本质区别，属于认证考试中的国家品牌。它实行"统一领导、统一大纲、统一命题、统一考试时间、统一合格标准、统一颁发证书"的六统一原则。考试面向所有有志于从事软件开发、管理、维护的人员，为社会招聘选拔人才提供依据。

全国计算机软件专业技术资格和水平考试自 1991 年开始正式作为国家级考试，这个"中国制造"的 IT 专业证书由于其权威性和严肃性在全国上下得到普遍认同，成为众多国企、外企追捧的热门。经过严格考试认证的考生大多都已进入 IT 产业的第一线，正发挥着积极作用，其中还有相当一部分已经进入国际 IT 业中，并得到了各用人企业的认可。

根据国家相关文件，计算机与软件考试纳入全国专业技术人员职业资格证书制度的统一规划。通过考试获得证书的人员，表明其已具备从事相应专业岗位工作的水平和能力，用人单位可根据工作需要从获得证书的人员中择优聘任相应专业技术职务（如技术员、助理工程师、工程师、高级工程师等）。计算机与软件专业实行全国统一考试后，不再进行相应专业技术职务任职资格的评审工作。因此，这种考试既是职业资格考试，又是职称资格考试。

同时，这种考试还具有水平考试性质，报考任何级别不需要学历、资历条件，只要达到相应的技术水平，就可以报考相应的级别。程序员、软件设计师、系统分析员级别的考试已与日本相应级别的考试互认，以后还将扩大考试互认的级别以及互认的国家。图 6-1 所示为证书样本。

图 6-1 证书样本

计算机与软件考试分 5 个专业：计算机软件、计算机网络、计算机应用技术、信息系统、信息服务。每个专业又分 3 个层次：高级资格（高级工程师）、中级资格（工程师）、初级资格（助理工程师、技术员）。对每个专业、每个层次，还设置了若干级别（见表 6-1）。

表 6-1　　计算机技术与软件专业技术资格（水平）考试专业类别、资格名称和级别对应表

级别层次	专业类别				
	计算机软件	计算机网络	计算机应用技术	信息系统	信息服务
高级资格	信息系统项目管理师 系统分析师（原系统分析员） 系统架构师				
中级资格	软件评测师 软件设计师 （原高级 程序员）	网络工程师	多媒体应用设计师 嵌入式系统设计师 计算机辅助设计师 电子商务设计师	信息系统监理师 数据库系统工程师 信息系统管理工程师	信息技术 支持 工程师
初级资格	程序员（原初 级程序员、 程序员）	网络管理员	多媒体应用制作技术 人员 电子商务技术员	信息系统运行管理员	信息处理 技术员

考试合格者将颁发计算机技术与软件专业技术资格（水平）证书。

从 2004 年开始，每年举行两次考试。每年上半年和下半年考试的级别不尽相同。各大中城市均有其报名点和考试点，考试大纲、指定教材、辅导用书由全国考试办公室组织编写。

6.1.5　计算机科学技术的终身学习

在信息技术领域工作的人面临的最大挑战就是要紧跟飞速发展的技术。当一名计算机专业的大学生毕业后成为其中一员时，就意味着要不断学习、终身学习，与时俱进，保持技术上的先进性。再学习的方法有很多，具体介绍如下。

1. 参加培训

计算机科学与技术发展迅猛，对于新技术，一些高校、公司和培训机构会组织专题进行培训，有些大公司还会在培训后颁发相应的证书。

2. 在线学习

Internet 上每天都会发布有关新技术的信息，一些局域网尤其是高校的校园网有丰富的学习资源，如数字图书馆（超星、书生之家等）、各种专业期刊论文数据库（中国知网、中国期刊网等）等。网络为我们提供了一个经济、快捷且资源丰富的学习环境。

3. 阅读专业出版物

信息技术类的出版物非常丰富，包括书籍、报纸、期刊等。它们有不同的定位以满足各层次读者的需求，如报纸有面向初学者的《电脑报》、综合信息类的《计算机世界》和《中国计算机用户》等；期刊分普通期刊和专业性很强的核心期刊（如各类学报）。我们可以根据自己的兴趣、工作需要等来选择合适的出版物阅读。

4. 参加学术会议

中国计算机学会是计算机领域重要的学术组织，目前它拥有 36 个专业委员会。各专业委员会每年都要举办学术年会，在这些会议上可以了解到某一专业领域目前进行的前沿发展，可启发自己的学习或研究兴趣。

5. 参加研讨会、报告会及展览会

有关计算机新技术的学术研讨会、报告会有很多，参加这样的会议是了解新技术的一个很好的途径。大型展览会是许多公司发布和展示新产品的途径，参加这些展览会可以从中了解新产品、新技术及其发展的趋势。

6.1.6　计算机专业毕业生的检验标准

知识、能力、素质是进行高科技创新的基础。其中，知识是基础、是载体、是表现形式；能力是技能化的知识、是知识的综合体现；素质是知识和能力的升华，使知识和能力更好地发挥作用。大学教育的核心问题就是以知识为载体，实施素质和能力的培养。经过四年大学的学习，毕业生的学习成果怎么样，可从以下方面去考察。

1. 毕业生的检验标准

要建立一套严格的大学毕业生的检验标准是很困难的，不过可以给出以下基本标准。

（1）掌握计算机科学与技术的理论和本学科的主要知识体系。

（2）在确定的环境中能够理解并且能够应用基本的概念、原理、准则，具备选择与应用工具及技巧的能力。

（3）完成一个项目的设计与实现，该项目应该涉及问题的标识、描述、定义、分析、设计和开发等，为完成的项目撰写适当的文档。该项目的工作应该能够表明自己具备一定的解决问题和评价问题的能力，并能表现出对质量问题的适当理解和认识。

（4）具备在适当的指导下独立工作的能力，以及作为团队成员和其他成员合作的能力。

（5）能够辨别专业的、合法的、合乎道德的正确实践活动。

（6）重视继续进行专业发展的必要性。

（7）能够综合应用所学的知识。

2. 《华盛顿协议》的毕业要求

目前，我国许多高校都在积极开展工程教育专业认证，对毕业生提出了新的要求。所谓工程教育专业认证，是指国际本科工程学位互认协议，即《华盛顿协议》（成立于 1989 年，最初由 6 个英语国家的工程专业团体发起成立），它是国际通行的工程教育质量保障制度，也是实现工程教育国际互认和工程师资格国际互认的重要基础。2016 年，我国成为《华盛顿协议》的正式会员。随着中国工程教育加入《华盛顿协议》，"回归工程"、培养学生的"大工程观"，这些国际工程教育主流观念将会逐步改造传统的中国工程教育。

《华盛顿协议》对毕业生提出了 12 条素质要求，不仅要求工程知识、工程能力，还强调通用能力和品德伦理。

（1）工程知识。能够将数学、自然科学、工程基础和专业知识用于解决计算机应用领域复杂的工程问题。

（2）问题分析。能够应用数学、自然科学、工程科学的基本原理，识别、表达并通过文献研究分析计算机应用领域的复杂工程问题，以获得有效结论。

（3）设计/开发解决方案。能够针对计算机应用领域的复杂工程问题设计解决方案，设计满足特定需求的工艺流程，实现相应软硬件系统的部署和开发。在设计、开发环节中能突出科学创新意识，并能综合考虑社会、健康、安全、法律、文化以及环境等因素。

（4）研究。具备计算机科学与技术的基础核心理论，能在计算机科学原理的基础上对计算机应用领域的复杂工程进行研究，包括实验的设计、数据规律的分析与解释，并能收集、综合各方面信息，得到合理、有效的结论。

（5）使用现代工具。能够针对计算机应用领域的复杂工程问题，开发、选择与使用恰当的平台、技术、资源、现代工程工具和信息技术工具，包括对复杂工程问题的预测与模拟，并能够理解其局限性。

（6）工程与社会。能够基于工程相关背景知识进行合理分析，评价计算机工程实践和复杂工程问题解决方案对社会、健康、安全、法律以及文化的影响，并理解应承担的责任。

（7）环境和可持续发展。能够理解和评价针对计算机应用领域的复杂工程问题的工程实践对环境、社会可持续发展的影响。

（8）职业规范。具有人文社会科学素养、社会责任感，能够在计算机工程实践中理解并遵守工程职业道德和规范，履行责任。

（9）个人和团队。能够在多学科背景下的团队中承担个体、团队成员以及负责人的角色。

（10）沟通。有沟通的能力，掌握一定的沟通方法和技巧，能够针对计算机应用领域复杂的工程问题与业界同行及社会公众进行有效沟通和交流，包括撰写报告和设计文稿、陈述发言、清晰表达或回应指令，并具备一定的国际视野，能够在跨文化背景下进行沟通和交流。

（11）项目管理。理解并掌握工程管理原理与经济决策方法，并能在多学科环境中应用。

（12）终身学习。具有自主学习和终身学习的意识，有不断学习和适应发展的能力。

这是对工科教育的统一要求，各个学校会根据自己的培养目标和专业特点将各项要求分解成若干个具体的指标点。

6.2　计算机专业岗位与择业

经过大学四年的学习后，一部分毕业生将面临就业问题。有哪些职位可供计算机专业的学生选择？用人单位对求职者的要求是什么？

6.2.1　与计算机科学技术有关的工作领域和职位

1. 与计算机科学技术有关的工作领域

与计算机科学技术有关的工作领域，在不同的计算机科学技术发展和应用时期有不同的划分，目前一般将其划分为以下 4 个领域。

（1）计算机科学

该领域的计算机科学技术工作者把重点放在研究计算机系统中软件与硬件之间的关系上，开发可以充分利用硬件新功能的软件来提高计算机系统的性能。这个领域内的职业主要包括研究人员及大学的专业教师。

（2）计算机工程

从事该领域的工作者侧重于计算机系统的硬件，注重于新的计算机和计算机外部设备的研究开发及网络工程等。该行业的专业性要求较高，除计算机类专业的学生可以胜任该类工作外，电子工程类专业的学生也是合适的人选。

（3）软件工程

软件工程师的工作是从事软件的开发和研究。他们注重于计算机系统软件的开发和工具软件的开发。此外，社会上各类企业的相关应用软件也需要大量的软件工程师参与开发或维护。这类人员除了要有较好的数学基础和程序设计能力外，也要熟知软件生产过程中管理的各个环节。

（4）计算机信息系统

该领域的工作涉及社会上各级政府和各类企事业机构的信息中心或网络中心等部门。这类工作一般要求对商业运作有一定的了解。学习一些商科知识后的计算机专业的学生及管理信息系统专业的学生能够胜任此类工作。

2. 与计算机科学技术有关的职位

与计算机科学技术有关的职位有很多，图 6-2 列出部分主要职位，并对其进行了分类。下面简单介绍其中几个职位。

（1）系统分析师

系统分析师通过概括系统的功能和界定系统来领导、协调需求获取及用例建模。例如，确定存在哪些角色和用例，以及它们之间如何交互。一个系统分析员应该具备 3 种素质：正确理解客户需求、选择正确的技术方向和说服用户采纳建议。

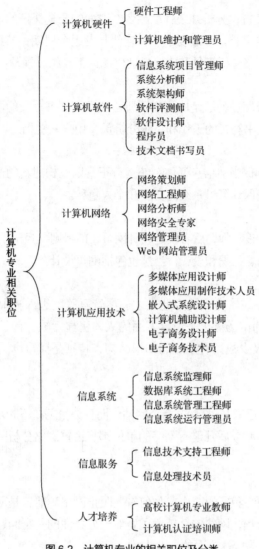

图 6-2 计算机专业的相关职位及分类

（2）程序员

程序员能够开发软件或修改现有程序。程序员应学会使用几种程序设计语言，如 C++、Java 等，并且熟练掌握相应开发平台的使用。许多系统分析员往往是从程序员做起的。

（3）Web 网站管理员

一个合格的网站管理员，需要有丰富的技术知识，需要熟练掌握各种系统和设备的配置及操作，需要阅读和熟记网络系统中各种系统和设备的使用说明书，以便在系统或网络发生故障时，能够迅速判断出问题所在，并给出解决方案，使网络尽快恢复正常服务。

网站管理员的日常工作虽然很繁杂，但可归纳为 7 项任务：网络基础设施管理、网络操作系统管理、网络应用系统管理、网络用户管理、网络安全保密管理、信息存储备份管理和网络机房管理。这些管理涉及多个领域，每个领域的管理又有各自特定的任务。

（4）软件评测师（软件测试工程师）

软件评测师应该能够根据软件设计详细说明，针对自动、集成、性能和压力测试设计相应的测试计划、测试用例和测试装置；分析并统计产品各个方面的质量保证的过程；向相关的部门提供产品的质量和状况方面的报告文档。一般要求熟悉软件开发生命周期；熟悉白盒、黑盒、集成、性能和压力测试的步骤；精通网络分析工具和软件自动化测试工具的编程及使用等。

（5）技术文档书写员

将信息系统文档化以及写一份清楚的用户手册是技术文档书写员的职责。有些技术文档书写员本身也是程序员。技术文档书写员的工作和系统分析员及用户紧密相连。

（6）网络管理员

网络管理员应该能够确保当前信息通信系统运行正常以及构建新的通信系统时能提出切实可行的方案并监督实施，还要确保计算机系统的安全和个人隐私。

（7）网站策划师

网站策划师不同于网页设计师，后者仅是设计网页，前者则立足于整个网站的创意，包括内容、技术、名称等全方位的策划、组织和设计，当然也包括网页设计。

（8）网络工程师

网络工程师是从事网络技术方面的专业人才。尽管互联网进入我国已有数年，国内也有一定数量的人才，但相对巨大的市场需求来说这方面的人才仍显短缺。而且，目前我国网络工程师大都是有多年的工作经验，极少数具有系统的知识结构，特别是懂得电子商务技术的网络工程师更是十分缺乏。

（9）网络分析师

据资料显示，目前全球已有超过 500 万个网站，而且数量仍在不断增加，从网络得到有用的信息变得越来越困难，有人预测今后凡建有网络的单位都将设置网络分析师职位，以便随时掌握网上动态，收集所需信息。

（10）网络安全专家

网络的发展也伴随着网络犯罪的产生，如何有效阻止网络犯罪，是网络安全专家的职责。而现在随着企业对信息技术的依赖，网络安全就成了企业十分关注的一个问题，特别是一些金融机构、政府机构、军事机构等更是需要这方面的专业人才。

（11）计算机认证培训师

在信息领域的一些企业要求其员工拥有相关工作的证书。许多计算机公司就其产品提供各种认证证书，技术人员只要通过了这些公司指定的考试课程就可以获得公司授权机构颁发的证书。获得这些证书对就业大有帮助，于是计算机认证培训工作就变得十分引人注目了。培训师往往对大公司的产品有深入的了解和丰富的使用经验，同时具有教学经验。成为职业培训师可以获得较高的薪酬，目前微软公司、Cisco 公司、Oracle 公司等都颁发认证证书。我国也开始推行信息化工程师认证证书的工作。

6.2.2 用人单位对求职者的要求

在校大学生有必要了解用人单位对求职者的要求，以便在大学期间努力培养社会所需的素质和能力。据 2001 年的调查，用人单位对求职者的素质要求可归纳为以下 10 项。

（1）诚实与正直。

（2）口头和书面的交流能力。

（3）协同工作的能力。

（4）人际交往的能力。

（5）工作的动力和主动性。

（6）职业道德。

（7）分析能力。

（8）灵活性和适应能力。

（9）计算机技能。

（10）自信。

6.3　信息产业的法律法规及道德准则

党的二十大报告明确提出，推进国家安全体系和能力现代化，坚决维护国家安全和社会稳定，强化网络、数据等安全保障体系建设。计算机信息网络是一个开放、自由的环境，为我们的生活和工作创造了丰富的资源，但也给不法分子和法制观念淡薄者以可乘之机，出现侵害公民合法权益的行为。例如，1994 年，俄罗斯黑客弗拉基米尔·利文与同伙从圣彼得堡的一家软件公司的连网计算机上，通过电子转账的方式，从美国花旗银行在纽约的计算机主机中窃取了 1 100 万美元。2003 年，英国 22 岁的网页设计师 Simon Vallor 制造并传播邮件病毒，造成 42 个国家的 2.7 万台计算机被感染。

信息安全不能仅依靠先进的信息安全技术和严密的安全管理，还要通过法律法规对已经发生的违法行为进行惩处或调整，这是保证信息系统安全的最终手段。计算机科学与技术的从业者应该了解有关的法律法规和道德准则，争做遵纪守法、道德高尚的人。

6.3.1　与计算机知识产权相关的法律法规

1. 知识产权

所谓知识产权，是指人们可以就其智力创造的成果依法享有的专有权利。

世界各国大都有自己的知识产权保护法律体系，如《版权法》《著作权法》《专利法》《商标法》《商业秘密法》等。

我国在知识产权方面的立法始于 20 世纪 70 年代末，经过多年的发展，现在已经形成了比较完善的知识产权保护法律体系，主要包括《中华人民共和国著作权法》《中华人民共和国专利法》《中华人民共和国商标法》《电子出版物管理规定》和《计算机软件保护条例》等。此外，在网络管理方面还制定了《互联网域名管理办法》《网站名称注册管理暂行办法》和《关于音像制品网上经营活动有关问题的通知》等管理规范。

随着国际贸易和国际商业往来的日益发展，知识产权保护已经成为一个全球性问题。各国除了制定自己国家的知识产权法律法规外，还建立了世界范围内的知识产权保护组织，并逐步建立和完善了有关国际知识产权保护的公约和协议。

2. 计算机软件保护

在计算机科学技术飞速发展和计算机应用日益广泛的形势下，计算机软件成为一项新兴的信息产业工程。对计算机软件知识产权加以保护非常重要，它能保护智力创造者的合法权益、维护社会的公正、维护软件开发者的成果不被无偿占用，它能够调动软件开发者的积极性，推动计算机软件产业健康发展。计算机软件的知识产权包括著作权、专利权、商标权和制止不正当竞争的权利等。

（1）计算机软件的著作权

著作权又称版权，是指作品作者根据国家《著作权法》对自己创作的作品的表达所享受的专有权的总和。我国的《著作权法》规定，计算机软件是受保护的一类作品。《计算机软件保护条例》作为《著作权法》的配套法规是保护计算机软件著作权的具体实施办法。我国的法律和有关国际公约认为：计算机程序和相关文档、程序的源代码和目标代码都是受著作权保护的作品。国家产权保护中心负责各类版权登记，软件产品作者可以通过国家产权保护中心网站申请软件著作权登记。

擅自复制程序代码和擅自销售程序代码的复制品都是侵害软件权利人的著作权的行为。对于参考他人软件的思想、算法等技术，独立编写出表达不同的程序的做法不属于违反《著作权法》的行为。但擅自修改他人程序，所产生的程序并没有改变他人程序设计构思的基本表达，在整体上与他人程序相似，仍属侵害他人程序著作权的行为。

（2）计算机软件的专利权

软件专利是对软件保护的一种形式。在美国，软件不仅能被授予专利，并且相关的申请条件也较为宽松，从而使该国软件获得专利的数量大增。相比之下，欧洲各国对软件申请专利的要求较严格。而在我国，软件只能申请发明专利（如很多将汉字输入计算机的发明创造获得了专利权），因申请条件较严格，因此，一般软件通常还是用《著作权法》来保护。

（3）计算机软件名称标识的商标权

所谓商标，是指商品的生产者为使自己的商品同他人的商品相互区别而置于商品表面或商品包装上的标志。对商标的专用权也是软件权利人的一项知识产权。软件行业十分重视商标的使用。有一些大家非常熟悉的著名商标，如"IBM""联想""MS""UNIX""WPS"等。任何标识只有在商标管理机关获准注册后才能成为商标。在商标的有效期内，注册者对它享有专用权，他人未经注册者许可不得使用该商标作为自己软件的商标。

（4）有关计算机软件中商业秘密的不正当竞争行为的制止权

如果一项软件的技术尚未公开，即使未获得专利，也是软件开发者的商业秘密，应该受到保护。

根据我国颁布的《中华人民共和国反不正当竞争法》，商业秘密的拥有者有权制止他人对自己的商业秘密进行不正当竞争的行为。

保护商业秘密最基本的手段就是依靠保密机制，包括在企业内建立保密制度、同需要接触商业秘密的人员签订保密协议等。

建议访问"中国知识产权网"，进一步了解有关知识产权的法律法规和其他相关内容。

6.3.2　国际上与信息技术发展相关的法律法规

1. 保护个人隐私的立法

这类立法主要规定在广泛使用电子信息的环境下如何保证个人隐私不受侵犯。

此类立法有：瑞典 1973 年的《数据法》、美国 1974 年的《个人隐私法》以及英国 1984 年的《数据保护法》等。

2. 保护知识产权的立法

1972 年，菲律宾率先将计算机软件确认为版权法的保护对象。1978 年，世界知识产权组织（WIPO）发表了《保护计算机软件示范条例》。1980 年，美国修改版权法，对计算机软件给予保护。一些国家还以专利法、商业秘密法等作为软件法律保护的辅助手段。

3. 保护信息系统安全与制裁计算机犯罪的立法

美国 1987 年颁布了《计算机安全法》，旨在加强联邦政府计算机系统的安全。

4. 针对信息网络的立法活动

1996 年，英国颁布了"3R 互联网安全规则"，目的是消除网络中儿童色情内容和其他毒化社会环境的不良信息。3R 是"分级认定、举报告发、承担责任"3 个术语的英文词头。

1997 年，法国公布了《互联网络宪章（草案）》，专门规范互联网。它对保护未成年人、人类尊严、言论自由、个人隐私权、遵守公共秩序、保护知识产权及消费者利益等方面做了较为全面的规定。

据报道，目前已有 40 多个国家制定或修订了与计算机信息网络相关的法律法规。

6.3.3　我国与网络安全相关的法律法规

如今，计算机网络已经深入人们的生活和工作，成为联系世界各地的桥梁和纽带，但也产生了许多的问题。我国为保障网络安全以及维护国家主权，对信息系统安全和网络安全的立法工作非常重视，相继制定了一系列相关的法律法规。表 6-2 列举了我国与网络安全相关的部分法律法规，涉及信息系统安全保护、互联网管理、计算机病毒防治、商业密码管理和安全产品检测与销售等多个方面。随着我国网络环境的发展，这些法律法规及相关的规范性文件会不断修改完善，根据新法优于旧法的原则，有的条款会逐渐被新的条款代替。

表 6-2　　　　　　　　　　　我国与网络安全相关的法律法规

序号	法律法规
1	中国公用计算机互联网国际联网管理办法（1996 年 4 月 9 日）
2	计算机信息网络国际联网出入口信道管理办法（1996 年 4 月 9 日）
3	中华人民共和国计算机信息网络国际联网管理暂行规定（1997 年 5 月 20 日修订）
4	中华人民共和国计算机信息网络国际联网管理暂行规定实施办法（1999 年 10 月）
5	计算机信息网络国际联网保密管理规定（2000 年 1 月 1 日）
6	网上证券委托暂行管理办法（2000 年 3 月 30 日）
7	关于加强通过信息网络向公众传播广播电影电视类节目管理的通告（2000 年 4 月 7 日）
8	证券公司网上委托业务核准程序（2000 年 4 月 29 日）
9	药品电子商务试点监督管理办法（2000 年 6 月 26 日）
10	教育网站和网校暂行管理办法（2000 年 7 月 5 日）
11	互联网站从事登载新闻业务管理暂行规定（2000 年 11 月 6 日）
12	维护互联网安全的决定（2000 年 12 月 28 日）
13	网上银行业务管理暂行办法（2001 年 6 月 29 日）
14	关于开展"网吧"等互联网上网服务营业场所专项治理的通知（2002 年 6 月 29 日）
15	互联网站禁止传播淫秽、色情等不良信息自律规范（2004 年 6 月 10 日）

序号	法律法规
16	中国互联网行业自律公约（2004 年 6 月 18 日）
17	互联网等信息网络传播视听节目管理办法（2004 年 10 月 11 日）
18	互联网 IP 地址备案管理办法（2005 年 3 月 20 日）
19	非经营性互联网信息服务备案管理办法（2005 年 3 月 20 日）
20	互联网著作权行政保护办法（2005 年 5 月 30 日）
21	关于网络游戏发展和管理的若干意见（2005 年 7 月 12 日）
22	中国互联网网络版权自律公约（2005 年 9 月 3 日）
23	通信网络安全防护管理办法（2010 年 3 月 1 日）
24	计算机信息网络国际联网安全保护管理办法（2011 年 1 月 8 日修订）
25	中华人民共和国计算机信息系统安全保护条例（2011 年 1 月 8 日修订）
26	互联网文化管理暂行规定（2011 年 4 月 1 日）
27	中华人民共和国电子签名法（2015 年 4 月 24 日）
28	电子认证服务管理办法（2015 年 4 月 29 日修订）
29	互联网上网服务营业场所管理条例（2016 年 2 月 6 日修订）
30	网络出版服务管理规定（2016 年 3 月 10 日）
31	中华人民共和国网络安全法（2017 年 6 月 1 日）
32	互联网药品信息服务管理办法（2017 年 11 月 17 日修订）

今天的互联网，已经被国际社会确立为继陆、海、空、天之后的第五空间，网络安全治理成为国家安全治理的一个重要领域。建立健康安全的网络环境是每个网络参与人的义务，希望大家在以后的网络生活中积极履行自己的义务，严格遵守网络安全法律法规，共建和谐网络环境。

要了解我国与网络安全相关的法律法规及具体内容，可以浏览中国政府网、中国人大网、中共中央网络安全和信息化委员会办公室等官方网站。

6.3.4　计算机行业相关人员的道德准则

在计算机日益成为各个领域及各项社会事务的中心角色的今天，那些直接或间接从事软件开发的人员，有着极大的机会从善或从恶，同时对其他人产生影响。为尽可能保证这种力量用于有益的目的，为使软件工程师成为一个受人尊敬的职业，从业者必须具有高尚的职业道德。计算机用户也要文明上网，不实施违法犯罪活动，不损害他人利益。

1．软件工程师道德规范

今天的计算机及相关专业的大学生，将来很可能就是软件工程的从业者。要想成为一个真正的软件工程师，除了有过硬的技术外，还要有较高的职业素养，并且必须遵守软件工程师道德规范。

1998 年 IEEE-CS/ACM 软件工程师道德规范和职业实践（SEEPP）联合工作组制定了《软件工程资格和专业规范》。该规范要求软件工程师应该坚持如下道德准则。

（1）产品。软件工程师应尽能确保他们开发的软件对于公众、雇主、客户以及用户是有用的，在质量上是可接受的，在时间上要按期完成并且费用合理，同时没有错误。

（2）公众。从职业角色来说，软件工程师应当始终关注公众的利益，按照与公众的安全、健康和幸福相一致的方式发挥作用。

（3）判断。在与准则（2）保持一致的情况下，软件工程师应该尽可能地维护他们职业判断的独立性并保护判断的声誉。

（4）客户和雇主。软件工程师应当有一个认知，即什么是其客户和雇主的最大利益。他们应该总是以职业的方式担当他们的客户或雇主的忠实代理人和委托人。

（5）管理。具有管理和领导职能的软件工程师应当通过规范的方法赞成和促进软件管理的发展和维护，并鼓励他们所领导的人员履行个人和集体的义务。

（6）职业。软件工程师应该在各个方面提高他们职业的正直性和声誉，并与公众的健康、安全和福利要求保持一致。

（7）同事。软件工程师应该公平地对待所有一起工作的人，并应该采取积极的行为支持社团的活动。

（8）自身。软件工程师应该在他们的整个职业生涯中，努力提高自己从事的职业应该具有的能力，推进职业规范的发展。

2. 计算机用户道德规范

（1）全国青少年网络文明公约

青少年好学，喜欢挑战和幻想，但在道德理念上还不够成熟，责任意识也较为淡薄或具有较大的波动性。为积极教育和引导青少年，更好地利用现代计算机网络提供的丰富资源进行学习和创造新的社会价值，2001 年 11 月 22 日，共青团中央、教育部、文化部、国务院新闻办公室、全国青联、全国学联、全国少工委及中国青少年网络协会联合召开网上发布大会，向社会正式发布《全国青少年网络文明公约》（以下简称《公约》）。《公约》内容如下。

- 要善于网上学习，不浏览不良信息。
- 要诚实友好交谈，不侮辱欺诈他人。
- 要增强自护意识，不随意约会网友。
- 要维护网络安全，不破坏网络秩序。
- 要有益身心健康，不沉溺虚拟空间。

（2）互联网群组信息服务管理规定

随着移动互联网的快速发展，互联网群组（微信群、QQ 群、微博群、贴吧群、支付宝群聊等）方便了人民群众的工作生活，密切了人民群众的精神文化交流。但同时，一些互联网群组信息服务提供者落实管理主体责任不力，部分群组管理者职责缺失，造成淫秽色情、暴力恐怖、谣言诈骗、传销赌博等违法违规信息通过群组传播扩散，一些不法分子还通过群组实施违法犯罪活动，损害公民、法人和其他组织的合法权益，破坏社会和谐稳定，人民群众反映强烈，亟待依法规范。

2017 年 9 月 7 日，国家互联网信息办公室印发了《互联网群组信息服务管理规定》（以下简称《规定》）。《规定》明确指出，互联网群组信息服务提供者应当落实信息内容安全管理主体责任，配备与服务规模相适应的专业人员和技术能力，建立健全用户注册、信息审核、应急处置、安全防护等管理制度。《规定》强调，互联网群组信息服务提供者应当对互联网群组信息服务使用者进行真实身份信息认证，建立信用等级管理体系，合理设定群组规模，实施分级分类管理，并采取必要措施保护使用者个人的信息安全。《规定》要求，互联网群组建立者、管理者应当履行好群组管理责任，依据法律法规、用户协议和平台公约，规范群组网络行为和信息发布，构建文明有序的网络群体空间。互联网群组成员在参与群组信息交流时，应当遵守相关法律法规，文明互动、理性表达。

《公约》和《规定》的出台，对于促进青少年安全文明上网、动员全社会共同营造一个纯净优良的网络空间具有十分积极的意义。广大青少年应该认真履行《公约》和《规定》，在网上积极开展学习、交流和创新活动。严格遵守《公约》和《规定》，争做网络道德的模范、网络文明的使者和网络安全的卫士。

本章小结

本章从学习方法、学习内容和学习环境 3 方面讨论了大学的学习，并对考研、考证、终身学习进行了介绍；讲述了计算机专业人员可以从事的工作领域和职位；最后还介绍了工作中应该遵守的法律法规和职业道德。

习题

1. 访问"中国考研网"，查看各大高校和科研院所的招生简章及考研指南、复习指导等有关考研信息。

2. 浏览中国政府网、中国人大网、中共中央网络安全和信息化委员会办公室等官方网站，了解与我国知识产权、网络安全相关的法律法规。

3. 利用搜索引擎查阅有关计算机技术与软件专业技术资格（水平）考试的信息，了解其他计算机认证考试。

4. 利用搜索引擎查找并浏览中国计算机学会网站和中国科学院计算技术研究所网站。

参 考 文 献

[1] 黄国兴，陶树平，丁岳伟. 计算机导论[M]. 北京：清华大学出版社，2004.

[2] June Jamrich Parsons，Dan Oja. 计算机文化[M]. 北京：机械工业出版社，2003.

[3] 教育部高等学校计算机科学与技术教学指导委员会. 高等学校计算机科学与技术专业发展战略研究报告暨专业规范（试行）[M]. 北京：高等教育出版社，2006.

[4] 董荣胜，古天龙. 计算机科学与技术方法论[M]. 北京：人民邮电出版社，2002.

[5] 赵致琢. 计算科学导论[M]. 北京：科学出版社，1998.

[6] 黄润才，等. 计算机导论[M]. 北京：中国铁道出版社，2004.

[7] 汤子瀛，等. 计算机操作系统[M]. 西安：西安电子科技大学出版社，2002.

[8] 孟庆昌. 操作系统[M]. 北京：电子工业出版社，2004.

[9] 康博创作室. Linux 中文版自学教程[M]. 北京：清华大学出版社，2000.

[10] 朱国华. 计算机文化基础[M]. 北京：人民邮电出版社，2005.

[11] 萨师煊，王珊. 数据库系统概论[M]. 3 版. 北京：高等教育出版社，2000.

[12] 马华东. 多媒体技术原理及应用[M]. 北京：清华大学出版社，2002.

[13] 钟玉琢，等. 多媒体计算机基础及应用[M]. 北京：高等教育出版社，1999.

[14] 吴功宜，吴英. 计算机网络教程[M]. 3 版. 北京：电子工业出版社，2005.

[15] 曾慧玲，陈杰义. 网络规划与设计[M]. 北京：冶金工业出版社，2005.

[16] 谢希仁. 计算机网络教程[M]. 北京：人民邮电出版社，2002.

[17] 徐志伟，等. 网格计算技术[M]. 北京：电子工业出版社，2004.

[18] Greg Holden. 网络防御与安全对策[M]. 黄开枝，译. 北京：清华大学出版社，2004.

[19] Mandy Andress. 计算机安全原理[M]. 杨涛，译. 北京：机械工业出版社，2002.

[20] 刘梦铭，等. 计算机安全技术[M]. 北京：清华大学出版社，2000.

[21] 梅筱琴，等. 计算机病毒防治与网络安全手册[M]. 北京：海洋出版社，2001.

[22] 周学广，刘艺. 信息安全学[M]. 北京：机械工业出版社，2002.

[23] 林山. Windows XP 网络安全应用实践与精通[M]. 北京：清华大学出版社，2003.

[24] 吴鹤龄. ACM 图灵奖：计算机发展史的缩影[M]. 3 版. 北京：高等教育出版社，2008.

[25] 李开复. 给中国学生的第四封信[EB/OL]. http://blog.sina.com.cn/s/blog_475b3d56010000iz. html，2005-12-05.

[26] 钱乐秋. 软件工程[M]. 北京：清华大学出版社，2007.

[27] 郑人杰. 软件工程概论[M]. 北京：机械工业出版社，2010.

[28] 周忠荣，等. 数据库原理与应用[M]. 北京：清华大学出版社，2003.

[29] 刘瑞新，张兵义. SQL Server 数据库技术及应用教程[M]. 北京：电子工业出版社，2012.

[30] 张玉洁，孟祥武. 数据库与数据处理：Access 2010 实现[M]. 北京：机械工业出版社，2013.